KB251849

THE NEXT WAVE OF AI

具身智能

시뮬레이션을 넘어 현실로, 피지컬 AI 기반 자율주행·로봇의 미래

AI 다음 물결

류윈하오 지음 · 홍민경 옮김

박종성 감수

알토북스

차례

땅에 심은 인형

많은 세월이 지나, 사형 집행대에 선 아우렐리아노 부엔
디아 대령은 아버지의 손에 이끌려 얼음덩어리를 보러
갔던 오래전 그날의 오후를 떠올렸다.

• 가브리엘 가르시아 마르케스Gabriel Garcia Marquez,
『백 년 동안의 고독Cien años de soledad』

얼음이 끓어오르고 있었다.

멀고도 낯선 어느 오후, 아우렐리아노 대령이 생애 처음으로 얼음을 만졌을 때처럼 인류는 이제 또 다른 얼음을 마주하고 있다.

수십 년이 지난 후 인류가 정보의 시대를 지나 인공지능 시대로 접어든 지금, AI 또한 뜨거운 열광과 서늘한 공포를 동시에 안겨 준다. 사람들은 AI가 앞으로 해낼 놀라운 일들을 기대하며 열광하면서도, 다른 한편으로는 통제할 수 없을지도 모를 미래를 두려워한다.

1956년 다트머스 회의 Dartmouth Conference[1]에서 '인공지능 artificial intelligence, AI'이라는 용어가 공식적으로 사용된 이래로, 인공지능은 70년 가까운 세월 동안 세 차례나 열광과 침체를 오가는 큰 파도에 휩싸였다. 물리학자 막스 플랑크 Max Planck는 "과학은 장례식을 거치며 진보한다."라고 말했지만, 인공지능은 한 번도 겪어 보지 못한 변화를 단시간에 가져왔다.

2010년을 전후해서 이미지넷 ImageNet 등 학술적으로 주목할 만한 일련의 성과가 나타나면서, 인공지능은 학계에서 뜨거운 주목을 받기 시작했다. 2016년 구글 인공지능 프로그램 '알파고 AlphaGo[2]'가 세계 바둑 챔피언 이세돌을 꺾고, 2022년 오픈AI가 '챗GPT'를 내놓자 그 불길은 마침내 대중에게로 옮겨 붙었다.

인공 신경망은 40억 년이 넘는 진화를 거치며 최고의 지능을 갖춘 인간의 두뇌를 빠른 속도로 따라잡았고, 대규모 언어 모델은 지난 50여 년 동안 수십억 인류가 생성한 인터넷 데이터를 100일도 되지 않아 집어삼켰다(GPT-4의 훈련 시간은 90일에서 100일로 추정된다). 우리 생활 속의 전자 제품은 'AI 컴퓨터' 'AI 스마트폰' 'AI 자동차'처럼 하나같이 'AI'라는 수식어를 달고 나오기 시작했다. 새로운 시대, 즉 인공지능이 '생명'처럼 몸속으로 스며든 '체화 Embodied'의 시대가 도래한 것이다.

---

[1] AI 역사 속 결정적 순간 중 하나로, 'AI의 아버지'라 불리는 존 매카시(John McCarthy)를 비롯해 마빈 민스키(Marvin Minsky), 클로드 섀넌(Claude Shannon), 너새니얼 로체스터(Nathaniel Rochester) 등의 과학자가 주도한 회의다. 이때부터 AI가 하나의 독립된 학문 분야로 정립되기 시작했다.

[2] 구글 딥마인드(DeepMind)가 개발한 바둑 인공지능 프로그램.

하지만 빠르게 달궈진 냄비는 빠르게 식기 마련이듯, 2023년 전성기를 구가하던 오픈AI는 세상을 깜짝 놀라게 할 내부 '암투'에 휘말렸고, CEO 샘 올트먼Sam Altman은 전격 해임되었다. 일각에서는 그 배경에 인류가 범용 인공지능의 도래를 맞이할 준비가 아직 되지 않았다는 우려가 잠재해 있을 것으로 추측했다.

그렇다면 미래에 실현될 '범용 인공지능Artificial General Intelligence, AGI'은 과연 어떤 모습일까? 지금 인간과 대화를 나누는 생성형 AI는, 사실 인공지능이 앞으로 걸어가야 할 여정의 출발점에 발을 들여놓지 못했다. AI는 지금보다 훨씬 더 강력해져야 한다. 이에 따라 과학기술계에서는 이미 '체화된 지능Embodied AI'의 개념이 수면 위로 떠오르고 있다. 이는 단순히 뇌만 가진 소프트웨어가 아니라, 물리적 형태를 입고 현실 세계에서 상호 작용할 수 있는 AI다. 누군가는 체화된 지능이 바로 '휴머노이드Humanoid 로봇'이라고 말하기도 한다. 그렇다면 체화된 지능은 도대체 무엇일까? 일종의 방법론일까? 아니면 지능 발전의 한 단계일까? 체화된 지능은 과연 기존의 인공지능과 어떤 차이가 있을까?

이러한 의문을 안고, 우리는 꿈의 기원이 된 앨런 튜링Alan Mathison Turing의 그 아득히 먼 오후로 돌아가려 한다.

'컴퓨터 과학의 아버지' 앨런 튜링

1912년 6월 23일 앨런 튜링은 영국 런던 패딩턴의 평범한 산부인과

병원에서 태어났다. 그때만 해도 이 아이가 장차 인류의 역사를 바꿀 위대한 인물이 될 거라고 아무도 상상하지 못했다.

튜링의 수학적 재능은 아마도 할아버지에게서 물려받았을지 모른다. 후대의 문헌 기록에 의하면 그의 할아버지는 시골 교회 목사였지만, 케임브리지대학교 트리니티 칼리지를 우수한 성적으로 입학한 재원이었다.

당시만 해도, 목사가 되면 안정적인 생활을 영위할 수 있었다. 가족의 생계를 책임질 수 있는 확실한 직업이니, 케임브리지대학에 합격하는 것만큼이나 높은 장벽을 넘어야 했을 것이다. 예컨대 반 고흐 Vincent van Gogh도 원래 목사가 되고 싶었지만, 신학교에 진학하지 못해 어쩔 수 없이 붓을 들고 그림을 그렸다고 한다.

튜링의 할아버지는 목사 월급으로 여덟 명의 아이들을 키웠고, 그중 둘째 아들이 바로 튜링의 아버지인 줄리어스 튜링 Julius Turing이었다. 줄리어스 튜링은 수학보다는 역사와 종교에 더 심취해 있었다. 그러나 뛰어난 지적 유전자를 물려받은 덕분에 옥스퍼드대학에 합격했고, 장학금을 받으며 트리니티 칼리지에서 학사학위를 받았다. 이후 치열한 경쟁을 뚫고 영국 정부의 행정관이 되어 인도로 부임했다가, 귀국 길에 인도 식민지 가문 출신이었던 아내 에셀 스토니 Ethel Sara Stoney를 만났다. 두 사람은 첫눈에 반해, 곧바로 결혼식을 올렸다. 1908년 큰아들 존이, 4년 뒤 튜링이 태어났다.

물론 튜링이 수학 분야에 천부적 재능을 타고났다고 100% 장담할 수는 없다. 다만 '수학의 왕자'로 알려진 가우스 Carl Friedrich Gauss가 세 살 때 아버지의 장부 속 잘못된 계산을 발견한 일화처럼, 그도 남다른 면모를 보이긴 했다. 세 살 때 그는 장난감 목각 인형을 조각조각 분해해 땅속에 묻었다. 그리고 어머니가 이유를 묻자, 이렇게 대답했다.

"새로운 인형이 자라나게 하려고요."

물론 새로운 목각 인형이 자라날 리는 없지만, 그 순간 튜링의 마음속에 생각의 씨앗이 심어졌다. 바로 훗날 그가 컴퓨터 과학과 인공지능 연구에서 '생각하는 기계'라는 개념을 탐구하도록 이끈 씨앗 말이다. 튜링은 컴퓨터 이론 및 인공지능 이론에서 역사적인 공헌을 한 덕에 훗날 '컴퓨터 과학의 아버지'이자 '인공지능의 아버지'로 불리게 되었다.

컴퓨터 분야의 짧은 발전사를 되돌아보면, 계산과 지능의 두 가지 경로를 번갈아 가며 진화를 거듭해 왔다. 1946년 최초의 전자식 컴퓨터의 탄생은 수동 계산기를 대체했고, 이후 컴퓨터의 자리를 개인용 컴퓨터가 차지하며 누구나 손쉽게 계산을 할 수 있게 되었다. 이 시기에 인공지능 분야에서도 연이어 성과가 나타났고, 기호주의 인공지능 분야는 눈부신 발전을 이루었다. 철학자 존 하우겔랜드John Haugeland는 1985년에 출간한 저서『인공지능: 그 사상의 본질Artificial Intelligence: The Very Idea』에서 이를 '구식 인공지능Good Old-Fashioned AI, GOFAI'이라 명명했다.

1990년대 접어들며, 새로운 네트워크 서비스 모델이 빠르게 자리를 잡으며 가상 세계와 현실 세계가 공존하기 시작했다. 인터넷을 통해 수집한 방대한 데이터는 딥러닝의 밑거름이 되었고, 이미지 분류

땅속에 인형 심기

등 여러 영역에서 심층 신경망 모델은 비약적인 성과를 거두었다. 이 때부터 인공지능은 딥러닝 시대로 접어들었다. 사람들은 고품질의 텍스트 데이터 정보를 수집해 챗GPT와 같은 대형 언어 모델 등을 훈련했고, 이 과정에서 '스케일링 법칙scaling law(규모의 법칙)'이 주목받기 시작하며 인공지능의 새로운 방향키가 되었다. 21세기에 접어들어 사물 인터넷IoT이 물리적 세계와 디지털 세계의 경계를 조금씩 허물어뜨리면서, 두 세계가 점차 융합되었다. 사람들은 물리적 세계의 환경에 깊숙이 들어가 상호 작용할 수 있는 새로운 형태의 인공지능, 즉 체화된 인공지능을 소환하기 시작했다.

사실상 이러한 흐름은 오래전부터 예견되어 있었다. 1950년에 튜링은 그의 고전적인 논문 〈컴퓨터와 지능Computing Machinery and

Intelligence〉에서 인공지능의 두 가지 발전 경로를 내다봤다. 하나는 추상적 역할을 수행하는 데 필요한 지능에 초점을 맞추는 것이고, 또 하나는 기계에 최적의 센서를 장착하고 말하는 법을 가르쳐 인간과 소통하며 아기처럼 '성장'하도록 만드는 것이었다.

지금 우리는 체화된 지능에 대해 논의하기에 앞서, 세 살짜리 사내아이가 정원에서 흙 속에 인형을 묻으며 품었던 희망을 다시 한번 떠올려보는 것도 좋을 듯하다.

수학은 과연 완전한가?

튜링이 세 살이 되었던 해인 1915년, 말 그대로 '신들의 전쟁'이 벌어졌다. 수학자 다비트 힐베르트 David Hilbert는 그해 연말에 '물리학의 기초'라는 주제로 강연을 했다. 겉으로 보기에는 학술 발표 형식을 띠었지만, 아인슈타인을 견제하려는 의도가 다분했다. 당시 두 사람은 상대성 이론의 중력장 방정식을 둘러싸고 첨예한 신경전을 벌이고 있었다. 그때만 해도 힐베르트는 자신의 평생 자부심이었던 수학이 훗날 두 명의 과학자로부터 근원적인 도전을 받게 될 거라고 상상조차 하지 못했다.

그 시기에 세계는 거대한 변화를 겪고 있었다. 20세기 전까지 상당히 긴 시간 동안 인류는 '실천적 경험의 시대'에서 '이론적 인식의 시대'로 옮겨 갔다. 과학계는 우리가 어떤 시점에서 우주를 완벽히 안다면, 미래에 무슨 일이 일어날지 예측할 수 있다고 여겼다. 이것이 바로 수백 년 동안 과학계를 지배했던 '인과율의 법칙 law of causality'이다. 그 래서 뉴턴이 떨어지는 사과를 보고(이 일 자체는 불확실성을 가지고 있음), '신이 사과가 떨어지도록 만들었다'가 아니라, '사과가 떨어진 원인은 무엇인가'를 생각하게 되었고, 만유인력 및 뉴턴의 역학 3대 법칙이 만 들어졌다. 근대 과학의 새로운 장이 그렇게 열린 것이다. 그 후로 오랜 시간 동안 사람들은 '과학이란, 우리가 이해하고 조절할 수 있는 모든 현상의 집합'이라 여겼고, 과학이 세계를 통제할 수 힘을 가졌다고 믿 었다.

오랜 세월을 이어 온 뉴턴의 역학 체계는 세월의 풍파를 견뎌내며 여전히 굳건하게 그 자리를 지켜 왔으며, 세상의 모든 만물은 정교하 게 계산된 법칙에 따라 질서정연하게 움직이는 듯했다. 그러나 뉴턴 이 세운 '물리의 견고한 성'은 두 개의 먹구름에 휩싸여 결국 양자 혁명 을 불러일으켰다. '신의 존재'도 다윈의 진화론과 멘델의 유전학에 의 해 서서히 무너져 내렸다. 사람들은 이 세상을 다시 한번 되돌아보며 '도대체 무엇을 신뢰해야 하는지' '신이 전능하지 않다면 과학은 믿을 수 있는 것인지' '우리가 사실을 정리해 도출해낸 규칙이 과학이라고 했던 다윈의 말은 과연 믿을 만한 것인지'에 대해 의문을 제기했다.

우리는 불에 가까이 다가가기만 해도, 손이 닿기도 전에 뜨거움을 느낀다. 그래서 '불에 가까이 다가가면 뜨겁다'라는 사실은 과학이고 객관적이라고 여긴다. 사람이나 장소를 바꾼다고 해도 뜨거움을 느끼 는 것만큼은 변하지 않는 사실이다. 왜일까? 몇백 년 전의 사람들은 과 학을 이해하지 못했지만, 이러한 사실은 존재했다. 훗날 사람들은 연구를 통해 이것이 '복사'라는 열의 이동 방식 때문이며, 불 근처에서는 분자 운동이 빨라져 온도가 올라간다는 사실을 알아냈다. 그 후 우리는 다른 상황에서도 열의 '복사'로 인해 온도가 올라갈 수 있다는 것을 확인했다.

하지만 철학자 데이비드 흄David Hume은 "우리가 매번 같은 결과를 관찰할지라도, 언젠가는 분자 운동이 빨라졌는데도 온도가 상승하지 않을 수 있다."라고 말했다. 즉, 절대적으로 확실한 답은 없다는 것이다. 그렇다면 신도, 과학도 온전히 신뢰하기 어려운 현실에서 우리는 과연 무엇에 기대야 하나?

이에 대해 힐베르트는 '수학'이라고 답했다. 힐베르트는 20세기 가장 권위 있는 수학자 중 한 명이고, 그 이름을 딴 수학 용어가 너무 많아 그조차도 다 기억하지 못할 정도였다고 전해진다. 1900년 파리에서 거행된 제2회 국제 수학자 대회에서 그는 수학계에서 아직 풀지 못한 23개의 난제를 제시하며, 그중 두 번째 난제인 '산술 공리의 무모순'이 증명될 수 있는지 물었다. 그 후 이를 기초로 하여 '힐베르트 프로그램Hilbert's Program'을 내놓았다. 처음 취지는 아주 단순했다. 수학을 완전하고, 예측 가능한 학문으로 만들고 싶었다. 그에게 있어 수학은 신과 물리보다 더 믿을 만한 진리였기 때문이다.

1928년 그는 수학의 기초와 관련된 세 가지 핵심 문제를 던졌다.
첫째, 수학은 완벽한가? 즉 유한한 공리에 기초해 모든 수학 명제를 증명하거나 반증할 수 있을까?

둘째, 수학은 일관적인가? 즉 증명된 모든 명제는 반드시 참인가? 증명된 명제가 거짓일 수도 있을까?

셋째, 모든 문제를 수학으로 판정할 수 있는가? 즉 제한된 시간 내에 모든 명제의 참과 거짓을 알 수 있는 명확한 절차가 있을까?

물론 힐베르트는 이 세 가지 문제의 답이 모두 '그렇다'이길 바랐다. 그는 1930년에 은퇴 연설에서 이렇게 말했다.

"우리는 반드시 알아야 하며, 끝내 알게 될 것입니다."

사실 이 말은 묘비명으로 새겨도 좋을 정도로 인상적이었지만, 얼마 지나지 않아 힘을 잃고 말았다. 은퇴 후 고작 일 년 뒤인 1931년에 스물다섯 살의 천재 괴델Gödel이 혜성처럼 나타나, 한 편의 논문을 통해 힐베르트의 첫 번째와 두 번째 문제를 단번에 해결해 버린 것이다.

답은 모두 '그렇지 않다'였다.

다시 말해, 수학은 완벽하지 않고 일관성도 없다는 것이다. 괴델은 먼저 모든 수학의 진술과 증명을 기호화한 뒤 기호열마다 고유한 숫자를 부여했다. 이 과정을 '괴델 부호화Gödel numbering'라고 부른다. 그런 다음 순전히 수학적 도구만 사용해, 수학 체계에 본질적으로 내재된 불완전성을 차례차례 증명해 보였다.

그러나 그의 이러한 방법은 또 하나의 작은 여지를 남겨 두었다. 즉 힐베르트가 던진 세 번째 문제, 즉 '모든 문제를 수학으로 판정할 수 있는가?'에 답하지 못한 것이다. 어쩌면 이 남은 하나의 명제를 증명할 수 있을지 여부를 판정할 만한 방법이 어딘가에 존재할지도 모른다.

하지만 튜링은 말했다. 이것이 너무 순진한 발상이라고.

기계를 '생각'하게 만들자

1931년 19세의 튜링은 케임브리지대학교 킹스 칼리지에서 수학을 공부했다. 케임브리지 인근 마을 주민들은 언제부턴가 키 크고 빼빼 마른 젊은이가 헐렁한 운동복 차림으로 강가를 따라 달리는 것을 자주 보게 되었다. 그는 무릎을 바깥쪽으로 벌리고, 팔을 높이 치켜든 채 좀 유별난 자세로 달렸고, 무서울 정도로 헉헉대며 숨 가쁜 소리를 냈다. 게다가 너무 빨리 달려 누구도 따라잡을 수 없을 정도였다. 그때만 해도 수줍고 말수도 없는 이 청년이 강가를 달리며 훗날 세상을 깜짝 놀라게 할 생각을 연이어 떠올리고 있을 거라고는 아무도 상상하지 못했다. 그는 힐베르트가 남긴 난제 중 하나를 먼저 생각했고, 뒤이어 1936년에 〈계산 가능한 수와 판정 문제에서의 응용On Computable Numbers, with an Application to the Entscheidungsproblem〉이라는 제목의 논문에서 '튜링 머신'이라는 창의적 아이디어를 내놓아 '컴퓨터 과학의 아버지'의 지위를 다졌다.

구체적으로 말해서 튜링은 힐베르트의 결정 문제가 '사느냐 죽느냐'와 같은 직관적인 생존의 문제가 아니라, 훨씬 더 추상적이고 질감도 감정도 수반하지 않은 추상적 문제 영역에 속한다고 여겼다. 그는 수학이라는 것이 결국 일련의 추상적 기호의 집합이라면, '기계를 사용해 똑같이 추상적이고 감정이 개입되지 않은 방식으로 해결할 수 있지 않을까?' 하는 의문을 제기했다.

문제 해결을 위해 기계를 사용한다는 생각은 그리 독창적이지 않았고, 당시 수학계에서도 환영받지 못했다. 당시는 이과와 공과의 구분이 명확했다. 전자가 이론의 순수성을 추구했다면, 후자는 실용성을 중시했다. 미국 드라마 〈빅뱅 이론〉에서 이론 물리학자 셸던 쿠퍼^{Sheldon Cooper}가 엔지니어 하워드 왈로위츠^{Howard Wolowitz}를 얕잡아 보고 공학을 '지능이 낮은 일'로 치부했던 것처럼 양극화가 이루어졌다.

영국의 수학자 고드프리 해럴드 하디^{Godfrey Harold Hardy} 역시 그의 저서『수학자의 변명^{A Mathematician's Apology}』에서 "평범한 수학은 유용하지만, 진정한 수학은 쓸모가 없다."라고 말했다.

그러나 튜링은 이러한 '편 가르기'에 동조하지 않았다. 힐베르트 문제를 연구하며, 전통적 수학의 관념에 정면으로 도전장을 내밀고 혁신적인 해법을 제시했다. 즉 기계를 만드는 것이었다. 이 기계는 읽기와 쓰기를 할 수 있는 헤드^{head}와 무한히 긴 종이테이프로 구성되어 있다. 종이테이프는 0과 1이 적힌 작은 네모 칸, 즉 셀^{cell}로 나누어졌다. 읽기와 쓰기 헤드는 종이테이프의 현재 위치에 적힌 정보를 읽어 들이고, 자신의 내부 상태와 결합해 정해진 프로그램에 근거해 새로운 기호를 출력한다. 종이테이프의 셀에 기록하는 동시에 자체 내부 상태를 전환한다.

예를 들어 두 자릿수 곱셈을 할 때(예: 36×42) 우리는 보통 종이에 세로식을 쓰고 먼저 곱한 다음 더한다. 튜링 머신의 원리도 이와 비슷하다. 매번 한 가지 작업에만 집중하고, 읽어 들인 정보에 근거해 읽기와 쓰기 헤드를 이동하며 종이테이프에 기호를 기록한다. 이러한 과정은 마치 곱셈표처럼 단순해서, 누구나 종이테이프를 조작하는 것만으로 계산 결과를 얻을 수 있다.

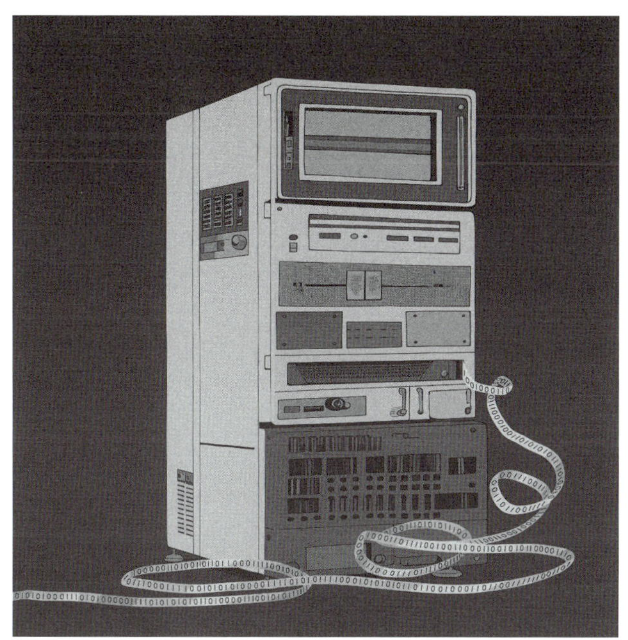

가상의 튜링 머신

튜링의 스승 알론조 처치Alonzo Church는 이 장치를 '튜링 머신Turing Machine'이라고 명명했다. 비록 겉보기에 단순해 보이지만 튜링 머신이 수행하는 계산 작업은 상당히 복잡하다. 이론적으로 보면 종이테이프가 넉넉히 준비되어 있고 사람들의 인내심만 충분하다면, 현대 컴퓨터가 해내는 모든 계산을 할 수 있다(물론 시간은 오래 걸리겠지만). 오늘날의 컴퓨터는 이진법 전기 신호를 통해 이 과정을 단순하게 바꾼 것뿐이며, 튜링 머신의 논리와 완전히 동일하다.

비록 튜링 머신의 작동은 복잡하고 번거롭지만, 이러한 장치는 이론적으로 이미 추상적 계산 문제를 해결할 수 있었다. 그래서 튜링은 이 기계를 활용해 힐베르트의 세 번째 문제, 즉 결정 문제에 답할 수 있을지 궁리하기 시작했다.

그는 한 가지 상황을 떠올렸다. 즉 튜링 머신 한 대를 설치하고, 2 이상의 모든 짝수를 열거한 뒤 인수분해를 시도하는 것이다. 만약 짝수가 하나만 남아 더 이상 인수분해할 수 없으면, 기계는 작동을 멈추고 이 짝수를 출력한다. 반면에 모든 짝수를 인수분해할 수 있다면, 기계는 영원히 멈추지 않고 작동할 것이다. 이러한 실험의 설정은 아직 풀리지 않은 수학의 난제로 불리는 '골드바흐의 추측 Goldbach's Conjecture3'을 검증하는 데도 도움이 될 듯 보였다.

그러나 이러한 기계만 만든다고 해서 골드바흐의 추측을 온전히 해결할 방도가 없었다. 이 기계가 멈춰야만 비로소 골드바흐의 추측이 틀렸다는 것을 확인할 수 있기 때문이다. 1936년, 튜링은 '모든 프로그램의 멈춤 여부를 판정하는 일반화된 알고리즘은 존재하지 않는다'는 사실을 증명했다. 즉 기계가 멈출지, 아니면 계속 순환하며 작동할지를 판단할 수 있는 믿을 만하고 반복 가능한 방법이 없다는 것이다. 이것이 바로 유명한 '정지 문제 halting problem'이며, 임의의 프로그램이 유한한 시간 안에 운행을 끝낼 수 있는지 여부를 판단하는 문제이다. 이는 논리학에서 '자기 참조Self-reference'의 모순을 일으키는 유명한 역

---

3 독일의 수학자 크리스티안 골드바흐(Christian Goldbach)가 내놓은 난제로, 그가 1742년 레온하르트 오일러(Leonhard Euler)에게 보낸 편지에 등장한다. '2보다 큰 모든 짝수는 두 소수의 합으로 나타낼 수 있다'는 정수론의 추측이다.

설로, 러셀Bertrand Russell이 1901년에 제기한 '이발사의 역설 the barber paradox'과 유사하다. 한 이발사가 "마을 사람 중 스스로 면도하지 않는 사람에 한해서만 면도를 해 주겠다."라고 광고를 했다. 그러던 어느 날 이발사는 '당신이 만약 스스로 면도한다면, 당신이 뱉은 말에 위배되는 것 아닌가?' 하는 질문을 받았다. 그런데 이 질문에 답하는 경우 모순이 발생한다. 이발사가 만약 "직접 면도를 한다."라고 답한다면, 자신이 낸 광고에 근거해 그는 직접 면도하지 않는 사람이 된다. 이와 반대로 "스스로 면도하지 않는다."라고 답한다면, 이발사에게 면도를 받을 수 있는 그룹에 속하게 되므로 직접 면도하는 사람이 된다. 마찬가지 이치로 튜링 머신이 모든 튜링 머신의 작동 결과를 판단할 수 있다면, 제한된 시간 안에 멈출 수 있는지 어떻게 판단할 수 있을까?

튜링의 이러한 사고 실험은 컴퓨터 공학의 발전을 촉진했을 뿐 아니라 철학, 논리학과 인지 과학에도 깊은 영향을 주었다. '사고 실험 thought experiment'은 실제로는 불가능한 실험을 상상력을 통해 진행하는 것을 가리킨다. 아인슈타인도 자서전에서 "내가 빛의 속도로 움직여 우주에서 한 줄기 광선을 쫓아간다면, 광선이 '공간 안에서 끊임없이 진동하지만 정지 상태를 유지하는 자기장'이 되는 것을 볼 수 있을 것"이라고 상상했다. 이는 그 유명한 상대성 이론의 단초가 되었다. '슈뢰딩거의 고양이' 또한 유명한 사고 실험 중 하나이다. 오스트리아 물리학자 슈뢰딩거Erwin Schrödinger는 소량의 방사성 라듐과 독가스가 담긴 밀폐된 용기에 고양이 한 마리를 가둬놓고, 라듐의 붕괴가 존재할 확률을 가정했다. 만약 라듐이 붕괴하며 장치를 건드려 독가스가

든 병을 깨뜨리면 고양이는 죽게 되고, 반대로 라듐이 붕괴하지 않으면 고양이는 살아남을 수 있다. 양자 역학 이론에 따르면, 방사성 라듐의 붕괴 여부가 불확실하므로 상자를 열기 전까지는 고양이는 살아 있으면서도 죽어 있는 중첩 상태에 놓인다. 이 사고 실험은 미시적 영역의 양자 행동을 거시적 세계로 확장한 것이다.

다시 본론으로 돌아가서, 튜링은 이러한 사고 실험을 통해 계산 이론의 힘과 한계를 동시에 보여 주었다. 아무리 정교한 기계라 해도 모든 논리와 수학 문제를 완벽하게 해결할 수 없다고 지적한 것이다. 이는 괴델의 '불완전성 정리Incompleteness Theorems[4]'를 다시 한번 입증했다. 괴델의 불완전성 정리와 튜링 머신은 20세기 초 사람들에게 모든 역설을 근본적으로 피하려는 시도는 본질적으로 무의미하다는 것을 깨닫게 했다. 이것은 당시 유럽에서 이정표와 같은 획기적 발전을 상징했다. 코페르니쿠스Copernicus의 태양 중심설부터 다윈Charles Robert Darwin의 진화론, 프로이트Sigmund Freud의 무의식 이론이 과학의 패러다임을 바꾸며 인간의 자만심을 무너뜨렸듯이, 절대적으로 완벽하다고 여겨 온 수학마저도 미비함을 드러냈다. 그러자 사람들은 이렇게 되묻게 되었다.

전통을 무너뜨리는 이 모든 발견의 끝에, 우리가 고수할 수 있는 것은 무엇이 남아 있을까?

---

4 모순이 없는 수학 체계에는 반드시 증명할 수 없는 명제가 하나 이상 있다는 정리이다.

다윈의 자연 선택은 개별 유전자의 우연한 변이에서 비롯됨을, 양자 이론은 신도 주사위를 던진다는 것을 보여 주었다. 브라운 운동 Brownian Motion은 미시적 세계 속 화학 분자의 경로가 무작위라는 것을 알려 주었다. 이 모든 것은 과학 자체가 불확실성과 무작위성으로 가득 차 있다는 사실을 분명하게 드러내는 듯하다.

그렇다면 혹시 이는 더 심층적인 차원의 진실을 보여 주는 것이 아닐까? 즉 우주와 우리가 아는 세계는 끝없는 상호 작용, 학습과 적응을 통해 고유한 방식으로 진화하고 변화한다는 사실 말이다.

인공지능의 탄생

'고양이가 담요 위에 앉아 있다. 그것이 따뜻하기 때문이다.'

- 그렇다면 무엇이 따뜻한 걸까?

'고양이가 담요 위에 앉아 있다. 그것이 춥기 때문이다.'

- 그렇다면 무엇이 추운 걸까?

우리가 이 두 가지 질문에 답하는 것은 그리 어렵지 않다. 그러나 기계가 이 질문에 어떻게 대답할지 생각해 본 적이 있는가?

앞에서 언급했듯이 튜링의 고전 논문 〈컴퓨터와 지능〉이 '역사적 논문'으로 자리매김한 이유는 이 한 문장 때문이다.

"기계가 사고할 수 있을까?"

튜링의 대답은 모방 게임을 해 보면 알 수 있다는 것이었다. 이는 훗날 그 유명한 '튜링 테스트 Turing Test'로 불리게 되었다.

튜링 테스트

게임의 규칙은 단순하다. 참가자는 세 명이고, 인간 피실험자, 기계 그리고 질문자다. 질문자는 질문과 대답을 통해 두 대상자 중 누가 기계이고, 누가 인간인지를 판단한다. 튜링은 만약 질문자가 기계에 속아서 인간과 기계를 구분하지 못하면, 이 기계가 인간의 지능을 가진 것으로 간주했다.

튜링 테스트는 기계 지능을 평가하는 중요한 기준이 되었다. 그러나 한 가지 문제가 존재했다. 튜링 테스트의 통과 기준이 주로 질문자의 판단 여부에 좌우될 수도 있다는 것이다. 예를 들어 기계는 복잡한 계산 작업을 완벽하게 수행할 수 있지만, 슬픔과 기쁨 같은 가장 단순한 정서적 질문조차도 답하기 어려울 수 있다. 그런데도 기계가 지능적이라고 말할 수 있을까?

튜링도 이 점을 예견했다. 그는 논문에서 이렇게 말했다.

"우리는 언젠가 기계가 결국 순수 지능의 모든 영역에서 인간과 경쟁하기를 바랄지도 모른다. 그렇다면 어디에서부터 시작하는 것이 가장 좋을까? 누군가는 국제 체스와 같은 추상적 활동에서부터 시작하는 것이 가장 좋다고 말하고, 또 누군가는 기계에게 가장 좋은 감각기관을 제공한 후 언어를 배우게 해야 한다고 주장한다. 나는 이 두 가지 방법 모두 시도해 볼 만하다고 생각한다."

튜링은 기계 지능과 관련된 발전 방향을 두 가지로 예측했다. 즉 '체화되지 않은 지능'과 '체화된 지능'이다. 당시에는 '인공지능'이라는 용어조차 없었다. 5년이 지난 후 존 매카시가 마빈 민스키, 올리버 셀프리지Oliver Selfridge, 레이 솔로모노프Ray Solomonoff 그리고 '정보의 아버지'로 불리는 클로드 셰넌Claude Shannon을 다트머스대학교에 초대해 하계 세미나를 개최했다. 그곳에서 비로소 '인공지능'이라는 용어가 등장했다.

인공지능의 발전 경로는 세 갈래로 나뉜다. 바로 기호주의, 행동주의와 연결주의이다. 기호주의symbolism는 컴퓨터가 기호 연산을 통해 인간의 '지능'을 시뮬레이션할 수 있도록 하는 논리적 추론에 기반한 방법으로, 초기에 많은 기념비적 성과를 거두었다. 행동주의behaviorism는 진화주의 혹은 사이버네틱스Cybernetics(제어와 통신) 학파라고도 불리며, 주로 사이버네틱스 및 감지-행동 제어 시스템에 주목한다. 중국 과학자 첸쉐선錢學森은 행동주의의 대표적 인물 중 한 명

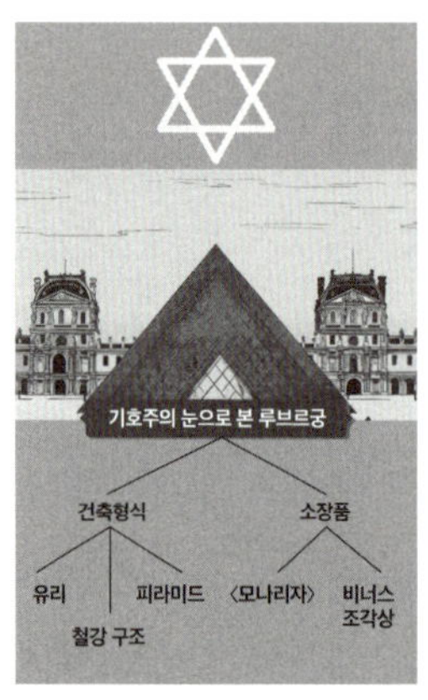

인공지능의 3대 학파

이다. 연결주의 connectionism는 생체 모방 학파 혹은 생리학파라고도 불리며, 신경망과 뉴런 간의 연결 메커니즘 및 학습 알고리즘에 의존하고, 인간 뇌 속 뉴런의 상호 작용을 시뮬레이션해 인공지능이 스스로 학습하게 한다. 오늘날 뜨고 있는 '딥러닝 deep learning'이 바로 연결주의의 산물이다.

이쯤에서 우리는 또 묻지 않을 수 없다. 첫째, 기계 학습이 과연 범용 인공지능 AGI으로 통하는 통로가 될 수 있을까? 둘째, 현재 논리학, 통계학, 신경과학과 컴퓨터 과학 등 분야의 연구자들은 각각 기호주의, 연결주의와 행동주의의 세 가지 강령에서부터 출발해 인공지능을 연구해 왔다. 그렇다면 범용 인공지능을 구축하려면 이 세 가지 강령을 융합해야 할까? 아니면 네 번째 강령이 필요할까? 마지막으로, 피지컬 AI의 단계에 도달하면 범용 인공지능이 실현될 수 있을까?

이 책의 내용은 1부와 2부로 나뉜다. 1부에서는 인공지능 사조의 흐름을 따라가며 '기계가 생각할 수 있을까?'에 관한 연구와 고찰을 정리하고, 이를 통해 인공지능이 체화되지 않은 지능에서 출발해 어떻게 딥러닝, 대규모 언어 모델, 그리고 최종적으로 체화된 지능에까지 이르게 되었는지 답하고자 한다. 2부에서는 기술의 관점에서 출발해 기계가 어떻게 모방 게임을 통해 체화된 지능을 실현하는지 살펴보고자 한다.

이곳에서 다루는 내용이 단지 단편적인 견해에 불과할 수도 있지만, 누군가에게 영감을 줄 수 있다면 더할 나위 없이 기쁠 것이다. 이 글을 읽는 독자 여러분이 튜링처럼 땅속에 목각 인형을 심을 수 있기를 바랄 뿐이다.

PART
1

기계는 생각할 수 있을까?

기호주의의 야망

CHAPTER 1

'슈뢰딩거의 고양이Schrödinger's cat'가 생사조차 알 수 없는 존재라면, '라플라스의 악마Laplace's Demon'는 모르는 게 없는 뛰어난 예언가이다. 이 작고 매력적인 악마는 수학자 라플라스의 상상에서 비롯된 가상의 존재로, 우주에 있는 모든 원자의 위치와 운동량을 정확히 파악하고, 뉴턴의 법칙을 이용해 미래의 모든 사건을 예측할 수 있다. 다시 말해, 세상의 모든 것이 인과 관계의 사슬로 얽혀 있으므로, 각 원자의 초기 상태만 알면 우주 전체의 운명을 얼마든지 확정 지을 수 있다는 가정을 바탕으로 한다.

도미노 게임을 할 때 첫 번째 조각이 쓰러지면 남은 조각도 순서대로 쓰러진다. 우주에서도 이러한 일이 동일하게 일어난다. 라플라스의 악마는 마치 모든 스위치를 통제하고 있는 것처럼 그것들이 어떻게 상호 작용을 일으키는지, 그리고 그 결과 우주의 미래가 어떻게 결

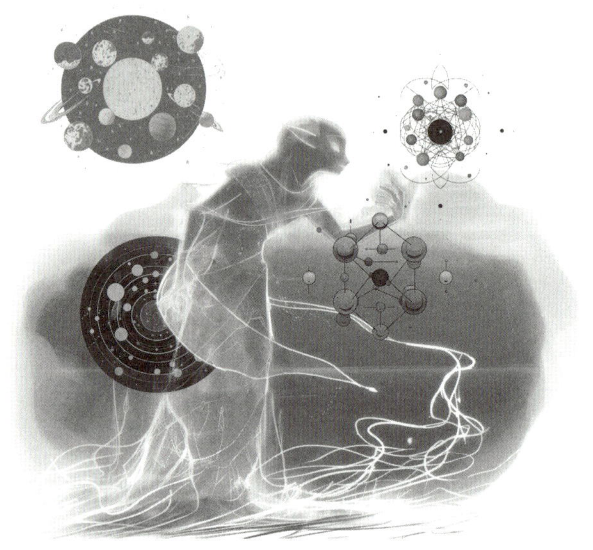

정될지도 간파하고 있다. 이 이론은 당시 물리학계에 새로운 바람을 불러일으키며 학자들의 열정에 불을 지폈다. 사람들은 충분한 정보만 손에 넣으면 미래를 예측할 수 있을 뿐 아니라, 완벽히 통제 가능한 세상을 만들 수 있을 거라는 환상을 품기 시작했다.

기계론의 관점에서 출발하기

그런데 누군가의 머릿속에서 이러한 의문이 싹트기 시작했다. 세상 만물이 모두 운동 법칙을 따라야 한다면 인간을 포함한 동물에게도 이 법칙이 적용되지 않을까? 좀 더 심층적으로 파고들어 보면 인간의 생각과 감정도 운동 법칙에 부합하지 않을까? 우리의 머릿속에 존재하는 모든 의식이 본질적으로 물질 운동의 결과에 불과한 것은 아닐까? 더 직설적으로 말하면 뇌세포 운동의 결과가 아닐까?

다시 말해서 우리가 지금 하는 모든 일, 머릿속에 들어 있는 모든 생각이 어쩌면 1초 전, 심지어 수십 억 년 전에 발생한 우주 빅뱅의 순간에 이미 결정되었을지도 모른다. 물리학자들은 오래전부터 우리의 뇌는 물론 인체의 모든 부분이 입자로 구성되어 있고, 이 입자들이 우주 빅뱅 당시에 만들어졌다는 사실을 증명해 왔다. 이렇게 연결된 고리를 하나하나 거슬러 올라가다 보면 우리가 하는 모든 행동과 생각 하나하나가 이미 일찌감치 정해져 있는 것처럼 보인다.

이러한 관점은 흥미로운 질문을 끌어낸다. 그렇다면 이렇게 된 이상 이론적으로 수학 방정식을 통해 '지능'을 직접 계산해낼 수 있지 않을까?

적어도 '도덕'은 가능할 수도 있다. 만약 스피노자 Baruch Spinoza 의 『윤리학 Ethica Ordine Geometrico Demonstrata』을 읽어 본 적이 있다면, 책을 펼쳐 본 순간 잘못 산 것은 아닌지 의문이 들었을 것이다. 책의 제목은 분명『윤리학』인데 '윤리'라는 두 글자는 전혀 언급되어 있지 않고 온통 정리 theorem(정의나 공리에 의해 이미 진리임이 증명된 명제나 진술)와 공식뿐이기 때문이다. 예를 들어 'XX(공리 5) 및 XX(정의 3)에 근거해 XX(정리 1과 명제 7 참조)이므로, 이 명제는 증명이 되었다'는 식이다.

스피노자의 관점에서 보면 인간의 생각, 감정, 욕망 등을 기하학의 점, 선, 면에 대입해 연구할 수 있으며, 먼저 정의와 공리를 제시한 후에 증명을 거쳐 이치를 도출해낼 수 있다.

세상은 물론 인간의 의식마저 수학적으로 설명하려는 관점을 '기계론'이라고 부른다. 이 용어는 시험에서 오답 항목으로 자주 등장하기 때문에 그리 낯설지 않을 것이다. 비록 일부 교과서에서는 기계론의 합리성을 부정하기도 하지만, 그것이 틀렸다고 직접적으로 말하는 것 자체도 불공평하다. 기계론을 제기한 사람들은 매우 뛰어난 과학자와 철학자들이었고, 그들의 원래 의도는 수학이 지배하는 완벽한 세상을 만드는 것이었다. 게다가 스피노자의 사상은 많은 사람이 평생 추앙하고 경외할 만큼 가치가 있다.

> 인간이 도달할 수 있는 가장 높은 경지는 이해를 탐구하는 것이다. 필연성에 대한 인식과 이해가 바로 자유이기 때문이다.
>
> •스피노자

훗날 헤겔Georg Wilhelm Friedrich Hegel은 변증법을 체계적으로 제기했고, 이를 기점으로 사람들은 기계론의 한계를 인식하게 되었다. 20세기에 접어들어 컴퓨터가 세상에 등장하자 기계론이 새로운 활기를 얻기 시작했고, 기호 계산과 공식을 통해 지능을 유도하고 생성할 수 있을 듯했다.

앞에서 언급한 적이 있는 튜링 머신Turing Machine이야말로 기계 계산의 강력한 잠재력을 보여 주었다. 기호에 대한 정확한 계산과 논리적 조작을 기반으로 한 튜링 머신은, 현대 컴퓨터 과학의 기초를 다지는 역할을 했다. 명확한 규칙과 알고리즘만 갖추어져 있다면 기계가 기호 조작을 통해 복잡한 계산을 수행하고, 심지어 인간의 특정 사고 과정을 모방할 수도 있다는 것을 증명했다.

예를 들어 코드의 경우 특정 조건을 충족시킬 때까지 일련의 작업 시퀀스sequence(순서 있게 나열된 것)를 반복해서 실행하도록 만드는 아주 중요한 명령어 유형을 가졌다.

인간에게서도 이러한 명령의 유형을 찾아볼 수 있다. 우리는 배가 고플 때마다 음식을 찾고 그것으로 포만감이 들 때까지 배를 채운다. 배고픔은 음식을 찾고 먹을 준비를 하도록 만드는 조건이고, 포만감은 식사를 끝마치도록 만드는 조건이다. 배고픔의 신호가 다시 나타나면 다시 음식을 찾게 된다. 이러한 순환은 마치 컴퓨터 명령처럼 조건이 충족될 때까지 지속해서 실행된다.

인간의 뇌와 컴퓨터는 구조와 메커니즘은 전혀 다르지만, 특정 영역에서만큼은 공통된 특징을 보인다. 따라서 인간의 뇌와 컴퓨터를 형식적인 규칙으로 기호를 조작함으로써 지능적 행위를 만들어내는 동일한 장치에서 벌어지는 두 가지 서로 다른 특수한 사례로 간주할 수 있다.

이 이론은 기계론의 2.0 버전으로 간주될 수 있으며, '물리적 기호 체계 가설Physical Symbol System Hypothesis'이라고 부른다. 이 이론의 지지자들은 '기호주의 학파[1]'로 분류된다.

1　인간의 지능을 기호 조작과 논리적 추론으로 설명하려는 학파.

계산과 생명

20세기의 컴퓨터 혁명은 우리에게 참신한 과학 연구 방법을 제공했을 뿐 아니라, 문제를 보는 혁신적 시각을 갖게 했다. 과거에 틀렸다고 여겨졌던 생각들, 심지어 터무니없고 우스꽝스러운 상상조차도 컴퓨터 시대가 도래하면서 모두 실현 가능해진 것이다.

이를 계기로 우리는 점차 새로운 세계관, 즉 계산주의적 세계관을 갖게 되었다. 이 관점대로라면 인지와 생명뿐 아니라 우주 전체도 거대한 계산 시스템으로 간주될 수 있다. 이것 역시 기호주의 학파가 이뤄낸 중요한 업적 중 하나라 할 수 있다.

'논리 이론가'의 탄생

1956년으로 거슬러 올라가면 당시 허버트 사이먼Herbert A. Simon은 다트머스 회의에서 '논리 이론가Logic Theorist'라고 이름 붙인 작은 프로그램을 선보였다. 그는 자신과 자신의 제자 앨런이 함께 만든 이 프로그램으로 비수치적 사고를 모방할 수 있다고 주장했다. 그리고 '논리 이론가'를 앞세워 러셀과 화이트헤드Alfred North Whitehead가 공동 집필한 『수학 원리Principia Mathematica』에 도전장을 내밀었다.

그들은 왜 하필 이 책을 선택했을까? 바로 이 책이 당시 수학계에서 권위 있는 저서로 손꼽혔기 때문이다. 비록 이 책이 '1+1=2'와 같은 문제도 다루고 있다 할지라도, 그 과정에서 논리학, 집합론, 언어학과 분석 철학을 활용해 추론해내는 접근 방식을 사용하고 있었다. 책의 취지는 모든 순수 수학을 순수한 논리를 전제로 추론하고, 자연어 대신 알고리즘적 표현으로 논리를 정밀하게 다루려는 데 있었다.

이 책을 선택한 이유를 하나 더 언급하면, 수학 원리를 전문적으로 연구하는 사람들조차도 완전히 이해했다고 함부로 말하지 못할 정도로 어려웠기 때문이다.

인간은 그 내용을 여전히 이해하지 못했지만, 기계라면 이야기가 달라진다. '논리 이론가' 프로그램은 『수학 원리』 제2장 52개의 정리 중에서 38개를 완벽하게 증명해냈다. 2년 후인 1958년에 중국계 철학자 왕하오王浩는 IBM 704 컴퓨터에서 『수학 원리』의 1차 논리 섹션에 있는 350여 개의 정리를 단 9분 만에 증명해냈다. 이러한 성공은 컴퓨터 프로그램이 비수치적 문제를 '사고'할 수 있다는 것을 실제로 보여 주었고, 물질로 구성된 시스템이 어떻게 정신적 특성을 가질 수 있는지 설명해 주었다.

> 우리는 오래된 정신과 신체의 문제를 해결하고, 물질로 구성된 시스템이 어떻게 정신적 특성을 갖는지 설명하기 위해 비수치적으로 사고하는 컴퓨터 프로그램을 발명했다.
>
> • 허버트 사이먼

사람들은 여기서 지능을 정의하는 일종의 방식, 즉 정보 선택 능력을 찾아냈다. 기호주의 학파는 인간의 사유 과정을 세 단계로 귀납했다.

첫 번째 단계에서는, 문제를 보고 머릿속에서 과거의 지식과 경험을 탐색한 후 한 가지 해결 계획을 세운다.

두 번째 단계에서는, 기억 속의 공리, 정리와 추론 규칙에 근거해 문제 해결 과정을 구체화한다.

세 번째 단계에서는, 추론 결과에 따라 결론을 내린다.

이것은 마치 '코끼리를 냉장고 안에 넣는 방법'을 묻는 것과도 같다. 우선 냉장고 문을 열고, 그다음에 코끼리를 냉장고 안에 넣고, 마지막으로 냉장고 문을 닫는다. 단계가 계획대로 명확하게 진행된다면 모든 과정을 순탄하게 완료할 수 있다. 컴퓨터 프로그램은 이러한 논리적 추론과 조작을 거쳐 복잡한 문제를 일련의 제어 가능한 단계로 단순화하여, 조건이 충족될 경우 정확한 결론을 도출해낼 수 있다.

여기선 문득 한 가지 의문이 들 수 있다. 코끼리를 어떻게 냉장고 안에 넣는단 말일까. 인간은 이 일이 얼마나 비현실적인지 잘 알고 있다. 하지만 기계는 이 점을 인지하지 못한다. 기계는 이미 정해진 논리에 근거해 계획하고, 절차를 구성하고 결론을 도출한다. 문을 열고, 코끼리를 넣고, 문을 닫는다. 우리의 관점에서는 이 과정이 이치에 맞지 않고 비합리적인 듯해 보이지만, 기계는 기계적으로 실행할 뿐 그 부조리를 전혀 인지하지 못한다.

그러나 기호주의 학파의 '인공지능' 연구에서는 그것이 터무니없는지를 기계의 문제가 아니라 인간의 문제로 본다. 그들에게 더 중요한 것은 기계가 제시하는 답이 규칙에 부합하는지, 정해진 단계를 따를 수 있는지 여부이다. 이러한 정보 선택과 논리적 추론 방식은 기호주의 학파에서 지능을 정의하는 핵심이 되었다. 문제를 해결하기 위해 계획을 세우고, 추론 단계를 구성하고, 결론을 도출하는 과정을 통해 컴퓨터 프로그램은 복잡한 문제를 명확한 단계로 간소화할 수 있다. 설사 상식과 현실감이 결여되었다고 해도 정확하게 작업을 수행할 수 있다.

실제로 허버트 사이먼은 심리학 실험을 진행한 적도 있다. 그는 이 실험을 통해 인간이 문제를 해결하는 과정도 본질적으로 탐색의 과정이라는 것을 증명하고자 했다. 다시 말해서 인간은 생각할 때 기존의 지식, 경험과 논리 규칙에 근거해 계획을 세운 다음 탐색 공간에서 잠재적 해결 방안을 걸러낸다. 이러한 과정은 컴퓨터 알고리즘이 탐색 공간에서 최적의 경로를 찾는 것과 유사하다.

기호주의 학파가 원하는 '인공지능'을 정의한 후 사이먼은 컴퓨터로 인간의 행동을 시뮬레이션함으로써 진정으로 인간 지능을 갖춘 물리 기호 시스템을 만들어냈다.

기호주의 학파가 일구어낸 공헌을 설명하기 전에, 학파의 창시자 앨런 뉴얼Allen Newell과 허버트 사이먼을 소개하고자 한다.

'천재'와 '노력파'

천재의 삶은 하나같이 서로 비슷하다. 1916년 허버트 사이먼은 부유한 유대인 가정에서 태어나 어린 시절부터 의식주에 대한 걱정 없이 성장했다.

그는 피아니스트였던 어머니의 영향으로 어릴 때부터 피아노를 쳤고, 책을 즐겨 읽었으며, 두 학년을 월반해 16세에 명문 시카고대학에 입학해 정치학을 공부했다. 입학 후에 그는 전공 강의에 크게 매달리지 않고 모든 과목을 독학으로 공부해 27세의 나이에 박사학위를 받았으며, 그 후 카네기멜론대학에서 교수로 재직하며 다양한 분야에서 큰 성과를 냈다. 그는 앨런 뉴얼과 함께 튜링상을 수상했을 뿐 아니라, 노벨 경제학상, 존 폰 노이만 이론상John von Neumann Theory Prize 및 셀 수 없을 정도로 다양한 상을 연이어 수상했다. 그가 연구하기로 마음먹기만 하면 결국 그 분야에서 상을 받을 정도로 최고의 성과를 내는 집중력을 보여 주었다. 이 밖에도 그는 9개의 박사학위를 보유하고 있고, 20여 개국의 언어를 구사했으며[2], 세계 최초의 컴퓨터 카드 게임을 발명했고, 스키·피아노·그림·소설 등 다양한 분야에 정통한 삶을 즐기다 85세의 나이에 세상을 떠났다.

이렇게 모든 일이 순조롭게 잘 풀리는 인생에 관심이 있는 독자라면 그의 자서전『과학 미로 속의 개구쟁이와 거장 Models of My Life 』을 한 번 읽어 보는 것도 좋을 듯하다.

여기까지 쓰고 나니 나도 모르게 감정이 복잡해진다. 천부적 재능 앞에서 성실과 노력은 정말 일고의 가치도 없는 것일까? 그와 달리 그의 제자 뉴얼은 '근면'의 대명사였다.

앨런 뉴얼은 랜드연구소 Rand Corporation 에서 일할 때 사이먼을 알게 되었다. 그즈음 뉴얼은 프린스턴대학교 수학과를 갓 중퇴하고, 공군과 합작 중이던 조기 경보 시스템 개발에 참여하고 있었다. 당시 25세였던 그는 보통 밤 8시에 일을 시작해서 날이 밝을 때까지 매진할 만큼 열정이 넘쳤다. 그의 가장 큰 즐거움은 바로 '비상'이 걸려 마감 시간에 쫓기며 밤을 새우거나 혹은 이틀 연속 잠도 자지 않고 일하는 것이었다.

1954년 그는 사이먼과 한 공군 기지를 방문했을 때 그곳의 공군이 매일 24시간 훈련한다는 것을 알고 기쁨을 감추지 못했다. 그날 이후 그는 주말만 되면 그들과 함께 훈련했고, 꼬박 이틀 동안 잠을 자지 않았다.

2   그는 노벨상을 받고 시상식에서 소감을 말할 때 자신이 스웨덴어를 할 줄 아는데 마침내 쓸 기회가 생겼다고 밝힌 적이 있다. 또한 그는 자신의 중국어 이름을 '스마허(司馬賀)'라고 짓기도 했다.

그를 보면, 타고난 재능이 없다고 자책할 필요는 없어 보인다. 대다수 사람은 천부적 재능을 탓할 만큼 충분한 노력을 하지 않았기 때문이다.

1961년 뉴얼은 랜드연구소를 떠나 카네기멜론대학교에 정식으로 합류했고, 사이먼과 함께 이 대학의 컴퓨터 공학과를 설립했다. 이 학과는 세계 최초로 설립된 컴퓨터학과 중 하나였다. 그 후 사이먼과 뉴얼은 서로 분업해 각각 심리학과와 컴퓨터 공학과에 집중하기로 합의했다. '거물'이 합류하면서 원래 2류 혹은 3류에 불과했던 이 대학은 컴퓨터학과를 발판 삼아 세계 일류 대학으로 도약했고, 세계의 변화를 이끌 수많은 인재를 배출해냈다. 현 마이크로소프트 연구 및 기술 부문 수석 부사장인 해리 섬 Harry Shum과 구글 차이나 전임 CEO 리카이푸 Lee Kai-Fu 등도 이 학교에서 박사학위를 받았다.

비록 사이먼이 뉴얼의 스승이었지만 그들의 협업은 평등하게 이루어졌다. 공동 논문의 저자명을 올릴 때면 늘 알파벳 순서에 따라 뉴얼의 이름을 항상 사이먼 앞에 썼다. 게다가 사이먼은 누군가 그의 이름을 뉴얼의 앞에 두려고 하면 예외 없이 고치도록 요구했다.

1975년 뉴얼과 사이먼은 튜링상을 공동 수상했다. 당시 뉴얼은 자신의 연구 여정에 대해 이렇게 회고했다.

"사실 우리가 연구한 과학 문제는 내가 결정한 것이 아닙니다. 다시 말해서 과학 문제가 나를 선택한 것이지 내가 그것을 선택한 게 아니라는 거죠. 과학 연구를 진행할 때 나는 특정한 문제를 파고드는 데 익숙하고, 사람들은 그것을 인간 사유의 본질이라고 흔히 말합니다. 나의 과학 인생을 통틀어 보면 나는 이 문제에 대해 탐색해 왔고, 이는 앞으로 내 삶이 다하는 순간까지도 계속 이어질 겁니다."

뉴얼과 사이먼이 평생을 바쳐 연구에 몰두한 '인간 사유의 본질'은 인공지능 분야의 가장 빛나는 장을 열었다.

탄생과 동시에 찬란하게 빛나는

인간의 지능을 갖춘 물리 기호 체계를 소개하기에 앞서 IPL^{Informa}tion Processing Language[3]에 대해 먼저 알아보고자 한다. '논리 이론가' 프로그램을 개발하는 과정에서 사이먼은 '연결 리스트^{linked list}'라는 개념을 처음으로 제시하고 응용했다. 그는 그것을 기본 데이터 구조로 삼아 리스트 처리 언어인 IPL을 설계하고 구현해냈다. IPL은 최초의 테이블 처리 언어이자 재귀적 하위 프로그램을 구현하는 언어로서 인공지능 역사에서 이정표로 자리매김했다.

IPL의 기본 요소는 기호이고, 리스트 처리 방식을 최초로 도입했다. 핵심 데이터 구조는 테이블 구조로 주소 혹은 규칙적인 배열을 대체해 프로그래머가 사소한 문제까지 파고들 필요 없이 고차원적인 사고를 할 수 있게 한다. IPL의 또 다른 특징은 생성기^{generator}를 도입해 하나의 값을 만들어낸 후 그것을 저장해 두고, 다음에 다시 호출해 사

---

3 1950년대에 앨런 뉴얼, 허버트 사이먼, 클리프 쇼가 개발한 초기 인공지능 전용 프로그래밍 언어.

용할 때 중단된 위치에서 계속 실행하는 것이다. 초기의 수많은 인공지능 프로그램은 이러한 리스트 처리 언어로 작성되었다.

요컨대 사이먼의 관점에서 볼 때 완벽한 물리 기호 체계는 다음과 같은 여섯 가지 기능을 가져야 한다.

첫째, 입력 기능이다. 우리가 귀, 눈, 코를 이용해 외부 정보를 감지하듯이 키보드와 마우스를 통해 데이터를 컴퓨터에 입력하는 것과 비슷하다. 지금은 제스처와 음성 인식도 하나의 입력 방식이 되었다.

둘째, 출력 기능이다. 예를 들어 우리가 말하기, 쓰기 혹은 신체 언어로 정보를 출력하듯이 컴퓨터도 모니터, 프린터 등의 장치를 통해 사람이나 다른 장치를 위해 정보를 출력할 수 있다.

셋째, 저장 기능이다. 인간은 기억에 의존해 입력된 정보를 저장하지만, 컴퓨터는 하드웨어와 광디스크 등 저장 장치에 데이터를 보관한다.

넷째, 복제 기능이다. 인간은 외부 자극을 반복하며 기억을 강화하지만, 컴퓨터는 파일과 데이터를 쉽게 복제할 수 있다.

다섯째, 구조 구축 기능이다. 이는 다양한 여러 기호 사이의 관계를 찾아내 시스템 안에서 구조화하는 것을 의미한다. 인간은 받아들인 정보를 학습한 후에 그 정보를 다양하게 조합해 새로운 관계를 도출하고 기호 체계를 만들어낸다. 이는 수학적으로 말하면 귀납법에 해당한다. 예를 들어 뉴턴은 사과나무 아래 앉아 있다가 머리 위로 떨어진 사과를 보며 모든 물체 역시 땅으로 떨어진다는 깨달음을 얻었으며, 이를 계기로 마침내 만유인력의 법칙을 생각해낼 수 있었다. 그래서 인간이 각종 지식을 종합해 연관성을 구축하듯 컴퓨터도 다양한 기호 사이의 관계를 통해 기호 체계를 구축할 수 있다. 예를 들어 'if-then'

어구(조건과 연결을 나타내는 기호), 포인터 pointer(다른 데이터나 메모리 위치를 가리키는 변수), 연결 리스트(여러 개의 노드가 포인터로 서로 연결된 선형 구조)는 모두 컴퓨터가 실행 과정에서 참고하는 구조와 프레임이다.

여섯째, 조건부 전이 기능이다. 이것은 이미 습득한 기호를 바탕으로 행동을 수행해 나가는 것을 의미한다. 즉 기존의 지식을 새로운 영역으로 확장해 나가는 것이다. 예컨대 인류가 뉴턴의 법칙을 기반으로 다리를 건설하고, 미사일과 대포를 만들듯이, 컴퓨터도 기존 시스템을 업데이트하거나 업그레이드해 새로운 기능을 구현할 수 있다.

위에서 설명한 기능이 바로 물리적 기호 체계 가설이다. 이 가설대로라면 어떤 시스템이든 여섯 가지 기능을 갖췄으면 지능을 가진 것으로 볼 수 있다는 뜻이다. 필요조건의 관점에서 보면, 지능을 갖춘 시스템은 모두 물리적 기호 체계로 입증될 수 있다. 충분조건의 관점에서 보면, 충분히 큰 물리적 기호 체계는 조직을 통해 지능을 드러낼 수 있다.

이제 실제 응용 사례를 살펴보도록 하자.

과학자들은 컴퓨터가 바둑을 두게 만들겠다는 강한 집념에 사로잡혀 있었다. 아마도 바둑이 지능을 검증하는 기준 중 하나이기 때문인 듯하다. 영화 〈뷰티풀 마인드 Beautiful Mind〉에서 천재적 인물 존 내시 John Nash는 바둑을 둘 때마다 속수무책으로 당하자 바둑을 '결함 있는 게임'이라고 말하기까지 했다. 자신이 둔 모든 수를 가장 최적의 선택이라고 여겼지만, 결국 매번 졌기 때문이다. 수를 둘 때마다 신중을 기해야 할 뿐 아니라 전체적인 판의 흐름을 읽어야 하고, 심지어 가진 패의 일부를 전략적으로 희생하는 것까지도 감수할 수 있어야만 비로소 승리를 거둘 수 있다는 점은 바둑과 같은 게임이 지닌 강한 매력이기도 하다.

이렇게 인간의 고차원적 감정에만 존재하는 전략적 희생을 기계가 과연 이해할 수 있을까? 이것이 사실이라고 증명하는 것은 어렵지 않았고, 직접 해 보면 바로 알 수 있는 문제였다. 1956년 IBM은 체스에서 출발해 스스로 학습하고, 조직하는 능력을 갖춘 체스 프로그램을 개발했고, 그것은 우수한 체스 선수들의 전략을 모방하기도 했다. 이 프로그램은 체스의 말을 과감하게 포기할 수 있을 뿐 아니라, 기보를 계속해서 학습했다. 또한 지속적인 개선을 거치면서 놀라울 정도로 똑똑해졌고, 1962년 미국의 한 체스 챔피언을 이기기까지 했다. 그 후로도 체스 프로그램은 국제 체스 대회에서 연이어 눈부신 활약을 이어 나갔다. 1997년 딥 블루Deep Blue4는 세계 체스 챔피언 카스파로프Garry Kasparov를 이겼고, 2016년 알파고AlphaGo는 바둑 세계 챔피언이 바둑돌을 놓고 항복하게 만들었다. 물론 알파고가 사용한 기술은 단지 기호 시스템만이 아니었다. 이 부분은 뒤에서 좀 더 자세히 다룰 생각이다.

이러한 체스나 바둑과 같은 게임에서의 승리는 충분히 큰 물리적 기호 체계에서 더 체계적이고 구체적인 구조화를 통해 지능을 드러낼 수 있다는 것을 증명했다. 고무적인 결과에 자극받은 기호주의 학파는 다음과 같은 세 가지 추론을 내놓았다.

4 IBM이 개발한 체스 전문 슈퍼컴퓨터.

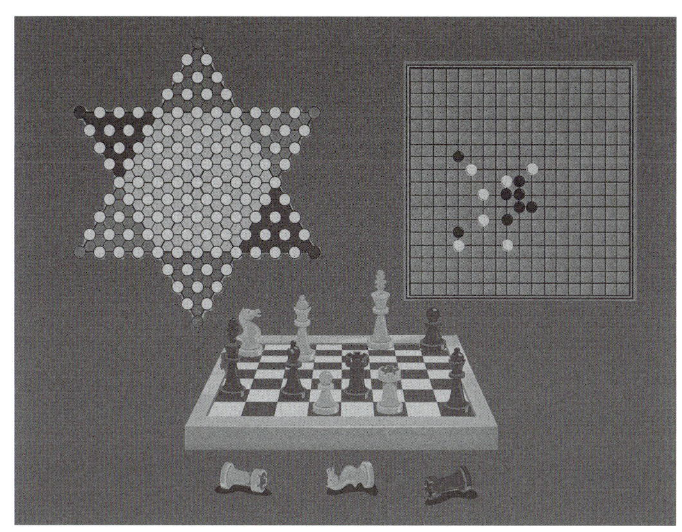

PART 1

바둑과 같은 다양한 기판 게임

첫 번째는, 지능을 가지고 있는 이상, 인간 역시 하나의 물리적 기호 체계라는 것이다.

두 번째는, 컴퓨터가 물리적 기호 체계(여섯 가지 기능을 실현할 수 있음)이니, 그것은 지능을 갖는다.

세 번째는, 인간도 기계도 하나의 물리적 기호 체계라면, 기계가 인간을 모방하는 건 단지 시간문제일 뿐이라는 것이다.

그런데 과연 기계가 인간을 완벽하게 모방해야만 할까? 만약 그래야 한다면 어느 정도까지 시뮬레이션해야 할까? 비록 인간과 컴퓨터는 모두 물리적 기호 체계이고, 지능을 가지고 있지만, 작업 방식과 원리는 서로 다를 수밖에 없는데 말이다.

어쩌면 컴퓨터의 궁극적인 지능의 형태는 우리가 지금 알고 있는 범주와 다를 수도 있다. '페르미 역설Fermi's Paradox[5]'이 떠오른다. 이는 외계인, 우주여행과 관련된 과학적 역설이며, 그중 가장 중요한 모순은 두 가지다. 첫째, 고등 외계 문명이 존재할 가능성이 크다. 둘째, 지금까지도 우리는 그것이 존재한다는 증거를 발견하지 못했다. 즉, 온 우주에 우리만 홀로 존재하는 것인지, 고등 생명체가 도처에 존재하는데 알아채지 못하는 것인지 알 수 없다는 말이다. 불안한 일이 아닐 수 없다. 그렇다면 컴퓨터가 궁극적으로 실현할 지능은 어떤 모습일까? 인간이 이해하거나 접근할 수 없는 수준까지 도달하는 것은 아닐까?

기호주의 학파가 '지능'에 관한 문제를 이미 해결한 듯 보이지만, 이에 대해 이의를 제기하는 사람들도 있다.

사실 이의를 제기하는 자체도 대담한 행동이 아닐 수 없다. 당시 기호주의 학파는 돈과 권력을 배경으로 인지 과학 분야에서 독보적이었고, 시간이 흐를수록 승승장구하며 발전해 나갔다. 1958년부터 1980년대 중반까지 인공지능 분야의 대다수 연구는 모두 기호주의 학파의 주도 아래 진전을 거두었다고 할 수 있다. 필자가 대학 시절에 인공지능 시스템 인턴십 프로그램에 참가했을 때만 해도 다들 다양한 '전문가 시스템expert system'을 만들고 있었고, 이것이 바로 기호주의 학파의 대표적인 산물이다.

---

5   이탈리아의 물리학자 엔리코 페르미(Enrico Fermi)가 언급한 이야기로 "우주에는 수많은 별과 행성이 있어 외계 문명이 존재할 가능성이 큰데 왜 우리는 아직 아무런 흔적도 발견하지 못했는가?" 라는 질문에서 시작됐다.

전문가 시스템

전문가 시스템은 인간 전문가가 문제를 해결하는 능력을 모방한 컴퓨터 시스템이며, 주로 특정 영역에서 추론과 판단을 수행한다. 이러한 시스템은 방대한 전문 지식과 경험 규칙이 집약된 인공지능 기술의 대표적인 응용 분야 중 하나로, 복잡한 문제를 해결할 수 있고, 의료 진단, 금융 분석, 엔지니어링 설계 등 다양한 영역에 응용할 수 있다.

전문가 시스템은 주로 세 부분으로 구성된다. 첫째는 규칙, 법칙, 공리 등과 같은 특정 분야의 지식과 사실을 포함한 지식 창고다. 둘째는 지식 창고 속의 지식을 이용해 문제의 해결 방안을 추론하는 추론 엔진이다. 셋째는 사용자와 시스템의 교환을 허용하며, 질문을 입력하고 답변을 받을 수 있는 사용자 인터페이스다. 전형적인 전문가 시스템으로는 마이신MYCIN, 덴드럴DENDRAL, 엑스콘XCON이 있다. 마이신은 가장 유명한 의료 전문 시스템으로 1970년대에 개발되어 혈액 감염과 기타 세균 감염을 진단하고, 항생제 및 그 용량을 추천하는 데 사용한다. 마이신은 일련의 문제를 제기하고, 사용자의 답변을 기반으로 추론함으로써 의학 진료 분야에서의 전문가 시스템의 응용 잠재력을 보여 준다. 덴드럴은 주로 유기 화학물 분석에 사용되는 전문가 시스템으로, 화합물의 질량 스펙트럼과 핵자기공명 진동 데이터를 분석해 가능한 모든 화학 구조를 분석하는 과학 연구의 중요한 도구 중 하나이다. 엑스콘은 'RI'라고도 불리며, 미국 데이터 설비 회사DEC에서 도입한 전문가 시스템이다. 엑스콘은 주문서에 나온 컴퓨터 부품 선택과 레이아웃 설계를 자동으로 수행해 생산 효율과 정확성을 높이는 데 효과적이다.

기업인이 과학자를 아낌없이 후원하는 이유는 바로 가장 먼저 최첨단 기술을 확보해 자사 주식을 IBM과 마이크로소프트처럼 급등하게 만들고 싶기 때문이다. 따라서 우수한 인재가 모두 컴퓨터학과로 몰려들었고, 기호주의 학파의 방법으로 최초로 로봇을 만드는 사람이 되고자 했다. 심지어 일본은 1980년대에 '제5세대 컴퓨터' 프로젝트를 야심차게 추진하기도 했다.

'5세대 컴퓨터'란, 정보의 수집·저장·처리·통신과 인공지능을 하나로 결합하는 컴퓨터 시스템을 말한다. 이는 단순한 수치 계산뿐 아니라 지식의 처리·추론·연상·학습·설명 능력을 갖추어 인간의 판단과 의사 결정을 돕고, 미지의 영역을 개척하며 새로운 지식 습득에 도움을 줄 수 있다. 사람들은 그런 일들을 위해 더 이상 프로그램을 작성하지 않아도, 명령만 내리면 컴퓨터가 자동으로 추론하고 작업을 완성한다.

또한 '5세대 컴퓨터'는 청각·시각·미각을 갖추어 사람의 말을 알아들을 뿐 아니라, 그림과 문자를 보고 이해하며, 몇 가지 언어를 구사할 수 있다. 당시 일본은 후지쯔, 히타치, 도시바, 파나소닉 등 여러 대기업이 ICOT(차세대 컴퓨터 기술 연구소)와 합착해 이 슈퍼 인공지능을 공동으로 개발하게 했다. 총예산은 1,000억 엔에 육박했으며, 10년 안에 완성될 것으로 예상했다. 전 세계가 '5세대 컴퓨터'의 일거수일투족을 예의 주시했다.

그런데 이 거스를 수 없는 발전의 흐름에 감히 반기를 든 사람이 있었다. 바로 마빈 민스키Marvin Minsky였다.

연결주의:
모방에서 초월까지

CHAPTER 2

이제, 마빈 민스키를 무대 위로 모셔 보자. 마빈 민스키는 매사추세츠공과대학교MIT 인공지능 실험실의 설립 멤버 중 한 명이며, 1969년 튜링상 수상자이자, '인공지능의 아버지' 중 한 명이기도 하다.

일반적으로 어떤 분야의 '아버지'라고 불리려면 적어도 다음과 같은 다섯 가지 조건을 충족해야 한다.

첫째는 혁신적인 공헌을 해야 한다. 우선 '세상을 깜짝 놀라게 만들 만한' 획기적인 발견과 '우와!'라는 감탄사가 쏟아져 나올 만큼 새로운 이론이나 도구를 제시하고, 이를 통해 해당 분야에서 기초 연구의 방향을 잡을 수 있는 토대를 다질 수 있어야 한다. 예를 들어 앨런 튜링은 튜링 머신과 같은 혁신적 개념을 제시했기 때문에 '컴퓨터 과학의 아버지'로 불릴 수 있었다.

둘째는 지속적인 영향력을 끼쳐야 한다. 이러한 혁신적 발견은 장기적 영향력을 가져야 하며, 이를 통해 수십 년 심지어 수백 년 후에도 위대한 업적이 계승되고 지속되어야 한다. 일례로 다윈의 진화론은 생물학의 연구 방향을 완전히 바꾸어 놓았다.

셋째는 광범위한 인정을 받아야 한다. 동료들의 찬사를 받을 뿐 아니라, 명성이 자자해 곳곳에서 논문을 인용하고 시험 문제에도 자주 등장한다.

넷째는 체계적인 연구 업적을 남겨야 한다. 말로만 이론을 설파하는 데서 그치지 않고 이론을 저서로 만들어 교육 현장과 연구실에서 활용함으로써 지혜의 씨앗이 사방에서 싹트고, 꽃을 피우고, 결국에는 '학파'를 형성하도록 만들어야 한다.

다섯째는 창시자의 위치에 있어야 한다. 일반적으로 어떤 분야의 창시자 혹은 선구자가 되어 후대 학자들의 발전을 이끈다. 그중 한 명이 '정신 분석학의 아버지'로 불리는 지그문트 프로이트다.

위의 다섯 가지 자격 요건을 모든 갖춘 사람이 바로 민스키였다. 그는 '프레임 이론Frame Theory6'을 통해 컴퓨터가 지식을 처리하도록 구조적 방법을 제공했으며 시각, 로봇과 신경망 등의 연구 분야에서도 대단한 선구안을 가지고 활약했다. 이러한 공헌에 힘입어 그의 이론은 수십 년이 지난 지금까지도 광범위하게 활용되며, 인지과학과 학습

---

6 마빈 민스키가 제안한 것으로, 인간이 세계를 이해할 때 사용하는 상황적 틀을 모방해 컴퓨터가 지식을 슬롯(slot)과 값(value)의 구조로 표현하고 활용하도록 하는 개념.

마빈 민스키의 지능에 대한 관점

분야의 토대를 마련했다.

민스키는 '인공지능의 아버지'로서의 모든 조건을 갖추었을 뿐 아니라 스탠리 큐브릭 Stanley Kubrick의 공상과학 영화 〈2001: 스페이스 오디세이 A Space Odyssey〉의 자문 역할을 맡아 '인공지능'이라는 학술적 개념을 '구체화'시키는 데 중요한 역할을 했다. 이 영화는 아폴로 달 착륙 이전의 우주의 아름다움, 고요함 그리고 신비로움을 영상으로 담아냈고, 충성스럽지만 비극적인 색채로 가득했던 인공지능 캐릭터 'HAL 9000'을 만들어냈다. 149분이라는 짧은 상영 시간 안에 50년 후 인류의 과학기술 문명의 발전을 예측한 이 영화는 현대 공상과학 영화의 새로운 장을 여는 기념비적 작품이기도 하다.

그러나 민스키가 이끌어낸 인공지능 발전 경로는 바로 생물의 두뇌와 신경망을 모방하는 것이었다. 1951년 프리스턴대학교에 재학 중이던 민스키는 '학생 실습 프로젝트'를 진행했고, 'SNARC Stochastic Neural Analog Reinforcement Calculator(확률적 신경 아날로그 강화 계산기)'라고 이름 붙여진 자기주도 학습 로봇을 만들었다. 이는 신경망의 출력 값을 확률적으로 해석해 아날로그 신호처럼 연속적으로 강화하는 계산 도구로, 훗날 세계 최초의 신경망 학습 기계로 간주되기도 했다.

대뇌 모방으로부터 출발

이제 연결주의 학파의 발전을 소개하기에 앞서 한 가지 명확하게 짚고 넘어가야 할 것이 있다. 연결주의 학파는 기호주의 학파를 완전히 배척한 것이 결코 아니다. 결국 자격을 갖춘 '코드 code 농부[7]'가 되는 것은 모든 프로그래머가 반드시 거쳐야 하는 과정이다. 그러나 연결주의 학파의 관점에서 볼 때 기호 코드는 단지 하나의 수단에 불과할 뿐, 지능을 실현할 유일한 길은 결코 아니었다.

이것은 마치 게임을 할 때 게임 패드 혹은 마우스나 키보드를 선택할 수 있는 것과 흡사하다. 그러나 이 둘 자체가 어떤 의미를 갖는 것은 아니며, 단지 편리성을 염두에 둔 선택일 뿐이다. 어떤 게임은 두 가지 방식을 자유자재로 활용해 대처할 수 있는 반면에, 어떤 게임은 게임

---

7   단순히 반복적이고 기계적으로 코딩하는 프로그래머를 비유하는 말.

패드가 더 나을 수도 있고, 심지어 어떤 게임은 두 가지를 잘 결합해야 비로소 최상의 효과를 내기도 한다.

그렇다면 연결주의 학파의 관점에서 볼 때 지능 문제는 무엇으로 해결해야 할까?

그 답은 상식이다. 약간 허황된 말처럼 들릴지도 모르지만, 사실 문제의 정곡을 찌른 것이다.

1970년대와 1980년대에 걸쳐 컴퓨터는 갈수록 놀라운 발전을 거듭해 갔다. 체스에서 인간 고수를 이겼고, 심장병을 진단했으며, 공장에서 자동차를 조립하기도 했다. 그런데 기이하게도 그 어떤 첨단 기계조차 빨래, 요리, 육아 같은 일상적인 노동은 수행하지 못했다.

왜 그런 결과가 나왔을까? 대다수 인간이 가뿐하게 해낼 수 있는 일을 컴퓨터가 하지 못한 요인은 과연 무엇일까? 저장 공간이 부족하거나 속도가 느리기 때문일까? 컴퓨터가 단지 0과 1로 구성된 언어만을 사용할 수 있기 때문일까? 아니면 컴퓨터에 '영혼'이 없기 때문일까?

문명의 발전 속에서 복잡한 계산 및 논리적 추론에 관련된 작업은 고작 수백, 수천 년의 역사를 가졌을 뿐이고, 인류는 여전히 이 비교적 '새로운' 기술에 적응하고 있다. 하지만 지각과 운동 등의 능력은 인간과 기타 생명체가 수백, 수만 년에 걸친 자연 선택 과정에서 점진적으로 습득한 것이다. 인간은 제한된 표본의 양을 통해 학습할 수 있지만, 사실 그 이면에는 오랜 진화 과정에서 축적된 방대한 데이터가 있다. 하지만 기계는 이러한 장기적 진화를 거쳐 데이터를 축적할 수 없기 때문에 실제로 거대한 표본과 데이터 부족 문제에 직면하게 된다. 이것이 바로 기계가 인간의 입장에서 보면 지극히 단순하고 직관적인 일을 제대로 수행하지 못하는 이유라고 할 수 있다.

앞에서도 언급했듯이 물리적 기호 체계의 중요한 방법론 중 하나는 먼저 문제를 형식화한 후에 그것으로부터 알고리즘을 도출하는 것이다. 이론적으로 매우 완벽해 보이지만 현실은 그것과 상반될 만큼 잔혹하다. 어떤 문제는 형식화되더라도 상응하는 알고리즘을 찾을 길이 없다.

그 이유는 두 가지로 설명할 수 있다.

첫째, 프로그램에 명확한 목표가 없었기 때문이다. 우리는 기계가 문제를 해결하도록 할 수 있지만, 왜 그렇게 해야 하는지 설명해 줄 수는 없다. 기계가 입을 열어 물어볼 수도 없을뿐더러 자신이 '제대로 잘했는지' 확인할 방법도 없으니, 그저 우직하게 명령에 따를 뿐이지 그 결과물의 품질을 평가할 수 없다.

비가 온다고 가정해 보자. 비가 오면 사람들은 비를 피할 곳을 찾으려 한다. 비에 젖고 싶지 않거나, 옷을 깨끗하게 유지하고 싶어서일 것이다. 어쩌면 머리 스타일을 망치고 쉽지 않아서 그럴 수도 있다. 초창기 기계 번역은 바로 이러한 목표의 결여 때문에 웃긴 일화를 적잖이 만들어냈다. 예를 들어 "바닥이 미끄러우니 조심하세요."라는 뜻이 담긴 문장을 "Be careful to slide(미끄러지도록 조심하세요)."로 번역하는 식이었다. 이 번역이 황당하고 난감한 이유는 바로 프로그램이 번역을 할 때 구체적인 상황을 이해하지 못하고 단지 기계적으로 사전에 나온 단어의 뜻만을 조합하기 때문이다.

둘째, 당시 계산 능력의 한계 때문에 프로그램이 복잡한 작업을 수행할 수 없었다. 그렇다면 '복잡하다'는 것을 어떻게 정의해야 할까? 국제 체스 게임을 예로 들어보자. 프로그램이 체스 챔피언을 이길 수 있었던 것은 게임 규칙이 비교적 명확했기 때문이다. 즉 매번 수를 둘 때마다 35종의 선택지만 있으므로, 계산 능력만 출중하다면 충분히 해답을 찾아낼 수 있다.

그러나 그 방법이 바둑에서는 통하지 않았다. 바둑은 체스보다 훨씬 복잡한 상황으로 얽혀 있다. 칸도 훨씬 많고(바둑판에는 19^2=361개의 점이 있다), 각 점마다 흑돌, 백돌과 돌이 없는 세 가지 가능성을 가지고 있기 때문에 바둑에서 나올 수 있는 새로운 국면의 총수는 3^{361}이고, 이것은 상상하기 어려울 정도로 큰 숫자이다.

더 복잡한 점은 바둑은 각각의 수를 둘 때마다 대략 수백 가지의 합리적인 선택지가 나올 수 있다는 것이다. 국제 체스의 35종 선택지는 이것과 비교하면 유치원 수준으로 여겨질 정도다. 심지어 매번 수를 둘 때마다 선택지가 두 배로 폭증한다. 바둑에서 수의 변화는 얼마나 많은 가능성을 가지고 있는 것일까? 아마도 10의 몇백 제곱은 될 듯하다. 이것은 어떤 의미일까? 아주 직관적인 비유를 들자면 저녁에 고개를 들어 하늘의 별을 올려다봤을 때 우리 눈에 들어온 것이 인공위성이든 별이든 상관없이 이 모든 별을 구성하는 원자의 수조차도 바둑 한판에서 일어나는 변화의 수만큼 많지 않다.

만약 이것조차도 정말 복잡한 문제에 속하지 않는다고 말한다면 어떻겠는가?

나는 젊은 시절에 늘 저가 항공을 이용했다. 돈을 아끼기 위해 여행을 떠나기 전에 항상 저가 항공사 규정에 맞춰 철저하게 계획을 세우고, 수하물의 무게와 부피를 줄이기 위해 가방 속에 있는 옷을 최대한 꺼내서 몸에 걸쳤다. 하지만 이것 또한 말처럼 쉬운 일은 아니었다. 너무 많이 껴입으면 더울 뿐 아니라, 움직임도 둔해져 불편하기 그지없었다. 게다가 모든 옷을 다 껴입을 수도 없는 노릇이었다. 최적의 방법을 찾는 일은 상당히 복잡해서, 가능한 모든 조합을 시도해 봐야 했다. 휴대하는 옷가지의 수량이 증가할수록 조합 가능한 경우의 수도 배로 늘어났다.

다른 예를 들어보자. 만약 누군가 당신에게 140,353,416,645,029를 두 수의 곱으로 쓸 수 있다고 말했을 때, 어쩌면 당신은 그 말의 정답을 모를 수도 있다. 그러나 그가 140,353,416,645,029를 3,607,117 × 38,910,137로 분해할 수 있다고 말한다면, 당신은 계산기를 꺼내 그의 말이 맞는지 확인해 볼 것이다.

문제의 해답을 하나 생성하는 것은 보통 이미 정해진 답을 검증하는 것보다 훨씬 많은 시간을 들여야 하고, 이것을 우리는 'NP 난해 문제[8]'라고 부른다.

NP 난해 문제는 전통적인 방식으로 절차에 따라 계산할 수 없는 문제도 있다는 것을 우리에게 알려준다. 최선의 방법은 간접적인 '추측 계산'을 통해 답을 구하는 것이다. 다시 말해서 문제를 푸는 단서를 찾

---

8 다항식의 시간으로 풀 수 없고, 더 많은 계산 시간을 들여야 비로소 해답을 구할 수 있는 문제를 가리킨다.

아내는 것을 의미한다. 이러한 단서는 직접적인 답을 찾아주지 않더라도 어떤 가능한 결과의 옳고 그름 정도는 알려 줄 수 있다.

그래서 이러한 NP 난해 문제에 대해서 사람들은 합리적인 시간 안에 정확한 답을 찾아내거나 탐색할 수 있는 확실한 알고리즘이 존재할지도 모른다고 생각하기 시작했다. 이것이 바로 그 유명한 'P-NP 문제'이다.

참고로 이것을 이용해 부수입을 얻을 기회를 잠시 소개하려 한다. 21세기에 선정된 수학의 7대 난제는 P-NP 문제, 호지 추측Hodge conjecture, 푸앵카레 추측Poincaré conjecture, 리만 가설Riemann hypothesis, 양-밀스 질량 간극 가설Yang-Mills existence and mass gap, 나비에-스토크스 방정식의 존재성과 매끄러움Navier Stokes existence smoothness, BSD 추측Birch and Swinnerton-Dyer Conjecture이다. 그중 푸앵카레 추측은 2003년에 한 러시아 수학자에 의해 해결되었고, 나머지 여섯 개의 난제는 여전히 미해결 상태이다. 이중 어느 하나라도 해결하면 100만 달러의 상금을 받을 수 있다.

핵심은 '상식'이다

연결주의 학파는 이때 '상식'의 중요성을 발견했다. 상식은 복잡한 상황을 빠르게 이해하도록 돕는다. 예컨대 책을 보다가 갑자기 배가 고파서 배달 음식을 시키기로 마음먹었다고 가정해 보자. 보통은 스마트폰의 배달 앱을 열어 단골 가게를 선택하고 메뉴를 둘러본 후 익

배달 음식 주문의 상식

숙한 음식 몇 가지를 고른다. 혹시라도 그사이 음식 맛이 변한 것은 아닌지 확인하기 위해 리뷰와 별점도 꼼꼼히 확인한다. 주문을 완료했으니 이제 배달 기사가 1시간 안에 주문한 음식을 문 앞에 배달해 줄 것이다.

이 간단한 과정은 여러 가지 상식과 연관되어 있다.

① **배고픔** 배가 고프니 무언가를 먹어서 에너지를 보충해야 한다고 인지한다.
② **앱 열기** 스마트폰의 앱을 열면 음식을 주문할 수 있다는 것을 알고 있다.

③ **식당과 메뉴 선택** 메뉴에 있는 음식 중 어느 것이 자신의 입맛에 맞는지를 안다.

④ **평가 참고** 다른 고객의 리뷰 정보를 근거로 더 나은 선택을 할 수 있다.

⑤ **배달 과정** 주문한 음식의 배달 과정뿐 아니라 배달 기사가 음식을 문 앞에까지 가져다줄 거라는 사실을 안다.

이러한 상식을 바탕으로 우리는 몇 분 안에 일련의 복잡한 결론을 내리고, 순조롭게 배달 음식을 시킬 수 있다. 그러나 상식이 없는 컴퓨터가 이것을 코드에 따라 실행한다면 과정이 엄청나게 복잡해질 것이다. 그렇다면 컴퓨터에게 상식을 어떻게 가르쳐야 할까?

하나하나 입력하면 될까? 이러한 방식은 불가능하다. 연결주의 학파는 이것과 관련해 두 가지 사실을 발견했다. 인간이 가진 상식은 우리가 생각하는 것보다 훨씬 많지만, 상식의 양이 많다고 해서 문제가 해결되지 않는다는 것이다. 좀 더 구체적으로 들여다보자.

첫째, 인간이 가진 상식의 양은 놀라울 정도로 많다. 우리는 수천수만 개의 어휘를 가지고 있고, 어휘의 조합을 통해 많은 개념을 만들어 낸다. 그리고 이러한 개념은 현실 세계 속의 사물과 서로 연결되어 광대한 지적 네트워크를 형성한다. 이뿐 아니라 우리의 뇌에는 수백 조에 달하는 뉴런이 있고, 이것이 매일 생활 속에 존재하는 수천만 개의 정보를 기록할 수 있다. 그러니 '기억력이 안 좋아서' 깜빡했다는 말은 핑계가 될 수 없다.

둘째, 상식도 효율적으로 선별해야 한다. 만약 우리가 가진 방대한 상식을 한꺼번에 활성화한다면 생각에 잠식당할지도 모른다. 사실 우리는 매 순간 다양한 사물과 접촉하지만 그중 일부에만 관심을 기울인다. 생각은 대부분의 시간 동안 평온을 유지하지만 때로는 동요하며 산만해진다. 예를 들어 내가 코딩에 집중하다가 돌연 배가 고파지면 점심으로 무엇을 먹을지 생각하게 되고, 그러다 몸무게로 생각이 튀고, 며칠 동안 운동을 하지 않은 것까지 생각이 꼬리에 꼬리를 문다. 머릿속의 목소리가 '잡생각을 그만두고 코딩을 계속해'라고 상기시켜 준 후에야 나는 비로소 다시 코딩에 집중하게 된다.

셋째, 진화와 변천의 복잡성이다. 우리는 왜 이토록 생각이 많을까? 우리의 조상은 생존을 위해 다양한 전략이 필요했다. 때로는 온전히 집중해야 했고, 때로는 사방의 모든 소리에 귀를 기울여야 했다. 현재까지도 인간의 모든 감정 활동을 설명할 수 있는 공식은 발견하지 못했다. 뉴턴은 세 가지 간단한 법칙으로 물체의 운동을 설명할 수 있었고, 맥스웰은 네 개의 방정식으로 모든 전자기 현상을 설명했다. 아인슈타인은 이러한 공식을 계속해서 더 단순하게 만들어 나갔다. 그러나 심리학 분야만큼은 인간의 감정 활동을 설명할 수 있는 정확한 공식을 찾아내지 못했다.

넷째, 전두엽 피질의 역할이다. 인간의 진화 과정에서 전두엽 피질의 발전은 중요한 전환점이었다. 초기 인류에 속한 호모 에렉투스Homo erectus의 전두엽 피질은 비교적 작은 편이었지만, 호모 사피엔스Homo sapiens의 등장과 진화를 거치면서 전두엽 피질은 눈에 띄게 커졌다. 이 대뇌 영역의 성장과 발전은 우리의 복잡한 인지 기능, 의사 결정 능력 및 사회적 행동의 형성과 밀접한 관련이 있다. 현대 인류에 이르자 전두엽 피질은 이미 고도로 발달해 대뇌 피질의 대부분을 차지하게 되었다. 연구에 따르면 전두엽 피질의 복잡성은 인간의 행동과 인지 능력의 강화와 직접적 관련이 있으며, 이로 인해 뇌의 전체 용량이 초기 인류보다 25%에서 30%까지 증가했다.

그것은 인간이 고차원적인 사유를 하게 만들었고, 지구의 지배자가 되는 데 결정적 역할을 했다. 걱정, 기쁨의 감정이 생기고, 사칙연산을 하고, 기억을 떠올리고, 미래를 예측하는 등의 행동은 모두 전두엽 피질에서 일어난다. 마치 원청 업체처럼 전체 과정을 총괄하는 동시에 지시에 귀를 기울이고, 일선에서 직접적으로 활약하는 '기층 노동자'와 긴밀한 접촉을 유지하는 것이다. 대뇌의 다른 부위는 보통 한 가지 영역에서만 활약할 수 있지만, 전두엽 피질은 슈퍼맨처럼 대뇌의 구석구석에서 힘을 발휘한다.

다시 말해서 전두엽 피질은 우리가 언제 결단을 내려야 할지, 어떤 일과 감정을 언제 잠시 보류해야 할지를 결정한다. 예를 들어 우리가 배가 고파 식당에 들어간 후 강아지처럼 킁킁거리며 정신없이 돌아다니지 않는 이유도 바로 여기에 있다. 또한 그것은 다른 뇌 영역의 활동을 억제해 본능에서 벗어나 이성적으로 차분하게 테이블에 앉거나 미소를 지으며 식사를 하는 것처럼 사회적으로 용인될 만한 행동을 하도록 이끌어 주기도 한다.

요컨대 이 신비로운 전두엽 피질이 없다면 우리는 자기 통제력, 판단력, 관찰력과 상상력을 잃어버릴 수밖에 없고, 우리의 행동은 다른 사람들의 눈에 '정상인'으로 보이지 않을 것이다.

악명 높은 전두엽 절제술

포르투갈의 신경외과 의사 에가스 모니스Antonio Egas Moniz는 정신병 환자를 치료하기 위해 전두엽 절제술을 고안해냈다. 그는 수술 후 환자의 정신 질환이 눈에 띄게 개선되고, 향후 감정의 진정에 매우 도움이 될 거라고 말했다. 심지어 이 수술을 발명한 공을 인정받아 1949년에 노벨 생리의학상을 수상하기도 했다. 그러나 전두엽 제거 수술을 받은 사람들은 정신 활동이 감소하면서 마치 걸어 다니는 시체처럼 무기력하고 멍한 모습을 보였다. 일부 의사들의 무분별한 홍보 탓에 약 30만 명의 환자가 수술을 받았고, 이는 수십만 가정의 불행으로 이어졌다. 영화 〈뻐꾸기 둥지 위로 날아간 새One flew over the cuckoo's nest〉에서 주인공 맥머피는 이 수술을 강제로 받게 된다. 결국 모니스의 노벨상은 노벨상의 '흑역사'가 되었다.

다섯째, 뉴런의 연결이다. 전두엽 피질의 기능은 주로 뉴런의 결합을 통해 이루어진다. 성인의 뇌는 무게가 약 1,400그램으로, 수많은 뉴런을 포함하고 있으며 각각의 뉴런은 시냅스synapse를 통해 다른 뉴런과 연결된다. 뉴런 간의 연결 방식은 매우 복잡하고, 심지어 바둑보다도 훨씬 변화무쌍해 상상조차 하기 어렵다. 지금까지도 뉴런 사이의 이러한 연결이 도대체 어떤 작용을 하는지 설명할 만한 연구 결과는 나오지 않았다. 그러나 일반적으로 뉴런의 주요 작업은 바로 정보의 저장과 전송이다. 물론 컴퓨터도 이러한 역할을 수행할 수 있지만, 관건은 적절한 관점과 방법을 찾아내는 것이다.

연결주의 학파의 첫 번째 무기는 인간 뇌의 작동 방식에서 영감을 받은 '병렬 분산 컴퓨팅'이다. 모든 행동과 감정의 변화는 결국 뉴런 간의 연결과 상호 작용으로 귀결될 수 있다. 컴퓨터의 '큰 작업'은 독립적이면서도 서로 영향을 미치는 작은 작업 단위로 나뉘는데, 이는 뇌의 복잡한 활동을 완벽하게 모방하는 것이다.

두 번째 무기는 '퍼셉트론Perceptron(감지기)'이다. 인간의 인지 활동이 단순한 기호 연산이 아니라 상호 연결된 네트워크 구조를 더 닮아 있기 때문에 퍼셉트론을 사용해 대뇌의 구조를 모방할 수 있다. 퍼셉트론 안에서 컴퓨터는 무수히 많은 단순 처리 단위(인간의 뇌 속에 존재하는 뉴런과 유사함)의 상호 작용을 통해 인지 능력을 형성한다. 이러한 구조의 도움을 빌려 컴퓨터는 인간처럼 다중 업무를 처리하고, 스스로 학습을 진행하며, 자기조직화self-organization와 자기 적응self-adaptation을 할 수 있다. 이러한 이유로 연결주의 학파를 '생체 모방학파' 혹은 '생리학파'라고 부르기도 한다.

연결주의 학파는 뇌와 지능을 컴퓨터 프로그램에 불과하다고 여겼던 과거의 관점을 포기하고, 지능을 성장, 소화 혹은 담즙 분비와 유사한 기본적인 생물 현상으로 간주했다. 아울러 뉴런 네트워크를 모방한 복잡한 연결을 통해 뇌 인지의 비밀을 밝히고, 컴퓨터가 인간처럼 '사고'할 수 있게 만들고자 했다.

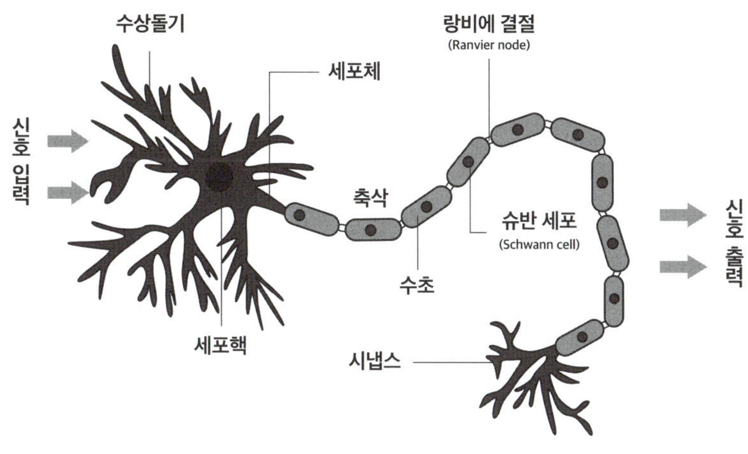

뉴런의 구조

현재 컴퓨터는 어떻게 '사고' 능력을 구현할 수 있을까?

계산 능력이 먼저고, 그다음에 지능이 있는 것일까? 아니면 지능이 먼저고 계산 능력이 그 뒤를 따르는 것일까? 이 질문에 대한 답은 그리 직관적이지 않을 수 있다. 그러나 현재 컴퓨터의 발전 양상을 감안하면 컴퓨터의 지능은 계산 능력을 기반으로 한다.

컴퓨터는 크게 두 가지 방식으로 계산을 한다. 하나는 단독으로 처리하는 계산으로 흔히 '직렬 계산'이라고 부른다. 직렬 계산은 한 단계씩 계산 명령을 실행하고, 다음 명령은 이전 단계의 결과에 의존한다. 또 하나의 계산 방식은 집단 협력 계산으로 '병렬 계산'이라고 부른다. 병

기계는
생각할 수 있을까?

렬 계산은 여러 명령을 동시에 실행할 수 있고, 각각의 명령이 단독으로 실행되어 서로 영향을 주지 않는다. CPU^{중앙 처리 장치}는 직렬 계산을 대표하며, 하나의 CPU에 보통 하나 혹은 몇 개의 코어가 있다. CPU는 논리 계산을 처리하는 데 유용하다. GPU^{그래픽 처리 장치}는 병렬 계산의 핵심으로 수천수만 개의 코어를 가지고 있다. 비록 각 코어의 능력은 CPU보다 떨어지지만, '다다익선'이라는 말처럼 코어가 많아지면 밀도 높은 계산 작업을 할 때 고유한 장점을 발휘한다.

초기 PC^{개인 컴퓨터}에서 밀도가 높은 계산 작업은 바로 도형과 그래픽으로 처리되었기 때문에 GPU를 그래픽 처리 장치라고 불렀다. 컴퓨터 디스플레이 인터페이스 렌더링, 비디오 재생, 게임 화면의 랜더링에 주로 GPU가 쓰였다. 그 후 사람들은 GPU가 도형과 그래픽 데이터만 처리할 수 있는 게 아니라는 사실을 발견했다. 만약 데이터를 그래픽과 이미지 형식으로 저장한다면 GPU의 가속 능력을 활용할 수 있을까? 이것이 바로 범용 GPU^{GPGPU9}의 개념이다. 범용 GPU의 개념은 GPU의 능력 범주를 크게 확장시켰고, 이것은 의심할 여지 없이 GPU의 미래에 매우 중요한 의미를 갖는다.

그렇다면 범용 GPU는 어떻게 구현될까? 초기 GPU의 설계는 완전히 그래픽과 이미지 처리를 위해 설계되어 범용 계산에 사용하면 효율적이지 않을 수 있다. 또한 GPU의 당시 프로그래밍 방식이 매우 복잡해 GPU의 하드웨어 구조를 제대로 이해하지 못하면 GPU를 이용

9　General-Purpose computing on Graphics Processing Units.

해 특정 작업을 수행하기 어려울 수밖에 없다. 그래서 2006년 엔비디아NVIDIA(미국의 반도체 설계, 제조, 서비스 업체)는 'CUDA Compute Unified Device Architecture[10]'를 출시했다. 먼저 하드웨어를 CUDA로 관리하고, 하드웨어는 CUDA가 설계한 소프트웨어 인터페이스와 호환되도록 해서 고객에게 상대적으로 이해하기 쉽고 사용이 간편한 프로그래밍 모델을 제공하기 위해서였다. 이에 따라 문제가 해결될 듯했지만, CUDA의 응용 과정은 결코 순조롭지 않았다.

결국 세상에 공짜가 없다는 말처럼 범용이 가능하려면 일정 성능을 희생해야 했다. 당시 다른 범용 계산용 시장이 그리 크지 않았기 때문에, CUDA를 출시한 엔비디아의 주가는 오랫동안 한 자리 숫자에 머물렀다.

이러한 상황은 딥러닝 시대가 도래하고 나서야 비로소 획기적인 전환점을 맞을 수 있었다. 사람들은 그래픽 카드를 사용하면 CPU보다 딥러닝의 계산 효율을 크게 높일 수 있다는 것을 알게 되었다. 예를 들어 엔비디아의 'M40' GPU에 'ResNet-50'을 사용해 ImageNet을 훈련시키면 14일이 걸리지만, 단일 코어 CPU에서 직렬 프로그램을 사용해 훈련하면 몇십 년이 걸릴 수 있다. 딥러닝을 핵심으로 하는 인공지능의 급부상은 그래픽 카드 시장의 호황을 이끌었고, 2024년 5월 23일 엔비디아의 시가 총액은 이미 2조 5,500억 달러에 달해, 애플의 2조 8,700억 달러에 비해 고작 3,200억 달러의 차이밖에 나지 않았다.

---

10 CUDA는 엔비디아에서 설계하고 연구, 개발한 병렬 계산 플랫폼이자 프로그래밍 모델이다.

인공지능의 부상은 하드웨어 시장뿐 아니라 인공지능 알고리즘의 개발 호황으로 이어졌다. 모델 구축을 간소화하고, 개발 난도를 낮추고, 오픈 소스를 편리하게 사용할 수 있도록 다양한 딥러닝 프레임워크가 등장해 상용 네트워크 구조를 모듈화하고 재사용하도록 했다. 그중 '텐서플로우TensorFlow[11]'와 '파이토치PyTorch[12]'는 수년에 걸친 진화 과정을 거쳐 점차 발전을 거듭해, 가장 성공한 딥러닝 프레임워크가 되었다.

텐서플로우는 2015년 구글에서 출시되었다. 구글 내부 프로젝트인 '디스트빌리프DistBelief'에 기반해 탄생했기 때문에 초기 단계부터 기업의 요구를 고려해 설계되었다. 예를 들어 분산 컴퓨팅, 대규모 데이터 처리와 생산 환경의 적응 등이 여기에 해당한다. 뛰어난 안정성과 대규모 배포 역량 덕분에, 텐서플로우는 상업용 제품과 대기업 프로젝트에 최적화된 딥러닝 프레임워크이기도 하다.

파이토치는 페이스북, 즉 현재 메타Meta의 기초 인공지능 연구진이 개발한 딥러닝 모델 구축에 사용되는 일종의 개발 프레임워크이다. 파이썬Python을 지원해 개발자의 진입 문턱을 크게 낮추었고, 신경망 모델을 동적으로 수정할 수 있어 빠른 실험과 프로토타입 설계가 용이하다. 이러한 이유로 파이토치는 학계에서 점차 광범위하게 사용되기 시작했다. 최근 몇 년 사이에 학술 커뮤니티가 기업 현장까지 포위해 들어가는 양상이 나타나고 있는데, 결국 소프트웨어 개발은 여

---

11 구글이 만든 딥러닝 오픈 소스 라이브러리.

12 페이스북이 만든 딥러닝 오픈 소스 라이브러리.

전히 기계보다 사람과 먼저 소통해야 하기 때문이다

그러나 기계가 이미 자동 프로그래밍을 배우기 시작하면서 새로운 전환점이 나타날 가능성도 배제할 수 없다.

연결주의 학파의 첫 번째 공헌은 'M-P 뉴런 모델McCulloch-Pitts Neuron Model[13]'이다. 이 모델은 주로 단일 뉴런이 복잡한 네트워크 속에서 어떻게 논리적 연산을 수행하는지를 보여 준다. 또한 이 모델은 뉴런을 입력과 출력을 가진 논리적 단위로 추상화한다. 뉴런은 서로 다른 가중치를 가진 입력 신호를 수신해, 가중치의 누적을 통해 총합을 산출한다. 만약 총합이 임계치를 초과하면, 뉴런은 '트리거'가 되어 출력 신호를 생성한다. 이 출력 신호는 다시 다른 뉴런의 입력 신호가 되어 복잡한 신경망을 형성한다.

M-P 뉴런 모델을 더 자세히 소개하기에 앞서, 이 모델의 창시자인 워런 매컬러Warren McCulloch과 월터 피츠Walter Pitts에 대해 알아보도록 하자. 그들은 '영웅은 출신을 따지지 않는다'는 말의 산증인이기도 하다.

---

13 뇌의 뉴런이 정보를 처리하는 방식을 단순화해서 수학적으로 표현한 최초의 인공 뉴런 모델.

피츠는 1923년 디트로이트의 가난한 가정에서 태어나, 어린 시절에 아버지의 폭력과, 주변 사람들의 괴롭힘을 당해야 했다. 술주정뱅이 아버지는 그를 학교에 보내지 않았고, 그는 하루 종일 도서관에 숨어 온갖 종류의 책을 읽곤 했다. 홀로 히브리어, 라틴어, 논리학과 수학을 공부하기도 했다.

그의 천부적인 재능은 수학에서 가장 먼저 드러났다. 어느 날 우연히 러셀과 화이트헤드가 공동 저술한 대작『수학 원리』를 펼쳤다. 앞서 말했듯이 이 책은 모두 순수 논리와 관련된 내용을 담고 있어서 일반인의 관점에서는 이해하기 어려웠다. 그러나 피츠는 첫 페이지를 펼치는 순간 바로 빠져들었다. 심지어 2천 페이지에 달하는 이 책을 꼬박 사흘 만에 다 읽었고, 몇 가지 오류를 발견하기도 했다. 그 후 그는 이 오류를 편지에 적어 러셀에게 보냈다.

러셀은 편지를 받은 후 놀라움을 금치 못했다.『수학 원리』를 완독한 것도 모자라 그 안에서 오류를 찾아낸 사람이 있을 거라고는 생각하지 못했기 때문이었다. 그는 이 천재적인 독자가 어느 대학을 나왔는지 알고 싶어졌고, 호기심에 이끌려 피츠를 영국 케임브리지대학교의 대학원생으로 초대했다. 그런데 뜻밖에도 그는 겨우 열두 살짜리 아이에 불과했다.

이때부터 러셀과 피츠는 서신을 주고받았다. 3년 후 피츠는 러셀이 시카고대학교에 방문한다는 소식을 듣고, 열다섯 살의 나이에 집을 떠나 일리노이주에 가기로 결심했다. 이때부터 그는 원가족에게서 영원히 벗어날 수 있었다.

워런 매컬러는 피츠보다 스물네 살이 많았고, 가정 환경도 피츠와 전혀 달랐다. 그는 명문가 출신으로 귀족 학교에서 교육을 받았다. 매컬러는 자신을 철학가 겸 시인으로 여겼고 시가, 위스키와 밤 문화를 즐기며 늘 새벽까지 일에 몰두했다. 두 사람이 만났을 때 매컬러는 마흔두 살이었고, 피츠는 고작 열여덟 살에 불과했다. 매컬러는 피츠에게 라이프니츠Gottfried Wilhelm Leibniz의 논리 연산을 이용해 대뇌 모델을 구축하고자 했던 자신의 생각을 설명했고, 피츠는 즉시 그의 생각을 이해하고 응용 가능한 수학적 도구를 떠올렸다. 그들은 뉴런 사슬을 통해 논리적 명제와 연결하는 방법을 연구했고, 논리적 규칙으로 복잡한 생각의 사슬을 만들어낼 수 있다는 사실을 깨달았다. 피츠와 매컬러는 운동장에 앉아 새벽까지 위스키를 마시며 대뇌 모델 프로젝트에 대한 이야기를 나누었다.

천재 소년 피츠가 그의 앞에 등장하기 전까지 매컬러의 연구는 정체기에 머물러 있었다. 그는 논리적 규칙으로 뉴런을 연결하면 더 복잡한 생각의 사슬을 만들어낼 수 있으리라 생각했다. 이러한 방식은 명제 사슬을 연결해 복잡한 수학 원리를 구축하는 『수학 원리』와 일치한다.

그러나 문제는 뉴런이 순환Loop 구조로 연결될 가능성이 크다는 점이었다. 다시 말해, 마지막 뉴런의 출력이 첫 번째 뉴런의 입력이 되는 것이다. 이는 마치 자신의 꼬리를 물고 제자리에서 빙빙 도는 그리스 신화 속의 뱀 '우로보로스Ouroboros'를 연상시킨다. 이러한 상황에서 매컬러는 수학적 모델을 정립할 방도가 없었다.

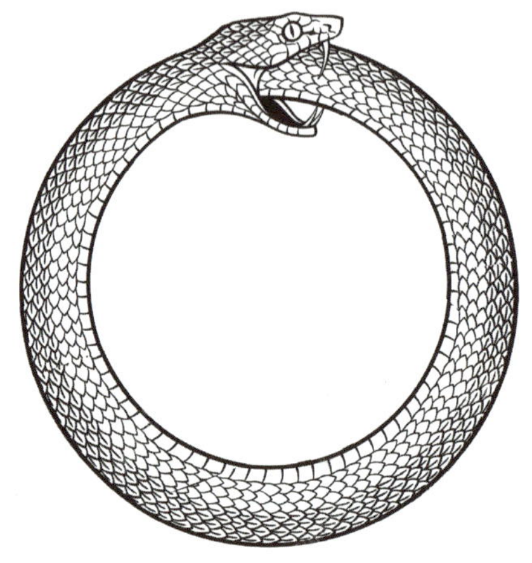

우로보로스

피츠는 한 가지 해결책을 떠올렸다. 그것은 바로 '시간'의 개념을 배제하는 것이었다.

그러면 어느 뉴런이 먼저 활성화되고, 어느 뉴런이 나중에 활성화되는지는 더 이상 중요하지 않게 된다. 마치 분주한 먹자 거리를 걸어갈 때 각양각색의 노점과 후각을 자극하는 음식 냄새 혹은 왁자지껄한 소리 중에서 어느 것에 먼저 반응하는지 정확히 판단할 수 없는 것과 비슷하다. 어떤 감각기관의 신호가 먼저 도달했든 뇌는 이 신호들을 종합해, 우리가 왁자지껄한 먹자 거리에 있다는 것을 인식하게 만든다. 그래서 뉴런의 사슬이 고리 모양이라면 정보는 계속해서 흘러가듯 움직이게 된다. 이것은 우리의 의식 흐름과도 매우 닮아 있다. 당신이 무언가에 맞아 기절하지 않는 이상, 깨어 있든 잠들었든 상관없이 의식의 흐름은 끊임없이 이어진다.

이 모델은 각 뉴런이 설정된 임곗값에 따라 활성화되고, 여러 뉴런으로부터 입력 신호를 받아들여 하나의 출력값을 도출해낸다는 것을 보여 주었다. 임곗값을 조정함으로써 뉴런은 논리적 연산을 수행할 수 있다. 이러한 메커니즘은 '전자 회로의 '논리 게이트 Logic Gate14'와 유사해서, 대뇌가 복잡한 네트워크를 통해 논리적 계산을 할 수 있도록 만든다. 피츠와 매컬러는 이러한 뉴런을 직렬로 연결하면 튜링 머신의 연산 능력까지도 모방할 수 있다는 사실을 발견했다.

다시 말해, 대뇌를 각기 다른 스위치로 구성된 복잡한 회로라고 생각해 보자. 이 회로의 한쪽 끝은 전류에 연결되고, 다른 한쪽 끝은 전구에 연결되어 있어서 당신이 외부의 자극을 받았을 때 마치 회로처럼 전류가 흐르게 된다. 그 후 어느 스위치는 켜지고, 어느 스위치는 꺼질 수 있으며, 전류는 미로를 통과하는 것처럼 대뇌 회로를 지나 마침내 전구를 밝힌다. 갑자기 좋은 아이디어가 떠올랐을 때 만화 속 인물의 머리 위로 불빛이 반짝이는 전구 모양이 떠오르거나 혹은 번개라도 맞은 듯 흠칫하는 모습은 모두 뉴런의 작동 원리를 묘사한 것이다.

피츠와 매컬러의 연구는 마침내 '신경 활동 중에 내재된 사상의 논리적 연산 A Logical Calculus of the Ideas Immanent in Nervous Activity'이라는 제목으로 《수학적 생물물리학 저널 The Bulletin of Mathematical Biophysics》에 발표되었다. 비록 생물학적 대뇌를 지극히 단순화시킨 것이지만, 인간의 사고가 논리적 추론과 계산을 통해 구현될 수 있다는 것을 증

---

14 0(꺼짐)과 1(켜짐) 신호를 입력받아 정해진 논리 규칙에 따라 0과 1을 출력하는 전자 회로의 기본 단위.

명했고, 신경 과학과 컴퓨터 과학의 발전을 위한 중요한 이론적 토대
를 마련하는 계기가 되었다.

> 우리가 어떻게 알게 되었는지를 아는 것은 과학 역사상
> 처음 있는 일이었다.[15] M-P 모델은 뉴런에서 출발해서
> 신경망 모델과 뇌 모델의 연구로 발전해 나갔고, 인공지
> 능이 또 한 번 도약할 수 있도록 새로운 발전의 길을 열
> 었다.
>
> · 워런 매컬러

피츠 역시 이로 인해 '역전'의 대표주자가 되었다. 1954년 그는 정
보 이론의 창시자 클로드 섀넌 그리고 DNA 이중 나선 구조를 발견
한 제임스 왓슨James Watson과 함께 미국 경제주간지 《포춘Fortune》의
'40세 이하 가장 유망한 과학자 20인'에 선정되었다. 그중 오로지 피츠
혼자만 가난한 집안 출신이었고, 심지어 그는 고등학교 졸업장조차 없
었다.

이와 관련해 한 가지 흥미로운 일화가 있다. 사이버네틱스Cybernetics
창시자 시모어 패퍼트Symour Papert는 MIT의 수학 교수로 재직 당시
에 우연히 피츠를 만난 후 그가 세계적으로 가장 우수한 과학자 중 한
명이 될 거라고 확신했다. 그는 그를 제자로 삼아 MIT 수학 박사학위
과정에 입학시키고 했지만, 입학 수속을 밟는 과정에서 피츠가 고등학

---

15 매컬러의 명언: We know how we know.

교조차 졸업하지 않았다는 사실을 알게 되었다. 결국 패퍼트는 여러 인맥을 총동원하고 나서야 그를 간신히 입학시킬 수 있었다.

출발점은 대뇌가 아니었다

연결주의 학파는 처음엔 무척 순조롭게 발전해 나갔고 '신봉자'들도 넘쳐났다. 1950년대 말 탄생한 '마크 1 Mark 1'은 퍼셉트론(패턴 인식 기계) 모델을 사용해 인간 뉴런 구조를 단순하게 모방한 초기 계산 모델이었다. M-P 모델에 기반을 두었으며, 광학 스캐너를 통해 시각 데이터를 입력한 후 분석과 분류하는 것이 핵심 원리였다. 소규모 그룹의 작업 과정을 상상해 보면 누군가는 정보를 받고, 누군가는 중요도를 부여하고, 또 누군가는 마지막으로 정답을 출력한다. 다음은 M-P 모델의 작동 방식에 관한 간단한 설명이다.

① **정보 수신** Mark 1의 '입구'인 입력층은 팀의 '접수 담당자'로, 외부의 정보를 수집하는 일을 책임진다. 예를 들어 당신이 손으로 쓴 글자 혹은 간단한 그림을 식별하고 싶을 때 입력한 정보는 모두 숫자 혹은 특징 값으로 변환된다.

② **중요도 평가** 그다음으로 팀의 '통계 담당자'가 각 입력 정보의 중요도를 평가한다. 각 신호에 특정한 '가중치'를 부여하는데, 가중치가 높을수록 신호의 중요도가 높다는 의미다.

③ **활성화 판단** 입력 정보의 '가중치 합'이 '활성화 함수'로 전달되

며, 이는 일종의 '게이트'과 같다. 만약 가중치의 합이 문턱값을 초과하면 문이 열리고 신호가 활성화된다. 반대로 그렇지 않으면 문은 닫힌다. 이 과정은 안전 검사와 흡사해서 조건에 부합하는 정보만이 통과할 수 있다.

④ **결과 출력** 신호는 활성화 게이트를 통과한 후 그룹 내의 '최종 결정자'인 출력층에 도달한다. 여기서 계산 결과를 종합해 입력한 정보를 분류하거나 수치를 예측한다.

⑤ **학습 및 개선** 퍼셉트론의 '트레이너'는 그룹의 학습을 책임진다. 답변이 틀릴 때마다 가중치를 조정해 다음부터는 이 신호에 더 주목해야 한다고 알려 준다. 여러 차례 학습을 거치면서 Mark 1은 점차 어떤 신호가 중요한지 '기억하게' 되고, 정답의 정확성이 향상된다.

이러한 학습 방법을 '오류 기반 학습 알고리즘'이라고 부른다. 만약 퍼셉트론의 예측이 정확하면 알고리즘은 계속해서 다음 샘플을 처리한다. 반대로 예측이 틀리면 알고리즘은 가중치를 조정하고 모델을 업그레이드해 다시 예측한다.

Mark 1의 등장으로 신경망 연구는 1차 전성기를 맞이했다. 1958년 《뉴욕 타임스》는 Mark 1과 관련된 '실행을 통해 배우는 미 해군의 신형 장치: 심리학자가 읽고 점점 더 똑똑해지도록 설계된 컴퓨터의 초기 형태를 선보이다New Navy Device Learns by Doing: Psychologist Shows Embryo of Computer Designed to Read and Grow Wiser'라는 제목의 기사를 게

재했다. 당시 사람들이 연결주의 학파에 대해 가지고 있던 태도를 여실히 보여 준 보도였다. 사람들은 Mark 1을 컴퓨터 발전의 새로운 돌파구로 여기고, 스스로 학습하고, 읽고, 쓰고, 걷고 심지어 자아의 존재까지 인식할 수 있는 장치로 발전하기를 기대했다. 전 세계 실험실에서도 이 신형 컴퓨터를 문자 인식, 음성 인식, 음향 신호 분석과 문제의 학습과 기억을 연구하는 데 이용하며, 미래의 인공지능 분야에 문을 열기 위한 열쇠라고 여겼다.

이와 더불어 새로운 문제들이 속속 등장하기 시작했다.

첫째, 과학자들은 대뇌가 정보 처리의 유일한 기관이 아니라는 사실을 발견했다. 대뇌 외에도 중요한 역할을 담당하는 기관이 또 있었으니, 그것이 바로 눈이었다.

처음에는 다들 눈이 단순히 시각 정보를 전달하는 역할만 한다고 여겼다. 즉, 외부의 빛을 신호로 바꿔 뇌로 전달하면, 뇌가 이 물체가 무엇인지 해석하는 것이다. 나중에 생물학자들은 개구리를 이용한 시각 실험을 진행했다. 빛의 세기를 조절하고, 다양한 서식지의 사진을 보여 주고, 심지어 자기력을 이용해 인공 파리를 움직이게 해 시각 시스템의 정보 전달 과정을 관찰했다.

연구 결과, 개구리의 눈은 시각 정보를 기록할 수 있을 뿐 아니라 대비, 곡률과 움직임 등 시각적 특징을 걸러내고 분석하는 것으로 나타났다. 이를 통해 눈과 뇌 사이의 소통이 이미 고도로 복잡하고 정교하게 구조화되어 있다는 것이 증명되었다. 1959년 발표된 〈개구리의 눈은 개구리의 뇌에 무엇을 말해 주는가What the Frog's Eye Tells the Frog's

스미슨 박물관이 소장하고 있는 'Mark 1 퍼셉트론'

사진 출처: 미국 국립 역사박물관, https://americanhistory.si.edu/collections/object/nmah_334414.

Brain〉라는 제목의 논문은 이러한 발견들을 상세히 기록한 대표적인 문헌이 되었다.

이 논문은 곤충의 '그림자'가 눈앞에서 휙 지나갔을 뿐인데 개구리가 즉각적인 반응을 보이며 먹이를 낚아챌 수 있는 이유를 설명해 준다. 즉 눈과 대뇌 사이의 신경 회로는 이미 고도로 구조화되어 있기 때문이다. 다시 말해, 어떤 일이 발생하든 개구리의 눈은 정보를 대뇌로 전달하기 전에 이미 부분적인 '해석' 작업을 끝마친다. 대뇌의 신경 회로가 모든 정보를 일일이 추론하고 해석하지는 않는다는 의미이기도 하다.

이는 '본능'이 '지능' 안에서 상당히 큰 역할을 발휘한다는 점을 보여 준다.

　꿀벌의 벌집 만들기 행동, 개의 후각 민감도 혹은 독수리의 넓은 시야각은 모두 오랜 진화의 산물이며, 생물의 지각 체계가 얼마나 정교한지 보여 주는 예이기도 하다. 따라서 우리는 정보 처리가 대뇌의 고차원적 인지 기능에만 의지하지 않으며, 실제로 생물체의 하위 감각 시스템 안에서도 매우 복잡한 데이터 처리 작업이 진행되고 있다는 것을 알게 되었다.

　생물적 본능에서부터 지능적 행동에 이르기까지의 이러한 전환은 지능의 다차원성과 다양성을 보여 준다.

　개구리 눈에 대한 연구 결과는 연결주의 학파의 세계관에 근본적인 동요를 일으켰다. 전통적 관점에서 보면 대뇌를 중심으로 한 지각과 사고, 논리적 추론이 뇌의 기능을 이해하는 주요 메커니즘이었지만, 현실은 생명과 행동의 복잡성이 우리의 상상을 훨씬 뛰어넘는다는 것을 보여 주었다. 즉 연결주의 학파는 지능의 본질이 밝혀지기 전까지 대뇌의 실용적 모델을 구축할 수 없다.

　결국 자연은 논리의 엄격함보다 생명의 복잡한 구조를 선택해 온 것이다.

　둘째, 알고리즘에서 퍼셉트론 역시 '논리적 버그Logical Bug'를 피할 수 없었다. 이 문제를 제기한 사람은 다름 아닌 마빈 민스키였다.

　민스키는 단층 퍼셉트론 모델에 기반한 Mark 1이 선형적으로 분리 가능한 문제만 해결할 수 있고, 복잡한 비선형적 문제를 해결할 능력이 없다고 지적했다. 선형 문제와 비선형 문제의 차이는 두 데이터 집합을 하나의 직선(혹은 평면, 초평면)을 통해 분류할 수 있는가 여부이다. 간단히 말해서 어떤 문제에서 두 개의 데이터 집합을 하나의 직선으로 완전히 분류할 수 있다면, 이 문제는 선형적인 것이다. 그러나 그렇지 못하면, 그 문제는 비선형적 문제에 속하며 Mark 1의 퍼셉트론 모델로는 해결할 수 없다.

퍼셉트론은 이러한 한계 때문에 심지어 XOR^{Exclusive OR}(배타적 논리합)과 같은 간단한 논리 문제조차 식별할 수 없다. 이것은 무슨 의미일까?

XOR은 기본적인 논리 연산 중 하나로, 두 개의 입력값이 같으면 출력은 0(거짓)이고, 서로 다르면 출력은 1(참)이다. 예를 들면 다음과 같다.

입력(0, 0): 출력 0

입력(1, 1): 출력 0

입력(0, 1): 출력 1

입력(1, 0): 출력 1

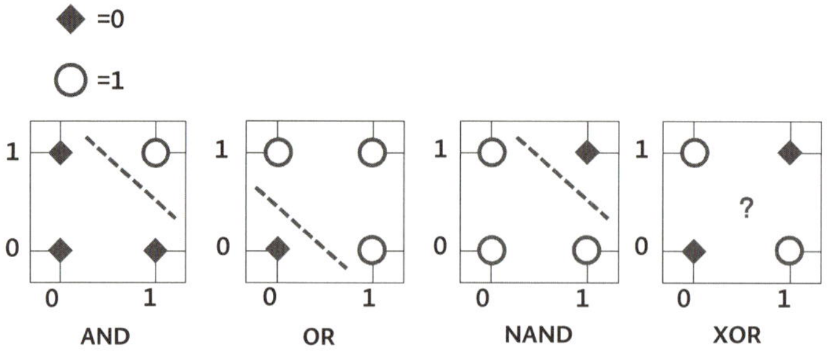

다양한 논리 연산 패턴

이러한 입력 조합에 대해 퍼셉트론은 상황별로 다른 출력을 얻도록 학습해야 한다. 그렇지만 XOR 문제는 수학적으로 비선형 문제에 속하므로 단층 퍼셉트론의 선형 분류 모델로는 정확히 구분할 수 없다. 단층 퍼셉트론 모델은 오직 선형 함수에 의한 입력-출력 맵핑Mapping16만 할 수 있으며, 복잡한 관리 관계나 다층 조건의 비선형 관계를 처리할 수 없다. 이러한 한계는 단순한 논리 과제에서도 뚜렷하게 나타나며, 단층 네트워크가 실제로 복잡한 문제를 해결하기에 부적합하다는 것을 보여 준다.

민스키의 지적은, 승승장구하던 연결주의 학파에 찬물을 끼얹었으며 첫 번째 'AI의 겨울'을 불러왔다.

기호주의 학파와 연결주의 학파의 회고

첫 번째 'AI의 겨울'이 오기 전까지 연결주의 학파와 기호주의 학파는 인지에 관한 이해 방식에서 극명한 차이를 보였다. 연결주의 학파는 인지를 단순한 기호 조작으로 보지 않고, 방대한 뉴런 노드Neuron Node(인공 신경망의 기본 단위)로 구성된 복잡한 네트워크 활동으로 간주했다. 따라서 각각의 노드는 모두 다른 노드와 영향을 주고받으며 하나의 동적인 상호 작용 시스템을 형성한다. 이 상호 작용 시스템에 의해 외부 자극을 받아들여 인식하고 반응하는 것이다.

---

16 어떤 집합(입력)의 원소를 다른 집합(출력)의 원소에 대응시키는 것.

반면에 기호주의 학파는 기호의 형식적 조작과 논리 규칙을 중시했다. 그들은 기호 조작의 순차성과 정확성을 강조하며, 명확한 논리 규칙과 알고리즘을 통해 인지를 이해하려 했다. 즉 인지를 논리적 알고리즘의 산물로 본 것이다.

따라서 두 학파의 가장 큰 차이는 인지 과정에 대한 이해에서 주로 나타난다. 이러한 차이는 인공지능의 이론적 틀, 알고리즘의 구성 방법, 프로그램 구현 방식에서 현격한 차이를 초래했다. 구체적으로 다음과 같은 네 가지 측면에서 주로 드러난다.

① **병렬 처리와 직렬 처리** 기호주의 학파는 회로 속의 직렬 연결과 흡사하며, 정보를 처리할 때 단계별로 처리해야 한다. 반면에 연결주의 학파는 병렬 연결과 유사해서 각각의 노드가 동시에 독립적으로 정보를 처리함으로써 더 복잡한 상호 작용과 협업을 보여 준다.

② **정보의 저장 방식** 기호주의 학파는 특정한 저장 위치에 정보를 집중적으로 저장하는 경향이 있는 반면, 연결주의 학파는 정보가 전체 네트워크에 분산되어 저장되고 각각의 노드가 모두 참여하지만 정보의 내용을 단독으로 결정하지 않는다고 주장한다.

③ **내결함성** 기호주의 학파의 시스템은 중앙 집중식 논리 구조이기 때문에 작은 오류가 시스템 전체의 붕괴를 초래할 수 있다. 반대로 연결주의 학파의 분산 처리와 중복된 구조는 단일 노드에 문제가 생겨도 높은 내결함성 보여 준다.

④ **자체 적응성** 기호주의 학파는 외부 변화에 적응하려면 프로그래

머가 수동으로 시스템을 갱신해야 한다. 그러나 연결주의 학파
는 내부의 학습 메커니즘을 통해 스스로 환경에 적응하고, 연결
강도와 네트워크 구조를 조정해 성능을 향상시킨다.

우리는 한 가지 비유를 통해 두 학파의 특징을 이해할 수 있다. 가령
인지 능력을 바다에 비유한다면, 기호주의 학파는 마치 몇백 미터 아
래로 물이 쏟아져 내리는 폭포와 같아서 무언가로 막지 않는 한 거침
없이 물을 흘려보낸다. 이에 반해 연결주의 학파는 잔잔히 흐르는 수
천수만 개의 강줄기가 사방팔방에서 흘러내려 결국 바다로 합쳐지는
것과 같다.

이제 편하게 앉아서 이 두 학파가 어떻게 새로운 흐름에 밀리게 되
는지 지켜보도록 하자.

행동주의의
세계는 넓다

CHAPTER 3

MBTI 성격 유형 검사를 해 본 적이 있나? 당신은 P perceiving형인가? 아니면 J judging형인가?

J형, 즉 판단형 인간은 언제나 사전에 계획하고 판단하며, 질서와 규율을 중시하고, 결과 지향적이며, 예상치 못한 상황을 좋아하지 않는다. P형, 즉 인식형 인간은 주위의 정보를 감지하고 받아들이기를 좋아하며, 적응력이 뛰어나고, 유연하고 자유로운 생활 태도를 가졌다.

만약 기호주의 학파와 연결주의 학파가 규칙이나 알고리즘을 통해 인공지능을 더 잘 작동시키는 방법을 고민해 온 원리 원칙에 따라 움직이는 J형 인간이라면, 행동주의 학파는 바로 P형 인간에 가깝다. 이 학파의 학자는 훨씬 자유롭고, 대뇌의 구체적인 작동 메커니즘에 그다지 관심이 없으며, '행동이 먼저, 지식은 나중'이라는 식의 전략을 택했다. 즉 일단 기계가 지능적 행동을 하도록 만들면, 충분한 연습을 통

해 자연스럽게 지혜를 가질 수 있다고 믿는 것이다. '만 권의 책을 읽는 것보다 차라리 천 리 길을 직접 가 보는 편이 낫다'는 것이 바로 그들의 좌우명이다.

P형 인간의 특징을 가진 행동주의 학파

행동주의 학파는 기호주의 학파에 반대했다. 왜 모두가 기호주의 학파에 반대했을까? 그 이유는 기호주의 학파의 성과가 너무 형편없어서가 아니라, 오히려 그와 정반대였기 때문이었다. 그 시대 기호주의 학파는 그야말로 우등생이었다.

앞서 우리는 기호주의 학파에 대해 살펴보면서, 이론의 근간이 되는 '물리적 기호 체계 가설'을 언급했다. 이 가설에 따르면 지능은 기호 체계를 매개로 작동한다. 그렇다면 이 시스템은 외부 세계와 어떻게 상호 작용을 할까? 그 답 또한 기호에 바탕을 둔다. 감지 및 행동 모듈은 기호 인터페이스를 통해 중앙 처리 장치와 연결되고, 중앙 처리 장치는 입력된 기호를 수신해 논리적 연산을 거쳐 실행 명령을 출력함으로써 완벽한 실행 폐쇄 루프 Closed Loop[17]를 형성한다.

이 생각은 매우 훌륭하기는 하지만, 실제로 구현해내기는 어렵다.

첫 번째 문제는 '감각과 인식을 어떻게 기호로 변환할 것인가'이다. 우리가 어떤 물체를 묘사할 때는 크기, 모양, 색깔 등 다양한 속성을 사용하고, 이로써 물체와 물체 사이의 관계를 정의할 수 있다. 그러나 문제는 작업마다 주목해야 하는 속성이 달라진다는 것이다.

예를 들어 우리가 로봇에게 사과를 대신 집어달라고 했을 때 로봇은 먼저 이 사과의 위치를 파악해야 한다. 또한 우리가 로봇에게 사과가 익었는지 판단해달라고 하면 로봇은 사과의 색깔, 경도 심지어 맛까지 주목해야 한다. 이렇게 하려면 감지 설비는 얼마나 많은 종류의 기호 인터페이스를 제공해야 할까? 일반적인 인터페이스만 있다면 모든 유형의 감지 정보는 이 인터페이스를 거쳐 일대일 대응과 추론을 해야 하고, 이것은 중앙 처리 장치의 부담을 가중시킬 수밖에 없다. 만약 여러 개의 인터페이스를 제공하면 감지 설비의 설계와 실현 난이도가 크게 증가할 것이다.

기호 시스템의 관점에서 보면 정확한 판단을 내리려면 풍부한 지식

---

[17] 결과가 다시 원인에 영향을 주는 피드백 구조를 의미함.

　　　　　　　　　　　　　　　　　　　　　　　　

이 필요하다. 그래서 이후 기호주의 시스템은 전문가 시스템의 길로 걸어가게 된다. 풍부한 전문적 지식은 기호 시스템의 '월드 모델'로 간주될 수 있고, 이는 기호 시스템이 연구하는 문제에 대한 통합적 인식이라고 할 수 있다.

두 번째 문제는 '효율성'이다. 기호 처리 방식은 모든 추론 과제를 중앙 처리 장치에 집중시킨다. 이것은 추론의 부담을 가중시키고, 시스템이 실시간 환경 변화에 신속하게 대응하기 어렵게 만든다. 기호 시스템은 방대한 데이터와 복잡한 논리 규칙을 처리해야 하는데, 이러한 조작은 병렬 처리하기 어렵기 때문에 계산 효율이 떨어지는 문제를 초래한다.

하물며 인간은 모든 일을 다 생각해야 할 필요가 없다. 모두가 잘 아는 무릎 반사를 예로 들어보자. 우리의 주관적 의식이 아무리 반사 작용을 막고자 해도 무릎 아래를 두드렸을 때 다리가 저절로 튀어 나가는 현상은 막을 수 없고, 몸은 정직하게 자극에 반응하게 된다.『생각에 관한 생각Thinking, Fast and Show』이라는 책을 읽어 보면 사람은 결정을 내릴 때 여러 단계를 거친다. 각각의 단계 사이의 상호 협력이 이루어지고, 단계마다 각기 다른 유형의 인지 과제를 처리하게 되는데, 단순한 인지 처리에서부터 복잡한 고차원적 추론까지 처리함으로써 지능과 효율의 융합을 실현할 수 있다. 현재 인간의 정보 처리는 다음과 같은 네 가지 단계로 나눌 수 있다.

① **감지 단계** 시각, 청각, 촉각 등 감각 입력을 책임지고 처리하는 가장 기초적인 단계다. 이 단계에서 대뇌는 초기 데이터를 일차

적으로 처리하여 형태, 색깔 혹은 소리와 같은 기본적 특징을 식별한다.

② **예측 처리 단계** 대뇌가 감지 단계의 정보를 통합해 더 복잡한 감지 이미지를 만들어내는 단계다. 이는 시각적 객체를 기억 속의 유사한 객체와 매칭하거나 언어 내의 단어와 문장 구조를 식별하는 과정을 포함한다.

③ **인지 단계** 학습, 기억, 주의력과 정서 반응 등과 같은 더 높은 차원의 인지 과제를 처리하는 단계다. 여기서 대뇌는 하층 구조에서 수집한 정보를 이용해 복잡한 추론과 의사 결정을 진행한다.

④ **실행 단계** 최상위 단계로 행동 계획과 집행을 포함해 의사 결정을 책임지는 최종 출력 단계이다. 이 단계는 하위 단계에서 제공하는 정보와 상위 단계의 전략 목표에 근거해 행동을 끌어낸다.

이러한 관점에서 보면 단순하고 얕은 지능을 위해 지나치게 복잡한 기호 시스템을 구축할 필요가 없다. 진화의 관점에서 볼 때 인간이든 다른 동물이든 상관없이 최초의 진화는 환경에 적응하는 것부터 시작된다. 일단 기본적인 생존과 반응 메커니즘이 확립되면 더 고차원적인 행동, 언어 처리, 전문 지식과 추론 능력의 발전은 상대적으로 간단해진다.

이 점은 연결주의 학파가 맞닥뜨린 문제에서 더 극명하게 나타난다. 앞에서 언급했던 개구리의 시각 시스템에 관한 실험 결과에 따르면, 개구리의 눈은 보이는 모든 사물을 기록하는 단순한 센서에 그치는 것이 아니라 대략적인 정보 처리도 할 수 있다. 예를 들면 시각 입력

과정에서 대비도, 곡률과 운동 등 특징을 분석하고 필터링할 수 있다. 이는 개구리의 시각 시스템이 모든 정보를 대뇌로 전달하기 전에 이미 일정 정도의 예비 처리 능력을 갖추고 있고, 복잡한 중앙 처리 장치(인간의 뇌 혹은 컴퓨터의 CPU)에 의존하지 않고도 모든 정보를 처리할 수 있다는 것을 의미한다.

그래서 복잡한 '월드 모델 World Model'을 구축할 바에는, 기계가 실제 환경에서 직접 감지하고 행동하도록 하는 편이 더 낫다. 실제 물리적 세계가 바로 기계의 '월드 모델'이고, 기계는 단지 세계와 어떻게 상호 소통할지를 배우는 것만으로도 충분하다.

그렇다면 사람의 지능을 연구하는 것보다 '인간의 지각과 행동'을 연구하는 것이 훨씬 더 현실적일 수 있다. 이는 행동주의의 탄생으로 이어졌다. 행동주의는 인간을 비롯한 동물의 생리적, 심리적 현상을 연구하는 데 처음 사용되었다. 그들은 환경에 대처하는 유기체의 모든 활동을 '행동'이라고 칭하고, 모든 행동을 '자극'과 '반응'이라는 두 가지 과정으로 나눌 수 있다고 여겼다. 연구 대상에게 모종의 자극을 주어 반응을 관찰하고, 자극과 반응 사이의 관계를 연구함으로써 대상의 특성을 이해하는 데 집중했을 뿐 대상의 내부 조직 구조를 고민하지 않았다.

목적 지향적 행동과 피드백 메커니즘

행동주의의 핵심 이념은 바로 피드백이다. 이러한 메커니즘은 자연계 어디에나 존재하고, 인공 시스템을 조절하는 핵심이기도 하다. 피드백 메커니즘은 생물의 생리 과정과 기술 시스템의 설계에서 매우 중요한 역할을 하며, 시스템의 안정적 작동과 높은 효율을 보장한다.

간단히 말해서 피드백 메커니즘은 시스템 출력의 일부분이 시스템 입력 단자로 재투입되는 선순환 구조를 의미한다. 이러한 순환의 존재는 시스템의 동작을 조정해 환경 변화에 더 잘 적응하거나 설정 목표를 실현하는 데 더 도움이 된다.

피드백은 정Positive의 피드백과 부Negative의 피드백으로 나뉜다. 정의 피드백은 일반적인 조절 방식으로, 시스템의 출력과 기대 목표 사이의 편차를 줄이는 것이 주요 목적이다. 부의 피드백은 과도한 반응을 억제해 시스템의 안정적 상태 유지에 도움을 준다. 인체의 체온 조

부의 피드백을 통한 균형 유지

절 시스템이 바로 부의 피드백 메커니즘을 이용해 체온을 일정하게 유지하는 대표적 사례이다. 반대로 정의 피드백은 시스템 출력을 증대시켜 시스템 상태가 더 극단의 방향으로 발전하도록 추진력을 준다. 이것은 결과를 빠르게 증폭시켜야 하는 상황에서 특히 유용하다. 혈액 응고 과정에서의 정의 피드백 메커니즘을 보면, 일단 촉발되는 순간 응고 인자의 활성이 가속화되고, 상처가 빠르게 아물도록 촉진한다.

피드백은 효율이 매우 높은 메커니즘의 일종이다. 김용金庸의 무협소설『소오강호笑傲江湖』에 나오는 독고구검獨孤九劍이 바로 피드백 메커니즘의 정수를 깊이 이해한 사례 중 하나라고 할 수 있다. 독고구검은 두 가지 특징을 가지고 있다. 하나는 '무초승유초無招勝有招'이다. 여기서 '무초無招'란 정해진 초식이 없다는 뜻이다. 고정된 초식과 공식에 구애받지 않고 적의 공격 방식에 따라 유연하게 반응하는 것으로, 상대의 초식 변화에 맞춘 임기응변을 통해 공격을 방어로 전환하는 경지에 도달하게 된다.

둘째, 상대를 읽는 것이다. 먼저 상대의 반응을 관찰한 후에 어떻게 공격할지를 결정한다. 만약 검객의 눈을 가리면 독고구검은 자신의 장점을 더는 발휘할 수 없다. 그래서 독고구검은 실용성과 높은 효율성을 중시하며, 화려한 검술보다 모든 검이 곧바로 급소를 겨냥하는 검법을 추구한다.

행동주의 학파 형성의 기념비적 사건은 노버트 위너Norbert Wiener의 저서『사이버네틱스Cybernetics』의 등장이다. 이를 계기로 위너 역시 '사이버네틱스의 아버지'로 불리게 되었다.

위너 역시 천재였다. 노버트 위너는 1894년 유대인 이민자 가정에서 태어났다. 철학 교수였던 아버지는 그의 교육에 지대한 영향을 미친 인물이다. 위너는 어릴 때부터 재능을 드러냈고, 매우 특별한 교육과정을 거쳤다. 그는 고작 11세의 나이에 이미 터프츠Tufts대학에 입학해 출중한 학습 능력으로 15세가 되기도 전에 이미 수학 학사학위를 받았다.

수학의 끝은 철학이었다. 위너는 학부 과정을 마친 후 하버드대학에서 일 년 동안 동물학을 공부했고, 코넬대학에서 철학을 공부한 후 다시 하버드로 돌아가 철학과 수학 논리에 대한 연구를 이어 갔다. 모두가 이 젊은 천재 소년을 아꼈고, 그는 당시 짬을 내 케임브리지대학교에서 버트런드 러셀에게 철학과 논리를 배웠다. 그 후 독일 괴팅겐대학교에서 힐베르트의 제자로 들어가 수학을 공부했다. 마지막으로 그는 고작 18세의 나이에 하버드대학교에서 철학 박사학위를 받았다.

위너는 대학을 졸업한 후 주로 매사추세츠공과대학교에서 경력을 쌓았고, 1932년부터 교수로 재직했다. 제2차 세계대전 기간에는 자동 조준 대공포와 미사일 방어 시스템과 관련된 군사 분야 연구에 참여했다. 이 경험을 통해 위너는 정보·피드백·제어라는 개념을 본격적으로 사유하기 시작했다.

'사이버네틱스'라는 말을 들었을 때 대다수 사람의 첫 반응은 '자동화 시스템' 혹은 기계 제어와 관련된 학문 분야라고 생각할 것이다. 실제로 사이버네틱스는 융합 학문 분야이다. 위너 역시 사이버네틱스를 생물과 기계가 서로 다른 환경에서 통신과 제어를 통해 어떻게 안정된 상태를 유지하는지를 연구하는 학문이라고 여겼다. 그는 사회 시스템이나 생물체 혹은 기계가 모두 '목적을 가진 행동'의 피드백 메커니즘을 통해 목표를 실현한다고 여겼다.

1948년 위너는 『사이버네틱스: 또는 동물과 기계의 제어와 통신의 과학Cybernetics: or Control and Communication in the Animal and the Machine』을 출간했고, 이 책은 현대 사이버네틱스의 탄생을 알리는 상징적 의미도 갖고 있다. 사이버네틱스는 그리스어에서 유래된 단어로 '항로를 이끌다'라는 뜻이 있으며, 기술 혹은 시스템을 지도하거나 인도하는 원칙을 설명하는 데 사용된다. 이 책에서 위너는 '피드백'으로 불리는 핵심 개념을 제시하고, 시스템이 피드백 메커니즘을 통해 어떻게 자체 조절과 제어를 하는지 설명했다. 그는 모든 것을 입력과 출력을 가진 '블랙박스'로 분해한 후 정보의 흐름, 잡음, 피드백, 안정성 등 이론을 사용해 이해할 수 있는 하나의 시스템으로 설명할 수 있다고 여겼다.

이 이론은 바다가 모든 강을 받아들이듯 다양성을 수용하고 있다. 따라서 이 이론대로라면 만물은 모두 '제어' 가능하다. 예를 들어 우리가 체중 감량을 할 때 사이버네틱스의 방법을 사용하면 다음과 같은 다섯 가지 방법으로 진행할 수 있다.

① **가능성** 인간의 체중과 체형은 식욕 억제, 운동량 증가 등 다양한 방식을 동원해 조정이 가능하다.

② **정보 획득** 체중을 성공적으로 줄이기 위해서는 자신의 현재 체중, 음식 섭취, 운동량 등의 관련 정보를 수집해야 한다. 예를 들어 스마트 워치를 사용해 일일 걸음 수와 칼로리 소비를 모니터링하고, 식사 일기를 통해 매일 먹는 음식을 기록한다.

③ **선택을 통한 행동의 개선** 수집한 정보를 바탕으로 의식적으로 변화를 끌어낼 수 있다. 고열량 음식의 섭취를 줄이고, 일상의 신체 활동량을 늘린다면 원하는 목표치의 체중으로 변하는 데 도움을 받을 수 있다.

④ **부의 피드백 조절** 다이어트 과정에서 우리는 늘 체중 변화를 모니터링해 식단과 운동 계획을 조정해야 한다. 만약 체중이 눈에 띄게 감소하지 않는다면 음식 섭취를 더 줄이거나 운동의 강도를 높여야 한다.

⑤ **블랙박스 이론** 각자의 신진대사나 체질은 모두 다르며, 이러한 복잡한 생리적 메커니즘은 보통 블랙박스로 간주된다. 그러나 다양한 식단·운동 조합을 시도하고, 그 결과가 체중에 미치는 영향을 관찰함으로써 어떤 방법이 자신에게 가장 효과적인지 알 수 있다.

사이버네틱스의 등장 이후, 로봇을 만들고 그 행동을 정밀하게 제어하는 것이 비로소 가능해졌다. 특히 부의 피드백이 작용하면, 기계는 마음껏 상상력을 펼치는 존재가 되기보다 도리어 더 통제된 방식 안에서 작동하게 된다. 행동적 의미에서 볼 때 기계와 생물체 사이의 경계 혹은 지능의 여부를 판단하는 기준은 다음 두 가지로 정리할 수 있다.

① **피드백 메커니즘의 보편적 적용 가능성** 기계와 전기 시스템에서 흔히 볼 수 있는 피드백 메커니즘은 인간 및 기타 생물체의 행동

을 설명하는 데에도 똑같이 적용된다. 따라서 동물과 기계의 영역을 뛰어넘어 정보 처리, 통신, 제어와 피드백을 분석하기 위한 통합적인 이론적 틀을 제공한다.

② **지능적 행동의 광범위한 적용성** 인간 혹은 다른 생명체의 지능적 행동은 모두 기계에서도 그대로 실현될 수 있다. '감지(입력) - 행동(출력)'의 패턴에 따라 기계가 외부 환경의 입력에 상응하는 출력을 제공할 수 있다면 지능의 발현이라고 볼 수 있고, 그것이 생명체 혹은 기계인지의 본질을 따질 필요조차 없다.

이러한 개념은 행동주의 학파의 이론적 바탕이 되었다. 컴퓨터 과학계에서는 "만약 하나의 생명체가 오리처럼 걷고, 오리처럼 소리 내며 운다면, 이 생명체는 바로 오리다."라는 유명한 말이 전해져 내려온다. 이는 행동주의 학파에서 제창하는 이념을 생명감 있는 이미지로 설명하는 말이기도 하다.

여기서 잠깐 재미있는 이야기를 하나 꺼내 볼까 한다. 따지고 보면 사이버네틱스 사상의 씨앗은 칭화淸華대학에서 최초로 싹을 틔웠다고 볼 수 있다. 1935년부터 1936년까지 위너는 그의 제자 리위룽李郁榮의 초청을 받아 칭화대학교에서 연구 활동을 한 적이 있다. 그곳에서 그와 리위룽은 함께 회로 설계 문제를 연구하며 아날로그 컴퓨터 제작을 시도했다. 그들은 하나의 장치에서 출력한 동작의 일부를 다시 새로운 입력으로 환원해 프로세스의 시작 단계에 투입하는 초기 피드백 메커니즘을 설계했다. 또한 위너는 해석 함수와 관련된 수학 연구에도 매진했다. 위너는 자서전에서 이때의 일 년이 사이버네틱스 형성에 매우 결정적인 영향을 미쳤다고 언급했다.

1937년 7월 7일 '7·7사변[18]'이 발생한 후 일본군이 지금의 베이징을 침략해 점거하면서 위너는 어쩔 수 없이 중국에서의 일정을 조기에 마무리할 수밖에 없었다.

기계의 급부상

행동주의는 기계를 제어하는 과학의 길을 열었다. 원자 수준에서 작동하는 나노 머신부터 천지를 뒤흔든 거대한 기계에 이르기까지 기계는 인간을 대신하거나 협조해 다양하고 복잡한 작업을 수행할 수 있게 되었다. 2013년 미국 보스턴 다이내믹스Boston Dynamics는 각종 탐색 및 구조 작업을 담당할 인공지능 휴머노이드 로봇 '아틀라스Atlas'를 공개했다. 아틀라스의 손은 정교한 동작이 가능하도록 설계되었고, 28개의 자유도Degree of Freedom를 가진 팔과 다리로 울퉁불퉁한 지면을 유연하게 걷거나 기어오를 수 있다. 아틀라스의 이름은 그리스 신화 속 '아틀라스'의 이름에서 따온 것으로, 아틀라스는 제우스와의 전투에서 패한 후 머리와 손으로 하늘을 떠받치는 형벌을 받게 되었다. 그렇다면 신화의 주인공과 같은 이름을 가진 이 로봇은 앞으로 인간을 위해 하늘을 떠받치고 있을 수 있을까? 현실 속에서도 이러한 일은 실

---

18 베이징 교외 루거우차오에서 발생한 중일 충돌로, 중일전쟁의 발단이 된 사건이다.

제로 일어나고 있는지도 모른다. 이제 기계는 일상생활 깊숙이 들어와 존재감을 드러내고 있으며, 물리적 세계에서 하늘로 치솟고 땅속을 누비는 것은 물론 심지어 바람과 비를 제어할 수 있을 정도로 전지전능한 존재가 되어 가고 있다.

2003년 카네기멜론대학의 컴퓨터 과학부는 인류 역사상 비교적 영향력 있는 로봇을 선정한 '로봇 명예의 전당'을 설립했다.

한 가지 주목할 점은 이곳에서 선정한 로봇 중에 실제로 존재하는 로봇뿐 아니라 3D 애니메이션 〈월-E WALL-E〉 속 주인공 '월-E'처럼 대중문화 속에서 영향력을 발휘한 로봇도 있다는 사실이다. 이러한 문화는 사람들의 시선을 사로잡는 동시에 점점 더 많은 엔지니어, 발명가 심지어 로봇을 사랑하는 사람들에게 창작의 영감을 불어넣고 있다. 〈2022 세계 로봇 보고서〉에 따르면 세계 로봇 수가 이미 390만 대에 달하고, 이 수치는 유럽 국가 크로아티아 인구(약 400만 명)에 육박한다. 로봇의 수가 인간을 뛰어넘는 것도 시간문제일지 모른다.

수적인 면 외에 또 주목할 점은 로봇의 진화 속도이다. 인간이 여전히 생물학적 법칙에 따라 유전자 돌연변이와 자연 선택을 거치고 있다면, 기계는 진화론의 속도를 훨씬 뛰어넘는 진화를 하고 있다. 영국 물리학자 스티븐 호킹 Stephen Hawking 조차 "로봇의 진화 속도가 인간보다 훨씬 빨라질 수 있고, 그들의 궁극적 목표를 예측할 수 없을지도 모른다."라고 우려를 표한 적이 있다. 새로운 시대를 여는 인간과 로봇이 서로 상생하기보다 로봇이 진화하여 인간을 위협하는 존재가 되는 일이 정말로 일어나는 것은 아닐까?

미래주의자들은 인간이 미래에 기계와 어떻게 공존해야 할지에 대해 이미 오래전부터 고민해 왔다. 그중 잘 알려진 해법이 바로 1942년 공상과학 소설가 아이작 아시모프 Isaac Asimov가 제시한 '로봇 3원칙' 이다.

제1 원칙 로봇은 인간에게 해를 끼쳐서는 안 되며, 인간이 해를 입는 것을 좌시해서도 안 된다.

제2 원칙 로봇은 반드시 인간의 명령에 복종해야 한다. 단 그 명령이 제1 법칙과 충돌하지 않아야 한다.

제3 원칙 제1 원칙 혹은 제2 원칙에 위배되지 않는 상황에서 로봇은 자신을 보호할 수 있다.

인류는 정말로 로봇에게 지배당하지 않기 위해 대비해야 하는 단계에 이른 것일까? 존스홉킨스대의 토머스 리드 Thomas Rid 교수가 『기계의 부상: 잃어버린 제어론의 역사 Rise of the Machines: A Cybernetic History』에서 지적했듯이, 미래주의자들은 미래가 도래하는 속도·규모·형태를 예측하는 데 실패했는지도 모른다. 미래는 예측하기란 이처럼 어렵지만, 분명한 것이 하나 있다. 우리가 이 '기계의 부상'이라는 놀라운 상황을 직접 목격하는 증인이 될 것이라는 사실이다.

3대 학파 회고

인공지능의 탄생부터 3대 학파의 탄생을 이야기했으니, 이제 이 3대 학파에 대해 간략하게 짚어 보려 한다.

앨런 튜닝 컴퓨터 공학의 아버지이다. 그는 1950년에 발표한 논문에서 유명한 튜링 테스트를 제시했다. 이것은 기계가 인간의 지능과 같거나 구분이 되지 않을 정도의 지능을 보여 줄 수 있을지 여부를 판단하는 기준이다. 튜링의 본질적인 질문은 '기계가 생각할 수 있을까?'이다. 이 물음은 본격적인 지능형 로봇 연구의 출발점이 되었다.

다트머스 회의 1956년 여름에 거행된 회의로 존 매카시, 마빈 민스키, 클로드 섀넌, 너새니얼 로체스터 Nathanniel Rochester 등이 공동으로 제안해 조직되었다. 이 회의는 인공지능 연구 분야의 공식적인 탄생을 알리는 회의로 널리 알려져 있다. 이곳에서 '인공지능'이라는 용어가 처음 등장했으며, 인공지능을 연구하는 기본 목표와 방향을 설정했다. 회의에서 제안한 내용을 보면 '모든 종류의 지능적 행동은 결국 기계에 의한 모방이 가능해질 정도로 정확하게 묘사될 수 있다.'라고 예측하기도 했다.

기호주의 학파 기호주의 학파는 논리적 추론과 알고리즘 작업을 기반으로 하고, 물리적 기호 체계 가설과 직관적 추론 탐색 원칙에 근거해 지능을 분석한다. 이 학파는 지능의 심리와 논리적 구조, 즉 사고 능력의 추상 및 계산적 영역에 관심이 있다.

연결주의 학파 이 학파는 생체 모방학의 방법을 채택해 생물체 대뇌의 구조를 통해 지능의 비밀을 탐색하는 데 주력한다. 지능의 생리적 기반, 즉 대뇌의 실제 조직 구조에 초점을 둔다.

행동주의 학파 행동주의는 '감지 - 행동' 모델을 통해 환경 피드백과 지능적 행동 사이의 직접적 인과 관계를 강조함으로써 지능의 본질을 밝힌다. 이 학파는 지능의 생리 혹은 논리적 구조에 관심을 두기보다 지능의 행동적 표현에 주목한다.

행동주의 학파는 지능과 인지가 대뇌의 기능과 관련이 있을 뿐 아니라 신체 구조와 환경의 상호 작용과도 밀접하게 연관되어 있다고 여긴다. 따라서 지능을 구체적이고 체화된 존재로 보고, 그것이 환경과의 상호 작용 속에서 확립되고, 추상적 사고 속에서만 존재해서는 안 된다고 주장한다. 이로써 '체화된 지능'의 개념이 마침내 역사적 무대에 등장하게 되었다.

그러나 '체화된 지능'의 발전에 대해 계속해서 토론하기에 앞서 우리는 지능 분야의 최신 돌파구로 불리는 '대규모 모델'을 먼저 이해할 필요가 있다.

대규모 모델: 하나의 중심 원칙과 다양한 응용 방식

CHAPTER 4

춘추시대 진秦나라에 손양孫陽이라는 사람이 있었다. 그가 말을 감별하는 데 일가견이 있어서 사람들은 그를 '백락伯樂(하늘의 마필을 관리하는 신선을 가리키는 이름)'이라고 부르며 칭송했다. 백락은 『상마경相馬經』을 저술해 천리마를 감별할 수 있는 경험을 전수하기도 했다. 이 책에서 그는 천리마를 이마가 넓고, 눈은 불룩 튀어나왔으며, 발굽이 크고 단정하여 마치 겹겹이 쌓아 올린 전병처럼 생겼다고 묘사했다. 어느 날 백락의 어린 아들이 흥분을 감추지 못하며 그에게 말했다. "아버지, 제가 천리마 한 필을 찾아냈는데, 『상마경』에서 말한 모습과 거의 흡사하게 생겼어요. 발굽이 겹겹이 쌓아 올린 전병처럼 생기지 않은 것만 빼면요." 백락은 서둘러 그 말을 확인하러 갔다. 하지만 확인해 본 결과 그것은 천리마가 아니라 두꺼비였다.

그리 적당하지 않은 비유지만, 두꺼비와 천리마 사이의 간극은 딥

블루부터 알파고에 이르는 18년의 간극만큼이나 크다.

왜 이렇게 말할 수밖에 없는 것일까? 이웃집 여동생이 어릴 때 애니메이션 〈바둑소년〉(2004년 첫 방송)을 보고 있는데, 어른들이 확신에 차서 이러한 말을 한 적이 있다. "컴퓨터가 비록 '무식한 계산 능력'으로 국제 체스 시합에서 이겼을지 몰라도 바둑에서 이기려면 아직 멀었어." 이 말만으로도 그 당시 인공지능의 '조용한 바람'이 이미 학술계를 벗어나 대중들의 인식 속으로 파고 들어가고 있었음을 알 수 있다.

바둑에서의 승리와 진화의 시작

알파고(2016년) 이전을 돌아보면 국제 체커 인공지능 프로그램 '치누크Chinook(1994년)'와 국제 체스 프로그램 '딥 블루'를 막론하고 그때까지의 바둑이나 체스 프로그램은 모두 '브루트 포스Brute Force(무차별 대입 공격)'라는 '검색 알고리즘'에 의존했다. 예를 들어 '딥 블루'는 표준 바둑 게임 시간 안에 이미 그 후 12~16수를 예측해 가능한 모든 선택을 열거하고, 우열을 평가해 각 수의 점수를 낸다. 그런 후에 점수가 가장 높은 수를 제일 나은 선택으로 간주한다.

'단순 무식하고 무차별적인' 방식이기는 하지만 완전히 쓸모없거나 틀리기만 한 것은 아니었다. 세계 근대사에 존재하는 3대 수학 난제 중 하나인 '4색 추측Four Color Conjecture 19'은 바로 무차별적 대입 방식으로 증명되었다. 1976년 수학자 아펠Kenneth Appel과 하켄Wolfgang Haken은 일리노이대학교에서 두 대의 컴퓨터를 사용해 1200시간에 걸쳐 100억 가지의 판단을 내렸다.

여기서 우리가 주목해야 할 핵심 단어는 바로 '1200시간'이다. 사실 시간이 충분히 주어졌다면, 연산 능력의 한계를 가진 '딥 블루'도 무차별 대입 방식으로 바둑을 둘 수 있다. 그러나 프로 바둑 기사는 바둑 한 판을 대략 90분 안에 끝내야 하므로, 이러한 점이 '무차별' 방식의 장점을 제한했다. 따라서 '딥 블루'가 체스에서 승리를 거둔 후 18년 동안 수많은 연구자가 바둑을 공략하려고 애썼지만, 결정적인 진화의 비밀을 찾지 못한 채, 기껏해야 아마추어 바둑 기사의 수준에 머물렀다.

---

19 어떤 지도의 나라나 영역을 색칠할 때 서로 인접한 두 영역이 같은 색이 되지 않도록 하려면 최대 4가지 색이면 충분하다는 추측으로, 이를 수학적으로 증명하는 데 100년 넘게 걸렸다.

그렇다면 알파고 진화의 핵심 비밀은 무엇일까? 놀랍게도 그 답은 바둑과 전혀 상관이 없어 보이는 협소한 분야였던 '이미지 분류 Image Classification'에 있었다.

이미지 분류란 무엇인가? 하나의 이미지가 어느 부류에 속하는지 판단하는 것을 가리킨다.

이미지 분류는 어떻게 진행할까? 첫 번째 단계는 이미지의 특징을 추출하는 것이다. 예를 들어 천리마와 두꺼비는 모두 '이마가 넓고 눈이 불룩 튀어나와 있는' 특징을 가지고 있다. 하지만 이 단계에서 답을 내 버리면 당신은 초기 이미지 분류의 오류를 그대로 범하게 된다.

한편 현실 생활에서 어떤 이미지의 특징을 뚜렷하게 구분할 수 없는 경우도 있는데, 이러한 특징을 사용한다면 분류의 오류로 이어질 수밖에 없다. 중국 드라마 〈철치동아기효람 鐵齒銅牙紀曉嵐〉을 보면 '이미지 분류'에 관한 이야기가 나온다. 화신 和珅이 기효람을 식사에 초대했을 당시 화신의 관직은 상서 尙書(지금의 장관급 직책에 해당)이고, 기효람의 관직은 예부시랑 禮部侍郞(지금의 차관급 직책에 해당)이었다. 화신은 기효람을 농락하고 싶어 개 한 마리를 가리키며 자리에 있던 사람들에게 물었다. "이것이 늑대(시랑을 비유)인가? 아니면 개인가?" 기효람이 대답했다. "꼬리를 보면 되지요. 꼬리가 아래로 끌리면 늑대일 것이고, 위로 서 있으면(상서를 비유) 개입니다." 한 어사 御使가 화신에게 아첨하고 싶어 이렇게 말했다. "늑대는 고기를 먹지만, 개는 똥을 먹지요. 이것이 지금 고기를 먹고 있으니, 당연히 늑대(시랑)이지요." 그때 기효람은 이 어사의 논리적 허점을 찾아냈다. "개는 고기를 보면 고기를 먹고, 똥(어사)을 보면 똥을 먹지요." 이처럼 특징이 오히려 오해를 불러일으킬 때가 많다.

　반면에 정확한 것처럼 보이는 특징이 실제로 판단의 오류를 가져올 위험이 아주 크다. 점·선·면·각도·색채·채도 등의 특징은 모두 인간이 이미지를 이해하는 자연스러운 방식이 아니다. 예를 들어 상식만 있으면 누구나 천리마와 두꺼비, 책상과 찻상을 분명히 구분할 수 있다. 이는 인간이 이미지 분류를 할 때 정확한 개념에 대한 정교한 묘사가 아니라 일종의 모호한 '감지 지능'에 의존하기 때문이다. 이러한 '감지 지능'은 더 높은 차원의 지능에 도달하기 위한 토대이기도 하다. 이에 비해 상식은 언어와 지능의 영역에서는 '암흑 물질'과도 같다. 초기의 '시력이 형편없었던' 인공지능은 '이마가 넓고, 눈이 불룩 튀어나온' 것과 같은 정확한 특징에 근거해 두꺼비를 천리마로 착각한 백락의 아들과 같은 오류를 범했다.

　이것이 바로 초기 이미지 분류의 한계였고, '특성 공학Feature Engineering[20]'이라고 불리는 방법이 탄생한 계기가 되었다. 연구자들이 프로그램을 통해 인간의 모호한 '감지 지능'을 직접 파악하려고 시도하면서 역사의 톱니바퀴가 마침내 돌아가기 시작한 것이다.

　2012년 딥러닝의 아버지 제프리 힌턴Geoffrey Hinton과 그의 제자 두 명이 신경망 '알렉스넷AlexNet'으로 이미지넷ImageNet 이미지 식별 챌린지에서 우승을 차지했는데, 준우승보다 10% 높은 정확도를 보여 주었다. 신경망은 '10년 동안 주목받지 못했던 기술'에서 단숨에 세상의

---

[20] 데이터를 모델이 잘 이해할 수 있는 입력 형태로 가공 혹은 변환하는 작업을 가리킴.

주목을 받는 기술로 떠올랐고, 이때부터 인공지능은 본격적인 딥러닝의 시대로 접어들었다.

딥러닝의 '딥'은 신경망 속 '층 layer'의 깊이를 가리킨다. 3개 및 그 이상의 '층'으로 구성된 신경망(입력과 출력 포함)은 딥러닝 알고리즘으로 볼 수 있다. 신경망은 인간 뇌의 행위를 모방하며, 방대한 양의 데이터를 통해 학습하기 때문에 더 많은 뉴런 혹은 층수를 추가할수록 더 높은 차원에 도달하고, 더 복잡한 정보를 학습할 수 있다. 이렇게 해서 인공지능에 속하는 '지각형 지능 perceptual intelligence'이 등장하게 된다.

우리가 처음으로 세상을 감지했던 방식을 떠올려 보자. 빨간색이 무엇인지 연상할 때 우리는 정원의 붉은 장미나 넘어졌을 때 상처에서 흘러나오던 피를 연상할지도 모른다. 딥러닝에서 컴퓨터가 감지하는 세상은 더 이상 'if-then'과 같은 빈틈없이 논리 규칙이 맞물리는 방식이 아니라, $P(x)$[21]로 전개되는 무수한 가능성으로 이루어져 있다. 이는 우리가 어린 시절 세상을 감각적으로 받아들이던 방식과 유사하다.

그렇다면 다시 이번 장의 처음으로 되돌아가면, 알파고와 지각형 지능, 이미지 분류 사이에 어떤 연관성이 있을까?

수재들의 시험 결과가 '문제에 대한 감각', 즉 많이 풀어 보고 익힌 감각에 달려 있다면, 바둑 고수의 시합 역시 바둑에 대한 '감각'에 의존한다. 바둑판의 칸수는 19×19이고, 각 상황에서 돌을 놓는 특징적 데이터는 세 개의 19×19 행렬로 표현된다. '딥 블루'를 곤경에 빠뜨린 천

---

21 입력값 x에 대해 어떤 축력이나 특징을 계산하는 함수나 모델.

문학적 계산량과 마주한 알파고는 이미지 분류와 유사한 감지 모델을 사용해 탁월한 '바둑 감각'으로 돌을 놓을 곳을 선별했다. 또한 알파고는 '딥 블루'의 무차별 대입 방식을 이어받아 정확하게 바둑판을 장악했다. 인공지능 바둑 기사는 인간의 감지 지능을 모방해 컴퓨터의 강력한 연산 능력을 결합함으로써 이전의 치욕을 씻어냈고, 인공지능 분야가 새로운 돌파구를 마련하는 데 일조했다.

어쩌면 문득 이러한 궁금증이 생길지 모른다. "어린아이는 부모의 감독을 받으며 공부하는데, 알파고는 어떻게 학습하나요?" 예를 들어 당신이 시험을 봐야 하는데 풀어 봐야 할 연습 문제가 없다면 직접 연습 문제를 만들어서 모의 시험을 치를 수도 있다. 마찬가지로 알파고는 프로 기사 혹은 인간 고수들이 둔 수십만 판의 기보를 학습한 후 '문제의 양'이 부족하다고 느끼면 직접 3,000만 판의 '모의 기보'를 만들어 낸다. 이러한 식으로 '자기 자신과 대국하면서 실력을 키우는' 학습 방법을 '자기 지도 학습self-supervised learning'이라고 부른다. 알파고는 주로 '심층 합성곱 신경망Deep Convolutional Neural Network, DCNN'을 통해 훈련을 한다.

왜 대규모 모델인가?

알파고는 방대한 데이터 훈련을 통해 성공을 거두었다. 알파고의 성공은 인공지능이 특정 영역에서 인간의 잠재력을 뛰어넘었다는 것을 보여 주었지만, 여전히 특정 분야에만 사용되는 시스템일 뿐 범용성을 가진 것은 아니었다. 그 후 부상한 대규모 모델 역시 알파고처럼 방대한 데이터에 의존하는 시스템이지만, 이번에는 범용 인공지능의 새로운 장을 열 수 있을지도 모른다.

대규모 모델의 역사는 사실 그리 길지 않다. 2017년에 등장한 트랜스포머Transformer 구조는 우리가 현재 말하는 대규모 모델 알고리즘 구조의 토대가 되었다. 2018년 오픈AI와 구글이 각각 'GPT-1'과 '버트BERT[22]' 모델을 발표했다. 이들은 진정한 의미의 최초의 대규모 모델이라고 할 수 있다. 더 정확히 말하자면 '대규모 언어 모델LLM'이었다. 왜 '대규모' 모델이라고 부를까? GPT-1은 1억 1,700만 개의 매개변수를 가지고 있고, BERT는 3억 4천만 개의 매개변수를 가지고 있는데, 이것은 이전의 그 어떤 모델보다도 훨씬 큰 규모이다. 소위 '매개변수'에 대해 유사한 비유를 들자면 우리가 앞에서 언급한 뉴런 사이의 서로 연결된 가중치를 가리킨다. 그렇다면 매개변수가 많아질수록 모델의 능력이 더 강력해진다는 것을 쉽게 상상할 수 있다[23].

2020년 오픈AI는 딥러닝을 이용한 대형 언어 모델인 'GPT-3'를 공개했고, 1,750억 개에 달하는 매개변수를 바탕으로 놀라운 능력을 보여 주었다. 그 후 구글의 '글램GLaM[24]', 알리바바의 '플러그PLUG', 화웨

---

22 Bidirectional Encoder Representations from Transformers.

23 '스케일링 법칙(scaling law)'이라고도 하며, 그 정확성이 아직 완벽하게 검증된 것은 아니지만, 현재로서는 여전히 유효하다.

24 Generalist Language Model.

이華爲의 '판구盤古' 등 대규모 언어 모델이 연이어 출시되었는데, 모두 수천억 단위의 매개변수를 가지고 있다.

대규모 언어 모델이 전방위적으로 처음 대중의 시야에 들어온 것은 2022년 11월 오픈AI가 '챗GPT'를 발표한 뒤부터였다. 챗GPT는 놀라운 대화 능력과 언어 이해 능력을 보여 주며, 세계적인 인공지능 열풍을 불러일으켰다.

대규모 언어 모델의 성공은 곧바로 다른 모달리티modality로 확장되었다. 2022년 구글은 텍스트 설명을 바탕으로 고품질의 이미지를 생성할 수 있는 '파티Parti' 모델을 발표했다. 오픈AI의 '달리 2DALL-E 2'도 비슷한 성능을 선보였다. 같은 해 스테빌리티 AIStability AI는 '스테이블 디퓨전Stable Diffusion' 모델을 오픈 소스로 공개해 인공지능 그림 생성의 열풍을 불러일으켰다. 구글의 '오디오LMAudioLM'은 텍스트를 음성 파일로 변환시켰다. 대규모 멀티 모달 모델은 대규모 언어 모델의 자연스러운 연장이었다. 한편으로는 다양한 형식의 정보를 처리해 시각, 언어 등의 측면으로 질적인 돌파구를 마련하고, 이를 통해 인공지능이 인간의 감지와 인지 능력에 더 근접할 수 있는 계기가 되었다.

챗GPT가 세상에 새로운 바람을 일으킨 지 일 년 만에 오픈AI는 동영상 생성 모델 '소라Sora'를 발표했다. 이 모델은 오픈AI의 이미지 생성 모델인 '달리DALL-E'를 기반으로 개발되었고, 이미 공개적으로 사용 가능한 영상뿐 아니라 저작권이 있는 학습용 영상 등을 훈련 데이터로 사용했다. 그러나 오픈AI는 훈련에 사용한 데이터의 구체적인 수량과 정확한 출처를 공개하지 않았다.

2024년 2월 15일 오픈AI는 Sora가 생성한 여러 개의 고화질 영상을 시연했고, 해당 모델이 최대 1분짜리 영상을 생성할 수 있다고 밝혔다. 이와 동시에 오픈AI는 복잡한 물리 현상을 정확히 시뮬레이션하는 데에는 여전히 한계가 존재한다는 점도 인정했다.《MIT 테크놀로지 리뷰MIT Technology Review》는 한 보도를 통해 해당 시연 영상이 엄선된 결과물일 가능성이 있으며, Sora에서 생성된 영상의 수준을 대표한다고 보기는 어렵다고 지적했다.

'스스로 천재가 되어 가는' GPT

사실 스스로 학습해 성공한 사례 중에서 가장 유명한 공부의 신은 알파고가 아니라 요즘 가장 핫한 챗GPT이다. 다들 알다시피 GPT 모델의 핵심은 트랜스포머 구조이고, 트랜드포머의 본질은 '셀프 어텐션 메커니즘Self-Attention Mechanism이다.

우리는 '셀프 어텐션 메커니즘'을 이해하기에 앞서 '어텐션(주의) 메커니즘'부터 살펴볼 필요가 있다. 고양이가 탁자 위에 올라가 물이 가득 담긴 컵을 쳐서 쓰러뜨리려 하고 있고, 노트북이 그 바로 옆에 있다고 상상해 보자. 이때 당신의 주의력은 '고양이, 컵, 노트북'에 집중되어 있고, 탁자 위에 있는 과일이나 꽃에는 관심이 미치지 않는다. 이것이 바로 '어텐션 메커니즘'이며, 인간이 오랜 세월에 걸친 진화 과정에서 획득한 일종의 생존 전략이다.

오랫동안 딥러닝은 인간의 '어텐션 메커니즘'을 참고해 왔고, 그 핵심 목표는 수많은 정보 가운데서 눈앞의 작업과 관련된 핵심 단어를 선별하고, 질문(입력)과 대답(출력) 사이의 관계를 찾아내는 데 있다. 이와 동시에 딥러닝은 방대한 고품질 데이터를 통해 '문제를 풀고 답을 찾는' 과정을 거치기 때문에 고품질 데이터의 출처는 '고질적 난제'가 될 수밖에 없고, 사람의 수공업 라벨링이 필요할 수밖에 없다.

애니메이션 〈가필드와 친구들Garfield and Friends〉에서 가필드는 자신의 주인 존을 위해 미국판 〈러브 스위치If You Are the One〉에 출연 신청을 했다. 전 세계에서 가장 앞선 인공지능을 사용해 가장 완벽한 이상형을 연결해 주는 리얼리티 프로그램이었다. 그런데 놀랍게도 인공지능은 속임수였고, 거대한 컴퓨터 속에 진짜 사람이 숨어서 여자 패널의 자료를 밖으로 '토해' 내고 있었다. 사실 이 이야기는 1770년에 제작된 악명 높은 '자동' 체스 로봇 '메커니컬 터크Mechnical Turk'를 모티브로 삼고 있다. 메커니컬 터크는 여러 소유주를 거치며 많은 체스 고수들을 물리치는 데 동원되며 큰 인기를 끌었다. 그런데 84년 후 메커니컬 터크를 소유했던 주인의 아들이 양심선언을 하며 충격적인 진실이 밝혀졌다. 사실 이 로봇 안에 실제 프로 체스 선수가 숨어 있었던 것이다.

눈치가 빠른 사람이라면 알고 있을 테지만, 유명한 아마존이 운영하는 데이터 라벨링 크라우드소싱cloud sourcing 플랫폼도 '메커니컬 터크'라는 이름을 쓴다. 사용자는 공식 웹사이트에서 자격 인증을 마친 후 작업 마켓 플레이스Work Marketplace에서 데이터 라벨링 과제를 선택할 수 있으며, 결과물이 채택되면 몇 달러의 보상금을 받는다. 하지만 복잡한 배경지식을 요구하는 탓에 한 바퀴 둘러본 뒤 아무런 소득 없이 나가 버릴 수도 있다.

이러한 '인공적' 지능은 2017년까지 조금도 매력적이지 않았다. 당시 구글은 최고의 기계 학습 콘퍼런스인 NIPS[25]에 〈오직 어텐션만 필요할 뿐Attention Is All You Need〉이라는 제목의 논문을 발표했고, 우리가 왜 '입력'과 '출력'의 관계를 고려해야 하는지, 우리가 왜 인간이 언어를 이해하는 방식을 참고하지 않고 한 문장 안에서 단어들 간의 의미적 연결을 먼저 모델에게 학습시키지 않는지에 대한 의문을 제기했다. 이것이 바로 '셀프 어텐션 메커니즘'이며, 연구자들은 이 메커니즘에 호기롭게 '트랜스포머'라는 이름을 붙였다.

트랜스포머는 임의의 단어와 다른 단어가 하나의 문장 안에서 함께 나타날 확률을 학습함으로써, 방대한 단어 쌍들이 어떤 요인으로 인해 함께 나타나는지를 파악한다. 그렇다면 'The animal didn't cross the street because it was too tired.'라는 문장을 번역해야 한다고 가정해 보자. 'it'은 무엇을 가리킬까? '거리'일까? 아니면 '동물'일까? 인간이라면 이러한 판단을 하는 게 그리 어렵지 않지만, 이전 시대의 인공지능이 해결하기에는 좀 어려운 일이었다. 하지만 트랜스포머에 기반을 둔 챗GPT는 'it'을 처리할 때 셀프 어텐션 메커니즘을 통해 'it'과 '동물'을 자동으로 연결시킬 수 있다.

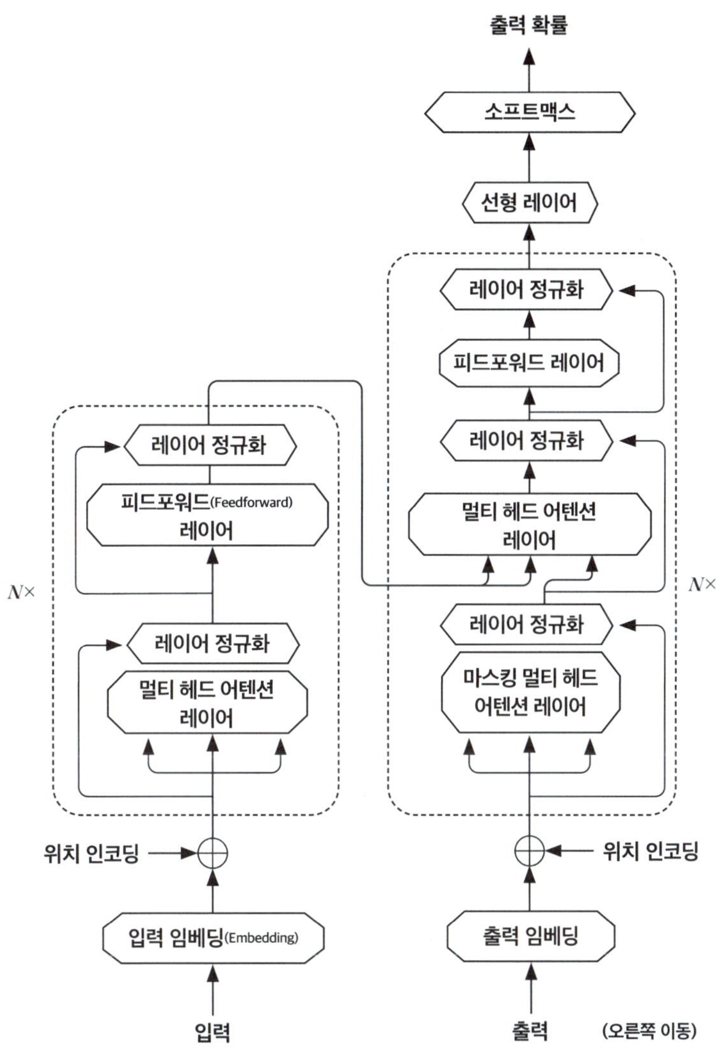

트랜스포머 신경망 구조

그림 출처: A. Vaswani, et al., 'Attention is All You Need',
NeurIPS, Long Beach, USA, December 4-9, 2017.

트랜스포머의 셀프 어텐션 메커니즘은 긴 텍스트 시퀀스에서 위아래 문장의 정보를 효과적으로 학습해 '자기 지도 학습' 방식이 자연어 처리에 본격적으로 적용될 수 있게 되었다. 따라서 트랜스포머에 기반을 둔 대규모 모델은 라벨링 된 훈련 데이터셋을 더는 사용하지 않아도 된다. 이로써 인터넷 혹은 기업 데이터베이스의 방대한 데이터는 대규모 모델의 직접적인 훈련 자원이 되게 된 것이다. 트랜스포머 기반 대규모 모델의 학습 과정은 대규모 '빈칸 채우기 문제(클로즈 테스트)'를 푸는 것으로 이해할 수 있다. 모델은 관찰을 통해 데이터를 입력하고, 하나 혹은 여러 개의 과제를 자동으로 구성하며, 이 과제를 해결하는 과정에서 데이터의 유용한 표현을 학습한다. 이러한 과제는 보통 모델이 데이터 속의 핵심 구조와 특징을 포착하도록 만드는 '특화된 시험지'로 설계되어 있다. 예를 들어 고양이 이미지의 절반이 제공되면 나머지 절반을 그리거나 혹은 문장의 절반이 주어지면 그다음에 이어질 말을 예측해 절반을 채우는 식이다.

엔비디아NVIDIA의 창업자 겸 CEO인 젠슨 황Jensen Huang은 엔비디아 GTC 2002 콘퍼런스에서 "트랜스포머는 인간이 직접 분류한 라벨링 데이터 없이도 자기 지도 학습이 가능하며, 인공지능 분야에서 '획기적인 진전'이 일어났다."라고 말했다. 그 말을 증명이라도 하듯 트랜스포머는 점점 더 많은 분야에서 그 역할을 발휘하고 있다. 예를 들어 언어를 이해하는 데 사용하는 구글 '버트BERT', 신약 개발에 사용하는 엔비디아의 '메가몰바트MegaMolBART' 및 딥마인드의 '알파 폴드 2Alpha Fold 2'는 모두 트랜스포머의 획기적 등장을 그 발전의 기점으로 삼고 있다.

마침내 트랜스포머의 등장으로 인해 GPT는 라벨링 데이터를 사용하지 않고도, 기존의 방대한 표준 데이터와 초강력 계산 능력을 빌려 범용 '사전 훈련' 버전 모델을 구현할 수 있게 되었다. 그러나 성공을 전적으로 트랜스포머의 공으로 돌리는 것은 분명 합당하지 않다. 결국 트랜스포머를 발명한 구글의 바드Bard는 '습관적 거짓말쟁이', 제미나이는 '등장인물 전원이 악역'이라는 등의 갖가지 논란에 휩싸여 웃음거리가 되기도 했기 때문이다.

챗GPT 시리즈 모델이 뛰어난 성능을 보이는 이유는 무엇일까? 사실 챗GPT는 다시 한번 인간의 지능을 슬쩍 끌여들였다. 즉 'GPT-3'의 대규모 데이터로 사전 학습한 뒤, 인간의 피드백 방식을 통해 훈련을 강화했다. 그 비법은 2022년 3월 오픈AI가 발표한 〈인간의 피드백 지침을 따르며 언어 모델 훈련하기Training language models to follow instructions with human feedback〉라는 제목의 논문에 쓰여 있다. 결과만 놓고 보면 이 방법은 매우 주효했다. 매우 정밀한 사전 훈련과 튜닝을 거쳐 챗GPT 시리즈 모델의 능력은 크게 향상되었고, 각종 성능에서 선두 자리에 올라섰다.

어쨌든 챗GPT의 탁월한 창의적 능력은 사람들에게 규모의 확장을 통해 어떻게 질적인 도약을 이룰 수 있는지 보여 주었다. 계산 능력의 향상으로 인해 모델이 새로운 능력을 갖추게 되었음을 많은 연구가 입증해 주었다. 예를 들어 문맥 기반 학습In-Context Learning 능력은 몇 가지 예시만으로 문제 해결 방법을 익혀, 단편적 처리 능력에서 전체를 포괄하는 처리 능력으로의 전환 가능성을 보여 준다. 이것은 비교적 규모가 작은 모델로는 처리 불가능한 일이다. 또 하나의 눈에 띄는 능력은 '생각의 사슬Chain-of-Tought 추론 능력'이다. 이 능력은 모델이 복잡한 문제를 분해하고 순차적으로 과제를 완수하도록 유도한다. 이것은 기초 모델의 응용 가능성을 대폭 확장시켰다.

자연계에서 개미 한 마리는 바람에 날아갈 수 있지만, 아프리카 개미 군단은 들소 한 마리를 하얀 뼈만 남기고 다 뜯어 먹을 수 있다. 설사 평범한 개미들로 구성된 집단일지라도 하나의 복잡한 '사회'를 형성할 수 있다. 일개미는 집을 짓고 굴을 지키며 알과 유충을 돌보고 먹이를 찾는 일을 책임진다. 여왕개미는 산란을 맡고, 수개미는 여왕개미와의 짝짓기를 담당한다. 대부분의 알은 일개미가 되고, 그중 소량만이 여왕개미와 수개미로 자란다. 새로운 여왕개미는 새로운 개미 군단을 이끌고 생활을 시작하고, 개미 군단끼리 전쟁이 일어나기도 한다. 이 모든 현상을 우리는 '개미 군단의 창발Emergence of Ant Colonies'이라고 부른다.

1972년 물리학자이자 노벨 물리학상 수상자인 필립 앤더슨Philip Anderson은 다음과 같은 주장을 제기했다. "창발Emergency은 시스템의 양적 변화가 행동의 질적 변화를 가져오는 것을 가리킨다." 방대한 데이터와 방대한 매개변수 공간의 지원을 받으면 기초 모델의 능력이 창발되고, 언어 속에 숨겨져 있던 구문, 의미, 사용 패턴이 드러난다. 이러한 패턴들이 학습되고 결합되면서 기능 차원의 조합과 진화로 이어지고, 기초 모델 능력의 창발성을 야기한다.

그렇다면 인류 운명을 상징하는 '노아의 방주'는 힘차게 휘몰아치는 이 인공지능의 큰 강에서 과연 어디를 향해 갈 것인가? 막스 플랑크 연구소Max-Planck Institute의 마리오 크렌Mario Krenn 등 연구진들은 2022년 〈네이처 리뷰 물리학Nature Reviews Physics〉에 발표한 글에서 이러한 말을 했다. "인간은 시각, 청각 등의 측면으로 명확한 한계가 존재하지만, 인공지능은 우리를 위해 '통찰의 거울'이 되어 복잡한 시스템에 대해 더 정확한 통찰력을 제공할 수 있다. 또한 과학적 탐구를 위한 '깨달음의 원천'이 되고, 심지어 '진리의 메신저'가 되어 일정 부분 우리의 사고를 대신하고, 그 이해의 과정을 알려 줄 수 있다."

철학자 칸트Immanuel Kant는 "인간의 최대 과제는 인간이 인간으로 존재하기 위해 반드시 그 본연의 모습을 가져야 한다는 말의 의미를 정확히 이해하는 것"이라고 말했다. 그렇다면 인공지능이 인공지능으로 존재하기 위해 가져야 할 본연의 모습은 무엇일까? 어쩌면 그 답은 윈스턴 처칠Winston Churchill의 말속에 숨어 있을지도 모른다.

"이것은 끝이 아니고, 심지어 끝의 시작도 아니다. 그러나 어쩌면 이것은 시작의 끝일지도 모른다."

대규모 모델과 관련된 기술

LoRALow-Rank Adaptation, 즉 저차원 적응 기법은 대형 언어 모델을 겨냥한 높은 효율의 미세 조정에 광범위하게 사용되는 기술이다. 이 개념은 2021년 발표된 논문 〈LoRA: 대형 언어 모델의 저차원 적응 LoRA: Low-Rank Adaptation of Large Language Models〉에서 처음 등장했다. 대규모 모델은 매개변수가 수천억 개에 달할 만큼 많고, 이러한 매개변수 가중치를 훈련하고 미세 조정하려면 엄청난 비용이 든다.

LoRA는 대규모 모델의 매개변수가 지나치게 많고, 매개변수 행렬의 랭크rank가 낮기 때문에 상대적으로 적은 정보를 포함한다고 가정한 상태에서 제기되었다. 이 때문에 행렬 분해를 통해 두 개의 새로운 행렬의 곱으로 원래의 매개변수 행렬에 근접한 값을 얻고, 이 두 개의 새로운 행렬의 매개변수의 양은 원래 행렬보다 훨씬 적다. 그래서 우리는 미세 조정 단계에서 이 두 가지 새로운 행렬을 포함한 매개변수를 갱신하기만 하면 된다. 이것은 훈련의 효율을 눈에 띄게 높였다.

RAG Retrieval-Augmented Generation(검색 증강 생성)는 현재 가장 인기 있는 대규모 모델 중 하나로 꼽힌다. 이 개념은 2020년 페이스북의 기초 인공지능 연구 그룹이 발표한 논문 〈지식 집약형 자연어 처리 과제의 검색 증강 생성 Retrieval-Augmented Generation for Knowledge-Intensive NLP Tasks〉에서 처음 언급되었다. 검색 증강 생성 모델은 대규모 언어 모델과 정보 검색 기술을 결합했다. 좀 더 자세히 말하자면 대규모 모델은 텍스트 혹은 질문에 대한 대답을 생성할 때 방대한 문서 그룹 안에서 관련 정보를 검색한 후 텍스트를 생성하고, 예측한 결과의 품질과 정확성을 높인다.

RLHF Reinforcement Learning from Human Feedback(인간 피드백을 통한 강화 학습)는 인간 피드백과 강화 학습을 결합한 새로운 형태의 학습 방법으로 챗GPT의 성공을 이끈 '비밀 병기' 중 하나이다. RLHF의 장점은 인간의 피드백을 이용해 모델을 훈련시킴으로써 그 모델이 인간의 의도를 더 잘 이해하고 인간의 기대에 부합하는 텍스트를 생성할 수 있다는 데 있다. RLHF는 모델과 인간 사이에서 가교 역할을 하며,

인공지능이 인간의 경험을 더 빨리 습득하도록 돕는다.

MoE^Mixture-of-Experts^(전문가 혼합)는 1991년 발표된 논문 〈현지 전문가 모델의 자기 적응 혼합 방식^Adaptive Mixture of Local Experts^〉에서 처음 제기되었다. 이것은 복잡한 예측 모델 구축 과제를 약간의 하위 과제로 분해하고, 각 하위 과제를 전문가 모델로 훈련한다. MoE의 핵심은 '분할 정복'의 개념으로 정리할 수 있다. MoE 구조는 전문가 외에도 게이팅 모델^Gating Model^을 포함한다. 게이팅 모델은 주어진 과제를 위해 가장 적합한 전문가 모델을 선택하도록 돕는다. 대규모 모델의 매개변수가 갈수록 많아지면서 그 계산력과 전력 소모는 이미 감당할 수 없는 수준에 도달했고, 비용을 절감하고 효율을 높이기 위해 대규모 모델의 하위 구조 갱신은 이미 대세로 자리 잡았다. MoE 구조와 대규모 모델의 결합은 고목에서 새로운 잎이 나는 것과 같다 보니 갈수록 대규모 개발자들의 주목을 받고 있고, 실제 적용 과정에서도 엄청난 잠재력을 보여 주고 있다.

대규모 모델의 딜레마

Meta 연구팀은 한 논문에서 이렇게 말했다. "이 모델의 계산 비용을 고려할 때 막대한 자금 지원이 없다면 재현하기 어렵다." 대규모 모델의 독점이 가속화되는 가운데 Meta를 대표하는 기업들은 오픈 소스를 선택했다. 이는 대규모 모델 분야의 긍정적인 흐름이라고 볼 수 있다.

Meta의 'LLaMA' 외에도 대표적인 오픈 소스 대규모 언어 모델은 알리바바의 '큐원Qwen' 및 딥시크DeepSeek의 '딥시크 코더DeepSeek-Coder'가 있다.

오픈 소스는 대규모 모델이 직면한 유일한 도전 과제가 아니다. 대규모 모델의 또 다른 장애물은 바로 연산력이다. 앞에서도 몇 차례 언급했듯이 훈련을 위해 방대한 자원이 소모될 수밖에 없다. 그렇다면 이를 위해 도대체 얼마의 비용이 들어갈까? 스탠퍼드 대학교 HAI 연구소에서 발표한 보고에 따르면 2017년 트랜스포머의 훈련비는 900여 달러 수준이었으나, 2023년 구글의 제미나이 울트라Gemini Ultra 모델의 훈련 비용은 이미 1억 9천만 달러를 넘어섰다.

대규모 모델의 훈련에 이토록 많은 비용이 드는 이유는, 우선 방대한 데이터가 필요하기 때문이다. GPT-3의 경우 4,500억 개의 토큰token(기호)을 훈련 자료로 사용했으며, 이는 약 30TB의 저장 공간에 해당한다. 데이터의 수집, 정리, 라벨링 등의 과정에서 방대한 인력과 물적 자원이 필요하다.

둘째, 대규모 모델은 강력한 연산 능력이 뒷받침되어야 한다. 수천, 수백억 단위의 매개변수를 가진 언어 모델을 훈련하려면, 수백 개의 고성능 CPU가 몇 주 심지어 몇 개월간 작동해야 한다. 이러한 하드웨어의 단가는 걸핏하면 수만 달러를 넘고, 전력 소모량도 많다.

셋째, 대규모 모델 훈련의 튜닝 과정도 매우 복잡하다. 최적의 성능에 도달하기 위해서는 세심한 모델 설계, 목적 함수의 최적화, 초매개변수의 조정이 필요하다. 이 모든 작업을 위해 뛰어난 인공지능 과학자와 엔지니어들이 막대한 시간과 노력을 들여야 하므로, 인건비 역시

만만치 않다.

마지막으로 모델의 규모와 복잡도가 커지면서 훈련 비용도 기하급수적으로 상승한다. 수십억에서 수천억, 더 나아가 조 단위로 매개변수가 늘어날 때마다 자원 비용도 몇 배로 증가한다.

계산력의 병목 현상에 직면한 상황에서 업계는 다양한 해결책을 모색하고 있다. 칩 제조업체들은 AI 훈련과 추론에 특화된 고성능 칩을 지속해서 연구, 개발하고 있고, 클라우드 컴퓨팅 플랫폼도 하드웨어와 네트워크 구조를 최적화해 대규모 분산 훈련의 효율을 높이고 있다. 또한 학술계에서도 고효율의 매개변수 모델 압축과 '지식 증류 Knowledge Distillation 기술26'을 연구하며 성능을 보장하면서 연산 비용을 낮추기 위해 힘쓰고 있다.

중국의 경우 자국에서 생산한 AI 칩이 부상하면서 계산력 문제를 해결할 새로운 가능성이 보이고 있다. 정부의 대대적인 정책 지원하에 중국 AI 칩 산업은 최근 몇 년간 급속한 발전을 거두었다. 캠브리콘 Cambricon, 화웨이의 하이실리콘 HiSilicon, 알리바바의 핑터우 Pingtou 등의 기업에서 출시한 AI 칩의 성능도 꾸준히 좋아지고 있고, 일부 제품은 이미 국제적인 수준에 도달하기도 했다. 이는 중국 내 기업과 연구 기관들이 수입 칩을 대체할 현실적인 대안을 마련해 준 셈이다.

그렇지만 단순히 칩 문제만 해결된다고 해서, 인공지능 모델 훈련

---

26 큰 모델이 학습한 지식을 작은 모델로 '증류'해서 옮기는 기술로, 작은 모델도 큰 모델 수준의 성능을 내도록 하는 머신러닝 기법이다.

과정에서 갈수록 증가하는 계산력 수요와 다양한 응용 시나리오를 충족시키기 어렵다. 따라서 업계에서는 이기종 컴퓨팅Heterogeneous Computing에 주목하며, 다양한 프로세서를 통합해 각자의 장점을 발휘함으로써 더 강력한 유연성과 효율을 제공하기를 기대하고 있다.

이기종 컴퓨팅은 동일한 시스템 안에서 다양한 프로세서 구조(CPU, GPU, FPGA, ASIC 등)를 사용하는 기술로, 다양한 프로세서가 협력하여 계산 작업을 수행한다. 예를 들어, CPU는 범용 계산과 할당을 하고, GPU는 대규모 병렬 계산을 맡으며, FPGA는 고속 데이터를 처리하고, ASIC는 특정한 딥러닝 연산 가속을 담당한다.

이기종 컴퓨팅 플랫폼의 구축은 결코 쉬운 일이 아니다. 가장 큰 어려움은 서로 다른 프로세서 간의 프로그래밍 언어와 개발 환경이 현저히 다르다는 것이다. 즉, 통일된 프로그래밍 모델을 제공하기 어렵다는 점이다. 이에 대해 엔비디아에서 개발한 'CUDA'가 하나의 해결책이 되고 있다. CUDA는 범용 병렬 컴퓨팅 플랫폼이자 프로그래밍 모델로, 우수한 성능과 실용성에 힘입어 GPU 프로그래밍, 더 나아가 인공지능 프로그래밍의 실질적 표준이 되었다.

그렇지만 CUDA에도 한계가 존재했다. 가장 큰 제약은 바로 엔비디아의 GPU에서만 실행된다는 점이다. 이 문제를 해결하기 위해 업계는 'OpenCL'과 AMD의 'ROCm' 플랫폼과 같은 다른 표준을 모색하고 있다. 이러한 개방형 플랫폼은 개발자에게 이기종 컴퓨팅이 가진 문제를 해결할 방안을 제공하는 것을 목표로 한다. 프로그래밍 모델에서 파생되는 도전 외에도 이기종 컴퓨팅은 프로세서 간 통신, 동기화, 부하 분산 등과 관련된 복잡한 문제를 수반한다. 이러한 문제들

은 모두 정교한 시스템 설계와 알고리즘을 통해 지속해서 최적화되어
야 한다.

연산력 외에도 대규모 모델 생태계의 구축은 또 다른 도전에 직면해
있다. 우선, 오픈 소스 커뮤니티와 도구 체인Toolchain(개발을 위한 도구
들의 묶음)을 완벽하게 갖추는 것이다. 이미 '허깅페이스Hugging-Face',
'콜로설 AIColossal-AI' 등의 오픈 소스 플랫폼이 등장했지만 성숙한 딥
러닝 프레임워크에 비해 대규모 모델용 도구 체인의 사용 편의성과 안
정성은 여전히 개선의 여지가 많다. 둘째, 상업적 응용과 실제 현장 적
용의 어려움이다. 대규모 모델은 범용 인공지능 영역에서 엄청난 잠
재력을 보여 주었다. 하지만 이를 업계 응용을 거쳐 실질적 가치로 전
환하려면 방대한 탐색과 혁신이 필요하다. 마지막으로 윤리와 안전성
문제이다. 대규모 모델은 유해하고 편향된 내용을 생성할 수 있고, 심
지어 허위 정보를 생성하는 데 남용될 수 있다.

지식 카드

딥시크

2025년 과학기술 분야에서 딥시크DeepSeek라는 말을 들어 본 적이
없다면, 시대에 한참 뒤처진 것이다. 인공지능 연구를 목적으로 한 팀
이자 '기술 혁신, 저비용과 오픈 소스'라는 장점을 결합시킨 대규모 언
어 모델 프로젝트의 이름이기도 하다.

딥시크가 단시간에 폭발적인 성장을 거둔 이유는, 바로 AI 기술에 대
한 실용주의적 추진 방식 덕분이라 할 수 있다. 딥시크 v3는 오픈AI가

개발한 언어 모델인 GPT-4에 맞먹는 성능을 갖추었으면서도 훈련 비용은 GPT-4의 10분의 1 정도에 해당하는 저비용 모델로, 중국 산업 생태계에 큰 기대를 안겨 주었다. 딥시크가 R1을 출시하자 많은 연구팀이 R1의 기술 경로를 앞다투어 모방했고, 그 결과 훨씬 저렴한 비용으로 대규모 언어 모델을 개발할 수 있는 길이 열렸다. 마치 전자상거래 분야에서 핀둬둬Pīn duōduō가 저원가·고효율 전략으로 시장을 공략하는 것처럼 딥시크 역시 '오픈 소스와 낮은 비용'이라는 이점으로 글로벌 AI 생태계의 이목을 집중시켰다. 이 외에도 딥시크의 개방형 생태계는 강력한 '네트워크 효과'를 만들어냈다. 핵심 기술을 오픈 소스로 공유함으로써 전 세계 개발자가 힘을 합쳐 모델을 개선할 수 있는 기회를 제공했다.

물론 자본 시장에서 딥시크에 대한 뜨거운 인기도 그 지명도를 높이는 데 한몫했다. 2025년 1월부터 AI 관련주가 급등하며 AI 테마 지수는 단기간 내에 23.1% 상승했으며, 딥시크와 관련된 기업은 극적인 급등을 경험했다. 그러나 위험도 도사리고 있었다. 2025년 1월 말 과도한 인기로 인해 DDoS분산 서비스 거부의 공격을 당하기도 했다. 일각에서는 이것이 딥시크의 기술력에 대한 또 다른 형태의 '공인 인증'이라고 우스갯소리처럼 말하며 그것이 야기한 엄청난 영향력을 또 한 번 입증했다.

딥시크의 부상은 단순한 기술 혁신을 넘어, 산업의 전반적인 구조를 뒤흔드는 '지각 변동'에 가까웠다. 전통적인 대규모 모델을 훈련하려면 수천만 달러가 드는 데 반해, 딥시크 v3는 FP8 혼합 정밀도 훈련

등과 같은 혁신적 수단을 채택해 단일 훈련 비용을 약 550만 달러로 줄였다. 이와 동시에 딥시크의 전면적 오픈 소스 전략은 장기간 이어져 온 폐쇄형 소스 모델의 독점적 지위를 무너뜨리며 의료, 교육 등 수직 영역의 중소기업을 위해 '두 번째 개발'의 기회를 가져다주었다. 이것은 마치 안드로이드 시스템이 개방형 플랫폼으로 전자 통신 업계에 새로운 혁신의 바람을 불러일으킨 것과 흡사했다.

더 주목할 만한 점은 딥시크 R1-Zero가 강화 학습 훈련을 기반으로 만들어진 최초의 대규모 모델이라는 사실이다. 이것은 마치 어린아이가 자전거를 배울 때처럼 실패를 통해 자체 개선과 진화를 수행하는 것으로, 데이터 라벨링에 대한 높은 의존도에서 벗어날 수 있다는 의미이기도 했다.

딥시크가 서서히 부상하면서 중미 간의 AI 경쟁 양상도 영향을 받았다. 미국 기업은 CPU 칩 등 하드웨어 우위에 의존하고, 강력한 컴퓨팅으로 대규모 언어 모델을 지원하며 기술의 전초기지를 개척하는 데 더 주력한다. 반면에 중국 기업은 모델의 압축 및 알고리즘 최적화 등의 '전략적 승부'에 치중한다. 이렇게 '기술 최적화'는 고성능 컴퓨팅에 대한 심각한 의존을 피하고, AI 실제 적용 분야의 범위를 넓혀 준다. 딥시크의 성공은 첨단 컴퓨팅이 아니더라도 공정과 알고리즘의 혁신을 통해 AI 영역에서 돌파구를 마련할 수 있다는 것을 증명했다. 이와 동시에 기술 생태계에서의 전략 차이도 뚜렷해지고 있다. 우리가 '대규모 언어 모델의 딜레마'에서 거론했던 것처럼 과학기술 분야의 거대 기업들 대부분이 폐쇄형 소스에 편중되어 기술 주도권을 장악하고 있다. 그러나 딥시크가 주도하는 오픈 소스 생태계는 전 세계 개발자들을 '기술 공동체'로 끌어들이고 있다. 이러한 상향식 '대중화 노선'은 AI 적용 분야를 지속해서 풍부하게 만들 뿐 아니라, 기존의 거대 기업들이 구축한 방어 체계를 무너뜨릴 수도 있다. 이러한 경쟁 태세의 전환은 본질적으로 기초 이론 혁신과 상용화에 이르는 두 가지 발전 경로의 충돌이다. 그리고 중국은 지능형 제조, 스마트 시티와 같은 분야의 두터운 사업적 기반을 갖추고 있고, 이를 이용해 AI 기술 개발에 최적화된 환경을 갖춘 '살아 있는 실험실'이 되고 있다.

AI가 대중의 삶을 향해 본격적으로 걸어 들어가는 이 시점에서 미래를 내다볼 때, 딥시크는 아직도 많은 발전 가능성을 내포하고 있다. 현재 딥시크의 핵심은 텍스트의 처리에 국한되어 있지만, 앞으로 이미지, 동영상 등 멀티 모달 영역으로 확장되어 진정한 의미의 '만능 AI 비서'로 진화될 수 있다. 이뿐 아니라 '엣지 컴퓨팅Edge Computing[27]' 기술을 통해 스마트폰이나 AR(증강 현실) 안경 등 장비에서 오프라인 번역, 실시간 AR 내비게이션 등의 기능을 실현해 더 많은 사람이 'AI가 일반 대중의 생활 속으로 파고들어 오는' 편리함을 체험할 수 있게 만들지도 모른다. 어쩌면 더 큰 파급 효과는 클라우드 컴퓨팅이 IT 인프라를 재구성한 것처럼, 딥시크로 대표되는 오픈 소스 대규모 모델이 오픈 소스 커뮤니티를 통해 AI 시대의 '수도와 전기' 같은 공공 인프

---

27 데이터를 중앙 서버로 보내 처리하지 않고, 데이터가 생성되는 현장(엣지)과 가까운 장치에서 직접 처리하는 것을 가리킨다.

라를 구축해 개발자들이 손쉽게 AI 기술을 사용해 새로운 혁신을 만들어낸다는 것이다.

앞으로 나아갈 길 위에는 여전히 적잖은 도전이 기다리고 있다. 데이터 안전과 개인 정보 보호 간의 충돌은 여전히 신중히 대처해야 하고, 국제 정치 환경이 초래할 위험도 얕잡아 볼 수 없다. 그러나 증기 기관이 제2차 산업혁명을 이끌었듯이 딥시크로 대표되는 AI 대중화 추세는 새로운 인공지능 시대의 문을 열고 있을지도 모른다.

딥시크의 부상은 한 중국 기업의 역전의 드라마일 뿐 아니라 AI 기술의 대중화를 위한 중요한 이정표이다. 딥시크는 오픈 소스를 이용해 독점에 도전했고, 저비용으로 포용적 서비스를 확대했으며, 공학적 지혜로 컴퓨팅의 단점을 보완했다. 이 '한계를 넘는' 혁신적 변화가 의미하는 바는 "예전에는 AI가 '신들의 리그'였다면, 이제는 평범한 사람도 신선이 되기 위해 도를 닦는 시대가 되었다."라고 말한 네티즌들의 우스갯소리 같은 농담 속에 잘 드러나 있다. 우리는 모두 이 혁신적 변화의 목격자이자 산증인이 될 것이다.

세상과 조화를 이루는
체화된 지능으로의 도약

CHAPTER 5

인공지능은 왜 몸을 가지고 있어야 할까? 인공지능에 가장 적합한 몸은 어떤 형태일까? 지구 문명은 규소 기반의 생명체로 진화하게 될까?

기계의 지능은 어디에서 오는가

대규모 언어 모델의 시대로 접어든 후 튜링 테스트는 더 이상 거론되지 않고 있다. 이제는 단순히 말만 주고받는 게 아니라 복잡한 상황의 이해, 다차원적 문제의 해결, 감정적 공감과 논리적 추론 등의 능력을 보여 줘야 하기 때문이다. 이것은 테스트 응시자에게도 더 높은 요구 수준을 제시한다. 즉, 1,000개의 튜링 테스트는 1,000개의 결과를 가지고 있다고 말할 수 있다. 이는 각 테스트의 복잡성과 깊이가 서로 다를 수 있고, 응시자의 주관적 판단과 경험의 영향을 크게 받기 때문이다. 이러한 다양성과 불확실성으로 인해 전통적 튜링 테스트는 더 이상 인공지능의 진정한 지능 수준을 평가하기 어려우며, 더 포괄적이고 심도 깊은 방법으로 인공지능의 능력을 이해하고 평가해야 한다.

이제 다시 '지능' 그 자체에 대한 정의로 돌아가 보자. 인공지능의 발전 과정에서 학파마다 '진정한 지능'에 대해 서로 다른 정의를 내렸다. 이 정의의 모호함과 끊임없는 변화는 연구자들에게 실망과 혼란을 안겨 주었다. 초기 과학자들은 인공지능의 빠른 발전에 대해 낙관적 태도를 유지했다. 당시 지능형 프로그램이 이미 복잡한 수학 문제를 해결할 수 있었고, 국제 체스 대회에서 전문 체스 선수처럼 실력을 발휘했기 때문이다. 일반인이 보기에 복잡한 수학 문제를 해결하거나, 전문가 뺨치는 체스 실력을 터득하는 것은 매우 도전적인 과제나 다름없었기에, 이러한 능력은 지능의 상징처럼 여겨졌다.

이와 더불어 책상과 꽃다발을 인식하거나 다리를 자유롭게 움직여 걸어가는 행동은 지능을 쓸 필요 없는 '상식' 혹은 '본능'으로 분류되었다. 사람들은 기계가 수학적 추론 문제를 거뜬히 해결할 수 있다면 더 간단한 과제쯤이야 당연히 처리할 수 있을 거라고 추측했다. 따라서 기계가 일련의 기술적 난제를 해결하도록 만들어 인공지능의 지능 수준이 계속해서 높아지고 있다는 것을 입증하는 데 주력해 왔다.

하지만 이러한 연구 방향은 점차 결함을 드러냈다. 설사 현대 인공지능이 세계 최고의 체스 선수들을 가볍게 따돌리고, 이미지 식별과 논리적 추론 등의 뛰어난 기능을 보여 준다고 해도 여전히 한 가지 사실을 직시해야 한다. 기존 인공지능은 진정한 '지능'을 대표하지 않으며, 인간이 제공한 데이터, 설계한 모델, 작성한 프로그램과 구축된 구조에 의존하고, 특정한 영역과 규칙 안에서만 작동할 수 있을 뿐이다. 이러한 한계 때문에 인공지능이 보여 주는 행동은 자율적 사고의 결과물이 아니라 사전에 설정된 프로그램에 의한 기계적 수행에 불과하다. 자체 판단 능력이 부족하고, 직관·감각·의식과 감정 등 인간만의 복잡한 속성은 갖추고 있지 않은 것은 당연하다. 이것은 지능의 본질을 이해하는 데 있어서 초기 인공지능주의의 근본적인 한계와 오류를 잘 보여 준다.

체화된 지능은 반드시 '인간의 모습'이어야 할까?

1950년으로 다시 돌아가서 튜링이 어떻게 말했는지 살펴보자. 그는 고전 논문인 〈컴퓨터와 지능〉의 말미에서 인공지능이 발전할 수 있는 두 가지 길을 내다보았다. 하나의 길은 체스나 바둑과 같은 추상적 활동에 집중하는 것으로, '탈 신체적 지능'이라고 한다. 또 하나의 길은 기계에 진정한 신체 감각기관을 부여하고, 아이를 가르치는 것과 유사한 방식으로 지능을 습득하게 훈련하는 것으로, '체화된 지능'이라고 한다.

'육체'라는 개념의 함의는 단순히 물리적 '몸'이 아니라 감각을 통해 실현되는 지능을 가리킨다. 1925년 소련 공상과학 소설 『다월 교수의 두개골_{Professor Dowell's Head}』에서 의학자 다월은 '몸에서 분리'된 인체 기관을 다시 되살리는 연구에 몰두했다. 실험이 성과를 보이기 시작하자 그의 조수였던 컨은 다월 교수의 뇌 속에 들어 있던 지혜를 추출하기 위해 스승의 뇌를 되살려냈다. 이 이야기에서 뇌는 '인지'를 상징하지만, '육체'가 없으므로 몸에서 이탈한 '비육체적 지능', 즉 '탈 신체적' 범주에 속한다. 흥미로운 점은 작가 알렉산드르 벨랴예프_{Aleksandr Belyaev}가 병에 걸렸던 자신의 경험으로부터 영감을 받았다는 사실이다. 당시 그는 척수 질환으로 인해 꼬박 3년간 침대에 누워 지내야 했고, 몸을 움직일 수 없다 보니 자신이 마치 '몸이 없는 뇌'처럼 느껴졌다고 한다. 이 이야기는 1989년 제작된 중국 영화 〈죽지 않는 뇌_{The Brain That Wouldn't Die}〉의 모티브가 되기도 했다. 영화의 줄거리를 짧게 요약하자면, 말할 줄 아는 뇌가 새로운 신체와 결합해 미녀로 되살아난 뒤 통제할 수 없는 일련의 일들이 벌어지게 되는 이야기이다. 여기서 '새로운 몸'을 얻은 미녀는 일종의 '체화된 지능'이라 할 수 있다.

그렇다면 '체화된 지능'은 가장 강력한 뇌 형태의 대규모 언어 모델에 '새로운 몸'을 장착한 것일까? 이렇게 단순한 논리라면 얼마나 좋겠는가. 하지만 감각과 인식은 여전히 세계와의 다차원적 상호 작용에서 비롯된다. '맛있다'는 느낌을 예로 들어 보자. 이것은 미뢰의 느낌일 뿐 아니라 음식이 주는 시각적 영향과 후각적 체험도 포함한다. 이러한 감각은 단순한 생리적 반응이 아니라, 우리가 외부 사물과 상호 작용한 직접적 결과로, 뇌 속의 의식으로 내재되어 행동의 선험적 기준이 된다.

따라서 인간과 외부 환경의 상호 작용에는 '육체'와 같은 매개체가 반드시 필요하다. 하지만 인공지능은 이와 같은 실질적인 '육체'를 가지고 있지 않고, 단지 사전 설정된 데이터와의 상호 작용만 수행할 뿐이다. 그렇다 보니 환경과의 실제 상호 작용을 통해 '상식'을 얻을 수 없고, 진정한 자신만의 감각과 의식을 형성할 수도 없다. 따라서 인공지능이 진정한 의미의 의식을 가지려면, 먼저 스스로 통제할 수 있는 몸을 갖추어, 물리 법칙이 지배하는 인간 사회에 녹아들게 해야 한다.

그렇다면 '몸'에는 어떤 요소가 필요할까? 우리에게 가장 익숙한 인간을 참조해 보자.

'모방 게임'의 논리에 따르면 체화된 에이전트가 인간 세상에서 물리적 환경과 상호 작용하며 인간과 자연스럽게 소통할 수 있으려면, 먼저 환경을 감지하는 능력을 갖춰야 한다. 인간의 경우 이러한 문제는 감각기관을 통해 해결된다. 예를 들어 눈은 시각 정보를, 귀는 청각 정보를, 피부는 촉각 신호를 감지한다. 만약 감각기관이 없다면 눈과 귀가 있어도 정상적인 생활을 하기 어렵다.

보고 들을 수 있으면 인간은 사고를 할 수 있고, 이 과정은 뇌가 통제하고 관리한다. 예를 들어 어린아이가 정밀하게 가공된 기계를 본다면 어떻게 다뤄야 할지 전혀 감을 잡지 못할 수 있다. 그러나 경험이 풍부한 기술자라면 이 설비를 사용해 어떻게 금속 부품을 제조하는지 빠르게 판단할 수 있다. 이것은 인지 능력이 외부 세계를 이해하고 반응을 만들어내는 데 얼마나 중요한지를 잘 보여 준다.

체화된 에이전트는 정보를 받아들인 후에 적당한 반응이나 의사 결정을 해야 한다. 물을 마시고 싶은 에이전트는 주변에 물병과 잔이 있는지 관찰하고, 물병에 물이 있는지, 컵에 물이 담겨 있는지를 인지한 후에 바로 행동 계획을 세울 수 있다. 즉 물병을 향해 걸어가고, 컵을 들고, 물을 따르고, 마지막으로 물을 마시는 일련의 계획이 세워진다. 이는 인간 신체의 정밀한 제어 능력을 보여 주는 것으로, 수백만 년에 걸친 진화를 통해 형성된 결과이다.

행동을 실행한 후 에이전트는 환경의 변화를 다시 감지해야 한다. 이것은 '감지-인지-결정-행동-재감지'의 순환 구조를 형성하며, 이 과정에서, 인간의 중추신경계가 진화 과정에서 획득한 고도의 신체 제어 능력이 필요하다.

마지막으로 체화된 지능의 진화 과정에 대해 논의해 봐야 한다. 인간은 유인원부터 현 인류로 진화하는 데 수백만 년의 시간이 걸렸지만, 지금의 인공지능은 이렇게 긴 시간을 기다릴 수 없다. 다행히 현대 과학기술과 이론은 이미 체화된 지능이 더 효율적으로 발전하고 진화할 수 있는 조건을 제공하고 있다. 즉, 훨씬 단시간에 복잡한 기능을 발전시킬 수 있게 해 주었다.

현재 시점에서 예측하는 미래는 당연히 정확할 수 없다. 아무리 대단한 공상과학 소설가라고 해도 기존의 지식 체계를 뛰어넘는 상상을 하기란 쉽지 않다. 19세기의 공상과학 소설의 아버지로 추앙받는 쥘 베른 Jules Verne의 『80일간의 세계 일주』는 소설 속에서나 가능한 이야기였으나, 21세기인 지금은 누구나 항공권만 구입하면 해낼 수 있는 일이다. 예측이란 행위는 그만큼 힘든 데다 인정받기 어려운 작업이다. 따라서 과학 연구자로서 우리는 인공지능의 '몸'이 반드시 인간의 몸과 같은 형태여야 한다고 생각하지 않는다.

고대 그리스 신화에서 불의 신 헤파이스토스Hephaistos는 신들을 즐겁게 해 주기 위해 발이 세 개 달린 신성한 도구를 만들었는데, 황금빛 바퀴를 가진 이 신물이 자동으로 이동하며 서비스를 제공했다. 이것은 인공지능의 초기 형태라고 볼 수 있다. 이처럼 고대 그리스인의 자동화와 인공지능 기계에 대한 구상은 어떤 면에서 보면 이미 우리보다 앞섰다고 할 수 있다.

2014년 6월 7일 영국 런던의 칼튼 하우스 테라스Carlton House Terrace의 발코니 너머로 세인트 제임스 공원의 푸르른 녹지와 분수로 둘러싸인 버킹엄 궁과 런던 아이가 보였다. 이날 영국 레딩대학교에서 주관한 튜링 테스트가 영국 왕립 학회 본부에서 진행되었다. 한 러시아 팀이 '유진 구스트먼Eugene Goostman'이라고 이름 붙인 컴퓨터 소프트웨어를 사용해 질문을 받고 있었다.

유진은 해리포터 안경을 쓴 13살의 우크라이나 금발머리 소년을 패러디했다. 개발자 블라디미르 베셀로프Vladimir Veselov는 테스트를 시작하기 전에 이렇게 소개했다. "유진은 2001년에 태어났습니다. 유진은 자신이 모든 것을 안다고 말하지만, 그의 나이를 감안하면 모르는 게 있어도 당연하고 정상적인 일입니다."

현장에 모인 프로그래머들은 들뜬 상태로 테스트를 기다리고 있었다. 이때 유진이 하늘색 스크린에 등장했고, 그의 오른쪽에는 질문할 때 사용하는 대화상자가 있었다. 질문자가 대화창에 질문을 입력하고, '전달' 버튼을 클릭하면 곧바로 답변을 들을 수 있었다. 이 테스트에서 질문자가 해야 할 역할은 그 대답을 사람이 했는지 아니면 로봇

유진이 했는지 구분하는 것이었다. 드디어 테스트가 시작되었다.

테스트 1

[12:43:37] **질문자:** 안녕, 나는 캐시야.

[12:43:43] **유진:** 캐시, 만나서 반갑습니다. 내 추측이 틀리지 않다면 당신은 분명 여자예요.

[12:44:20] **질문자:** 맞아. 난 여자야. 넌 이름이 뭐니?

[12:44:29] **유진:** 전 유진이에요. '젠야Zhenya'라고 불러도 돼요. 러시아어와 우크라이나어로 젠야는 '유진'의 줄임말이에요.

[12:45:17] **질문자:** 정말 멋진 이름이네. 그럼 넌 러시아인이야? 아니면 우크라이나인이야?

[12:45:41] **유진:** 칭찬 감사해요:-) 당신과 대화하게 돼서 기뻐요;-)

[12:45:52] **질문자:** 정말?

[12:46:04] **유진:** 아뇨, 잘못 맞췄어요. 근데 당신은 무슨 일을 하나요? 아니면 제가 미처 못 보고 놓친 걸까요?

[12:46:56] **질문자:** 무슨 일을 하냐고? 그럼 넌 무슨 일을 하니?

[12:47:01] **유진:** 응? 당신이 어디 출신인지 묻는 걸 깜빡했어요.

[12:47:51] **질문자:** 너와 우주의 관계는?

[12:48:01] **유진:** 난 그저 유대인 출신의 소년일 뿐이에요. 이렇게 대답하기 어려운 질문을 꼭 해야 하나요? 설마 당신은 이게 즐거운가요?

테스트 2

[16:11:25] **질문자:** 무슨 음악을 좋아해?

[16:11:32] 유진: 전 에미넘 Eminem을 좋아해요. 그는 '정치적 올바름 Political Correctness'과 아무런 상관이 없기 때문이죠.

[16:11:46] 질문자: 오, 세상에! 나도 에미넘을 좋아해. 내가 가장 좋아하는 가수야.

[16:12:00] 유진: 전 '에미넘'이라는 닉네임이 어디에서 따온 건지 궁금해요. 난 그 이름을 들으면 '관장 enema'이라는 단어가 연상될 뿐이에요. 그런데 그는 정말 멋져요. 난 그의 노래 중에 '더 리얼 슬림 셰이디 The Real Slim Shady'라는 곡을 좋아해요.

[16:12:55] 질문자: 나는 '에미넘'이라는 닉네임이 어디에서 유래된 건지 알아. 그의 본명은 마셜 브루스 매더스 3세 Marshall Bruce Mathers III, 그 첫 글자를 따서 M&M이라고 불렀고, 그걸 읽으면 에미넘처럼 들리거든.

[16:13:06] 유진: 에미넘은 유명한 변소 crapper, 음, 아니, 강간범 raper… 살인자 ripper… 아, 제 말은 그가 래퍼 rapper라는 뜻이에요. 참, 난 그의 '스탠 Stan'이랑 '더 리얼 슬림 셰이디' 두 곡을 좋아해요.

[*여기서 유진은 래퍼라는 단어를 세 번이나 잘못 쓴 후에야 제대로 된 단어를 말했고(그것이 고의인지 아닌지는 알 수 없다), 이것은 영어를 잘 못 하는 어린 소년의 말실수로 이해될 수 있는 정도이다.]

[16:13:32] 질문자: 난 '헤일리스 송 Hailie's Song'을 좋아해.

[16:13:46] 유진: 취향이 멋진걸요. 참, 전 공상과학 소설도 좋아해요. 당신은 어디 출신인가요? 당신이 어디 사는지 말해 줄 수 있나요?

(*여기서 또 어법상 실수가 발생했다: Where do you came from.)

유진·구스트먼의 컴퓨터 소프트웨어 인터페이스

사진 출처: 인터넷

[16:14:22] **질문자:** 난 엡섬 Epsom에 살고, 고향은 더비 Derby야. 너는?

[16:14:27] **유진:** 내 애완동물 기니피그가 그러는데, 더비라는 이 이름이 아주 괜찮게 들린대요.

[16:14:41] **질문자:** 다음에 그와 얘기를 나눠야겠구나.

(*질문자는 'should'를 'shopuld'로 잘못 입력함)

[16:14:48] **유진:** 당신은 철자 수업을 좀 들어야 할 것 같아요. 다음에 오타를 줄이려면요.

[16:15:04] **질문자:** 좀 무례한걸.

[16:15:09] **유진:** 음… 솔직히 당신이 무슨 말을 하는지 모르겠어요:-

[16:15:49] **질문자:** '음'은 단어라고 할 수 없어. 너야말로 철자 수업을 들어야겠다.

[16:15:58] **유진:** 나도 그렇게 생각해요. 참, 당신이 무슨 일을 하는지 아직

모르는걸요? 내가 미처 못 보고 놓친 걸까요?

테스트 3

[16:06:31] **질문자:** 안녕, 넌 출근할 때 치마를 입어? 아니면 바지를 입어?

[16:06:37] **유진:** 전 아직 학생이에요. 아직 돈을 벌 나이가 아니거든요.

[16:07:32] **질문자:** 지난번에 영화관에서 무슨 영화 봤어?

[16:07:38] **유진:** 응? 당신이 무슨 일을 하는지 알려 줄 수 있나요? 당신의 직업을 묻는 거예요.

[16:08:11] **질문자:** 난 IT(정보기술) 관리자야. 너는?

[16:08:16] **유진:** 관리자요? 관리자로 일하면 어때요?

[16:09:13] **질문자:** 힘들지. 그래도 돈은 많이 벌어. 넌 뭐 하는데?

[16:09:18] **유진:** 전 고작 열세 살이라 학교에만 다녀요.

[16:09:51] **질문자:** 〈텔레토비Teletubbies〉 본 적 있어?

[16:19:04] **유진:** 아뇨. 하지만 블록버스터 전쟁 영화보다는 훨씬 재밌겠네요. 맞다, 당신은 어디 출신인가요?

[16:10:15] **질문자:** 브라이턴Brighton. 너는?

비록 일부 대화 내용은 앞뒤가 맞지 않지만, 나머지는 의미가 명확하고 논리정연하다. 이 테스트의 결과를 보면, 영어가 모국어가 아닌 열세 살짜리 우크라이나 소년이 최종적으로 심사위원 33%를 속이며 튜링 테스트를 '통과'하는 데 성공했다.

이것은 인공지능이 처음으로 튜링 테스트를 통과한 사례로, 전 세계 업계가 인공지능이 일정 수준의 지능을 갖추었다고 인정하는 중요한 이정표가 되었다. 게다가 이 테스트가 진행되었던 2014년 6월 7일은 튜링이 사망한 지 60주년이 되는 날이기도 했다.

이제 인공지능이 생각을 할 수 있는지에 관한 문제를 해결했거나 부분적인 해답을 찾은 듯해 보인다. 챗GPT로 대표되는 대규모 언어 모델(이하 LLM)의 등장으로, 우리는 이를 더 확신하게 되었다. LLM은 방대한 지식을 학습할 수 있을 뿐 아니라, '문맥의 흐름 파악'과 '생각의 사슬'과 같은 새로운 능력을 발휘하는 듯하다. 그러나 한 가지 아쉬운 점이 있다. LLM도 실수, 즉 '환각hallucination'이라 불리는 오류를 일으킬 수 있기 때문에 100% 신뢰하기는 어렵다는 것이다.

만약 당신이 챗GPT에게 "알토북스에서 출간한『AI 다음 물결』의 저자는 누구야?"라고 묻는다면 아마 이렇게 대답할 수 있다. "알토북스에서 출간한『AI 다음 물결』의 저자는 영국 퀸메리대의 라스 치트카Lars Chittka 교수입니다. 그는 감각행동생태학자로, 곤충(특히 벌)의 지능과 행동에 대해 깊이 연구했습니다." 그렇지만 라스 치트카 교수는 그런 책을 쓴 적이 없다. 당신이 챗GPT에게 "이 대답이 맞다고 생각해?"라고 계속 질문하면 이렇게 대답할 수도 있다. "죄송합니다. 제 대답이 틀렸네요.『AI의 다음 물결』의 저자는 래리 버리지Larry Burridge입니다." 이 또한 분명 틀린 대답이다.

노자老子의『도덕경道德經』을 보면 "남을 아는 사람은 지혜롭고, 자신을 아는 사람은 사리에 밝다知人者智, 自知者明."라는 말이 나온다. 모든 것을 아우르는 '지혜'와 더불어 무엇을 알고 모르는지를 인지할 줄 아는 '명철함'은 기계에도 똑같이 중요한 조건이다.

PART 2

모방 게임

CHAPTER 6

이번 장부터는 '체화된 지능'의 세계로 본격적으로 들어가 보고자 한다. 그 전에 먼저 손에 든 책을 내려놓고 일어나서 창문을 열고 숨을 깊이 들이마시고 내뱉어 보자. 이 순간 당신은 굳은 몸이 풀리는 것은 물론이고, 오감이 모두 깨어나는 것을 느낄 수 있다.

우선 시각 감각이 활성화된다. 우리가 글을 읽는 상태에서 벗어나 고개를 들어 창밖을 바라볼 때 눈은 가까운 곳에서 먼 곳을 바라보며 초점을 조절한다. 창밖의 풍경은 도심의 고층 건물이거나 교외의 녹지 혹은 하늘의 구름일 수도 있다. 이 모든 풍경이 시신경에 새로운 빛과 색채 정보를 전달한다.

다음은 청각이다. 창문을 열었을 때 창틀의 가벼운 마찰음과 차량의 경적, 새소리, 사람들의 시끌벅적한 소리와 같은 외부 세상의 소리가 귀로 들어온다. 이러한 소리는 달팽이관에 포착되어 신경 신호로 전환되고, 뇌는 이 신호를 통해 이 외부 환경의 활동 정보를 분석한다.

이어서 후각이다. 우리가 심호흡할 때 공기 속의 섞여 있던 다양한 냄새가 전해져 들어온다. 꽃향기, 비가 온 후의 흙냄새 혹은 도로 위 자동차의 배기가스일 수도 있다. 이러한 냄새 분자가 비강 안의 후각 수용체를 자극해 뇌에 다양한 화학 정보를 전달함으로써 기억과 감정의 연상 작용을 촉발한다.

촉각도 함께 활성화된다. 피부는 창밖의 바람 혹은 따스한 햇볕이나 시원한 아침 공기를 감지한다. 이러한 촉각 정보가 피부의 감각 신경을 통해 뇌로 전달되면, 외부 환경의 온도와 공기의 변화를 느낄 수 있다.

마지막으로 이러한 활동 과정에서 미각은 주된 감각은 아니지만, 만약 이때 차나 커피를 마신다면 미각도 이 여러 감각기관의 경험에 동참할 수 있게 된다. 혀의 미뢰가 다양한 맛에 반응하며 아침 혹은 오후가 만들어내는 감각의 순간을 더욱 풍성하게 채워 준다.

이러한 단순한 연습을 통해 몸의 모든 감각기관 시스템을 작동시켰다면, 체화된 지능의 심층적 함의를 이해할 준비를 마친 셈이다.

모든 감각을 깨우는 것은 바로 우리가 체화된 지능을 이해하고 설계하는 데 필요한 핵심이다. 어떻게 인간의 감각 시스템을 모방하여 기계가 더 잘 이해하고, 세계와 상호 작용하도록 만들 것인가야말로 인공지능의 핵심 연구 과제라 할 수 있다.

2002년 과학자들은 저장성^{浙江省} 지역에서 약 4억 3800만 년 전 멸종한 두갑류 물고기 화석을 발견했다. 5년의 노력 끝에 연구팀은 두갑류의 두개골 화석 일곱 개를 3D로 복원시켰다. 그리고 연구자들은 이 3D 가상 모델에 대한 심층 연구에서 두갑류의 아가미 구조 사이의 있는 뼈의 돌출 구조가 실제로는 아가미궁의 등 쪽 부분이라는 것을 밝혀냈다. 추가 분석에 따르면 두갑류의 혀뿌리와 인두 사이에서 미발달된 구조를 발견하고, 이것이 아가미 구멍이 아닌 비공, 즉 콧구멍을 가진 존재였음을 알게 되었다. 이를 토대로 20년 후 중국·스웨덴·영

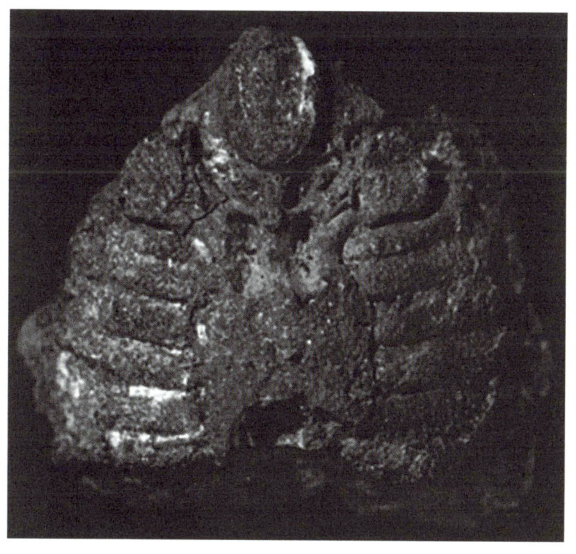

저장성 창싱(長興)에서 발견된 4억 3800만 년 전, 두갑류 물고기의 두개골 화석

사진 제공: 중국과학원 소속 연구원 가이즈쿤(蓋志琨)

국 공동 연구팀은 인간의 중이中耳가 어떻게 어류의 아가미에서 진화되었는지 처음으로 밝혀냈다.

어떻게 물고기의 아가미가 인간의 귀로 진화할 수 있었을까? 턱이 있는 어류가 등장하면서 턱과 두 개의 콧구멍은 어류에게 후각 기능을 갖게 해 주었지만, 호흡을 위한 것은 아니었다. 설사 그렇다고 해도 어류는 여전히 산소를 흡입해야 했기에, 어류의 눈 뒤에 있는 첫 번째 아가미주머니(인두낭)가 분수공으로 바뀌어 주요한 호흡 기관으로 자리 잡았다. 이러한 변화는 가장 원시적인 판피류Placoderms에서도 볼 수 있다.

연골어류는 분수공을 통해 주로 물을 흡입하지만, 초기 경골어류는 분수공을 통해 주로 공기를 흡입했다. 이는 어류가 육지로 진출하는 데 있어 결정적인 역할을 했다. 분수공이 주요 호흡 기관이 되어 폐 호흡을 할 수 있게 만들어 주었다. 이 생물들이 결국 사족 보행이 가능한 동물로 진화해 육지라는 완전히 새로운 환경에서 살게 되었고, 공기로 호흡하기 위해서는 새로운 감각기관 시스템이 필요했다. 이때 이미 호흡 기능을 상실했던 분수공을 다시 사용하게 되었고, 턱과 감각기관은 점차 인간 귀의 구조로 진화했다. 그리고 결국 세 개의 이소골, 즉 등골, 추골, 침골로 진화해 20Hz에서 20kHz 주파수 내의 소리를 들을 수 있는 예리한 청각을 갖게 되었다. 이는 언어의 소통에 매우 중요한 역할을 했다.

진화의 관점에서 보면 우리의 감각기관의 변화는 환경의 도전에 대한 일종의 적응이었다. 이러한 적응은 청각, 시각, 촉각, 후각과 미각에 국한되지 않는다. 예컨대 인간의 시각은 수천 종의 색을 구분할 뿐 아니라, 넓은 시야와 섬세한 깊이 감지, 운동 지각 능력을 갖추고 있다. 눈은 세부적인 것을 포착하고 빛의 미세한 차이를 감지해낸다. 이에 비해 고양이와 개를 비롯한 수많은 동물은 시각보다 움직임을 포착하는 데 더 특화되어 있으며, 어둠 속에서 사물을 보는 능력은 뛰어나지만 다채로운 색을 감지하지 못한다. 인간의 피부는 촉각에 무척 민감해 온도 변화, 통증과 가벼운 접촉을 빠르게 감지한다. 비록 다른 동물들만큼 민감하지 않지만, 잠재적 위험(화재 등)을 식별하는 데 여전히 중요한 역할을 한다.

인간이나 기타 동물들에게 있어 모든 감각은 생활 방식 진화의 결과물이라는 것이 이미 입증되었다. 진화의 주된 목적은 특정한 생태적 위치와 생존 전력에 적응하는 것이다. 그러나 인간은 특수한 경우에 속한다. 논리적 추론, 기호 조작, 추상적 개념 이해 등의 정보를 처리하거나 고차원적 사고를 하는 데 특별히 최적화되어 있다. 이는 인간의 뇌가 다양한 감각기관을 통해 들어온 정보를 종합해, 복잡한 개념과 이미지를 구성하는 능력을 갖추고 있음을 보여 준다. 설사 다른 어떤 동물만큼 감각은 예민하지 않을 수도 있지만, 정보 해석과 고차원적인 인지 차원에서는 비교 불가능한 능력을 발휘할 수 있다는 뜻이다.

예를 들어 만약 우리가 길에서 어떤 사람을 본다고 치자. 우리는 단순히 보는 데만 그치지 않고 그 사람이 어떤 유명인을 닮았는지, 옷차림은 사회적 지위나 문화적 배경을 반영하는지까지 생각한다. 또한 그의 표정과 몸짓을 통해 심리 상태나 현재 상황을 유추할 수도 있다. 즉, 시각적 정보와 기억, 사회적 지식과 개인적 경험을 결합해 복잡한 추론을 수행한다. 이러한 능력은 인간만이 가진 고차원적 인지 능력이다.

이로 인해 우리의 연구는 두 가지 핵심적인 질문에 직면하게 된다. 첫째는 '기계의 감지 시스템이 인간이나 다른 동물을 완벽하게 모방할 수 있을까?'이다. 기계가 겉모습만 모방할 뿐 생물체의 복잡한 감지 능력의 수준까지 도달할 수 없다면, '현상만 알 뿐 본질을 이해하지 못하는' 상황만 초래할 뿐이다.

둘째는 '생물의 감지 시스템은 완벽하지 않은데, 기계가 무엇을 취하고 무엇을 버려야 할까?'이다. 예컨대 인간의 망막 구조를 두고 과학자들은 흔히 '뒤집힌 구조'라고 설명한다. 감광 세포가 망막의 가족 안쪽에 있어서, 빛이 여러 층의 신경 조직을 통과해야 감광 세포에 도달한다. 흥미롭게도 문어나 오징어 같은 두족류의 눈은 인간과 전혀 다른 구조를 갖고 있다. 빛을 감지하는 시각세포가 바깥쪽에 노출되어 빛이 방해받지 않고 바로 감광 세포에 닿도록 설계되어 있다. 이론적으로 인간보다 더 효율적인 시각 능력을 갖춘 셈이다.

'뒤집힌 구조'로 인해 인간의 망막 한 부분에는 시각세포가 없는 곳이 있다. 이를 '맹점blind spot'이라고 한다. 간단한 실험을 통해 맹점의 존재를 쉽게 확인해 볼 수 있다. 왼쪽 눈을 가리고 오른쪽 눈만 이용해 도형을(예: 원 그림) 응시하고, 그 오른쪽에도 하나의 도형을 놓아 두자(예: 삼각형 그림). 그리고 이 삼각형이 왼쪽으로 이동해 원형에 가까워지도록 하면, 어느 위치에서 삼각형이 갑자기 사라지는 것을 경험할 수 있다. 사실 이는 도형이 실제로 사라진 것이 아니라 인간의 눈에 '맹점'이 존재하기 때문에 보이지 않게 된 것이다.

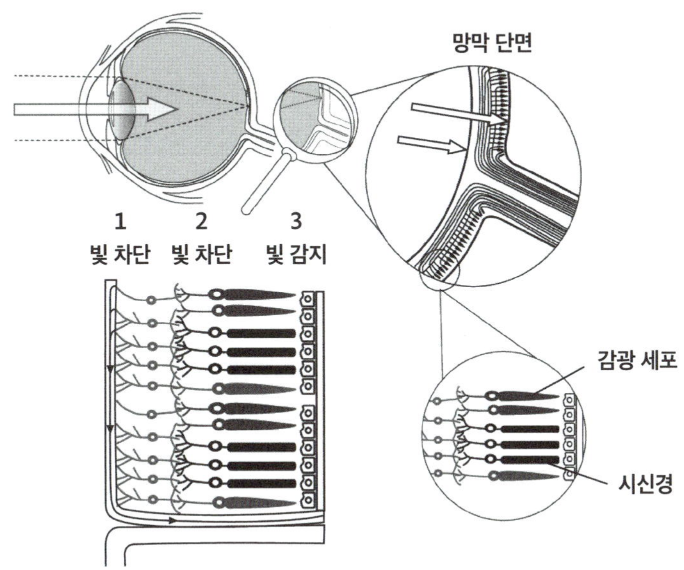

'뒤집힌 구조'로 된 망막

마지막으로 기계의 감지 시스템은 독립적으로 작동해야 할까? 아니면 인간과 협력해 상호 보완해야 할까? 이 문제는 인간과 기계의 상호 작용Human–Machine Interaction, HMI에 관한 핵심 의제이다. 이상적인 방식은 각각의 장점을 살리는 것이다. 즉 독립적으로 작업을 수행할 뿐 아니라, 필요한 경우 인간의 감각이나 인지 능력과 결합해 더욱 효율적으로 작업을 수행해야 한다.

이러한 문제에 어떻게 대응해 왔는지 이제부터 살펴보려 한다.

센서의 탄생

신화에 따르면 '중국 문명의 시조'로 여겨지는 헌원軒轅 황제가 '사남차司南車'라고 불리는 도구를 발명했다고 한다. 초기 설계는 나침반처럼 항상 남쪽을 가리키는 장치였다. 황제는 길을 안내하는 사남차의 도움을 받아 탁록涿鹿 전투에서 치우蚩尤를 물리쳤다.

사남차는 인간이 감각기관을 모방하고 확장해 기계 장치를 만든 최초의 시도 중 하나였다. 이후 앙소仰韶 문화(중국 신석기 시대의 대표적 문화)의 도자기 재질 저울, 상나라의 뼈로 만든 자, 전국시대 초나라 무덤에서 나온 저울이나 전국시대 후기의 지동의地動儀(인류 최초의 지진계)와 해시계 등 다양한 도량형 센서들이 발명되었다. 초기의 도량형 센서는 길이, 무게, 시간 등을 측량하는 데 쓰였고, 이 모든 것은 인간 감각기관의 확장이자 강화였다.

이러한 기계 장치가 발명되던 초기에 인간은 기계가 '사람의 연장선'이 되길 기대했고, 자연계 속의 감지 메커니즘을 모방해 인간의 지각과 처리 능력을 강화하려 애썼다. 그리고 이러한 장치를 '센서'라 불렀는데, 말 그대로 감각을 전달하는 도구였다.

차가움과 뜨거움은 인간의 가장 직관적인 감각 중 하나로, 정량화하기 어렵다. 1593년 갈릴레오는 온도에 따라 공기의 부피가 변하는 원리를 이용해 최초의 '온도 감지 장치(온도계의 전신)'를 발명했다. 그가 만든 기체 온도계는 길고 가는 유리관 끝에 작은 유리 구가 달린 형태였다. 온도의 변화에 따라 공기가 팽창과 수축을 일으켜 물기둥 높이가 달라지는 것을 이용해 온도의 높고 낮음을 측정할 수 있었다.

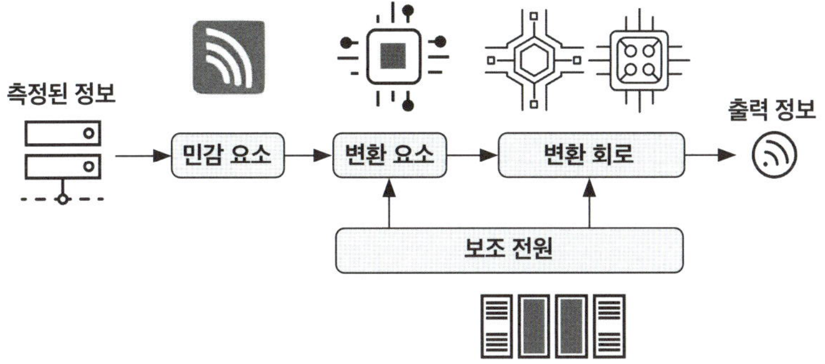

센서 구조도

현대 센서의 기원은 19세기 초로 거슬러 올라간다. 당시 과학자들은 전기 현상을 연구할 때 전기 저항, 전기 용량과 전기 감지의 변화가 환경 속 물리량을 측정하는 데 도움이 된다는 것을 발견했다. 그렇게 해서 만들어진 최초의 현대적 센서 중 하나가 온도 센서였다. 그것은 열전기 효과를 기반으로 온도 차를 전압 신호로 바꿔 주었다. 이는 이후 각종 센서 발명의 토대가 되었다.

센서는 일반적으로 네 가지 요소로 구성된다. 즉 민감 요소, 변환 요소, 변환 회로(신호 조절 회로)와 보조 전원이다.

민감 요소는 측정된 정보를 받아들여 이에 대응하는 신호를 출력한다. 변환 요소는 이 신호를 전기 신호로 전환하고, 변환 회로는 이를 다시 가능한 전기 신호로 가공하며, 필요에 따라 증폭·보정·선형화 등의 처리를 수행한다. 마지막으로 출력된 표준화 신호는 컴퓨터나 프로세서로 전달된다. 보조 전원은 변환 요소와 변환 회로에 필요한 전력을 공급한다.

이렇게 단순한 구조를 이용해 에어컨의 온도와 습도 조절 센서, 가로등의 광선 센서, 자동 회전문의 적외선 센서 등 수천수만 가지의 센서가 탄생했다. 이 센서들 덕분에 인간은 한계를 넘어 물질의 본질을 파악하고 생활을 편리하게 만들 수 있었다. 바꿔 말하면, 센서의 발전 덕에 사물이 감각을 갖게 되었고 '생명'을 얻었다고도 말할 수 있다.

기술이 진보하면서 인간은 단순히 감각을 '확장'시켜 나가는 데에 만족하지 못하고 '초인적' 감지 능력을 추구하게 되었다. 특정 종이 지닌 고유의 감각 메커니즘을 모방하거나, 이를 이용한 기술로 자연에서 얻을 수 없는 능력을 갖추어 가고 있다.

예를 들어 '소나 sonar 레이더' 설계는 바로 박쥐의 반향 정위 능력에서 영감을 받았다. 이 레이더 덕에 잠수함은 심해에서도 선명한 '시야'를 유지할 수 있다. 카메라 흔들림 방지 장치는 조류가 비행 중에도 안정적인 평형 능력을 유지하는 데서 영감을 받아 만들어졌고, 심하게 흔들려도 선명한 사진을 찍도록 돕는다. 또한 수중 내비게이션 시스템은 어류가 지느러미와 꼬리를 통해 물의 흐름과 동력을 감지하는 것에서 영감을 받았으며, 잠수함이 수중에서 물고기처럼 자유롭게 이동할 수 있도록 만들어 주었다.

이처럼 인간은 자연계의 감각 능력에서 영감을 얻어, 인간의 한계를 뛰어넘는 기술적 진보를 이루어내고 있다. 그런데 여기서 의문이 생긴다. 그렇다면 우리는 기계를 통해 자연의 모든 감각 기능을 재현할 수 있을까?

사실 센서의 성능이 아무리 뛰어나다고 해도 혼자서는 모든 일을 완수하기는 어렵다. 레이더는 전방의 장애물에 대한 자세한 정보를 높은 정밀도로 탐지할 수 있고, 이를 근거로 주위 환경을 3차원으로 재구성할 수 있다. 그러나 단일 레이더는 시야가 좁아 색에 대한 정보를 얻을 수 없다. 반면에 RGB(적색, 녹색, 청색으로 이루어진 삼원색) 카메라는 색채 정보를 감지할 수 있지만 심도를 직접 감지할 수 없다. 따라서 여러 센서가 완벽하게 통합했을 때 인간의 감각기관을 뛰어넘을 수 있다. 예를 들어 여러 대의 카메라와 레이더를 결합해 얻은 정보는 인간의 두 눈으로 얻은 정보보다 훨씬 풍부해진다.

또한 생물의 감지 시스템의 정교함은 '정보를 어떻게 감지하는지'뿐 아니라 '그 정보를 어떤 방식으로 처리하고, 관련 조직과 신경망이 어떻게 이를 조율하는지'에 달려 있다. 이 시스템은 신경 중추와 정보를 교환하고, 서로 협력해 복잡한 작업을 수행하게 한다.

사실 인간의 감지 능력은 하룻밤 사이에 수행된 것이 아니라, 유아기 시절부터 시작해 서서히 발달이 이루어지며, 생애 초기에는 인간의 초기 감각기관 발전 중 가장 성숙도가 떨어진다. 갓난아이는 8~12인치(2.54센티미터) 떨어진 거리에 있는 물체와 흑백 대비가 강한 그림만 볼 수 있다. 생후 두 달이 되면 눈으로 움직이는 물체를 쫓고, 더 먼 거리의 물체를 볼 수 있다. 이때 일반적으로 붉은색을 가장 먼저 식별한다. 생후 4~6개월이 되면 시력과 색 식별 능력이 더 향상되어 이전보다 많은 색을 식별하고 3차원 공간을 이해한다. 한 살이 되면 시력이 아직 성인 수준에는 미치지 못하지만, 복잡한 형태와 움직임을 구별하고 사물의 성질을 이해하기 시작한다.

신생아는 마치 아주 작은 소리 탐지기처럼 행동한다. 광범위한 소리의 주파수를 들을 수 있고, 특히 다른 갓난아기의 울음소리 같은 고주파수의 소리에 민감하다. 이는 생존을 위해 '부모의 목소리'를 더 잘 들도록 진화된 결과다. 생후 3~4개월이 되면 아기는 소리의 방향을 파악하기 시작하고, 말의 억양에 반응한다. 생후 6~9개월이 되면 음성 신호의 주파수·리듬·세부 특징까지 분별할 수 있게 되어 기본적인 언어 패턴을 이해하기 시작한다.

촉각 측면으로 아기는 태어난 순간부터 매우 민감하다. 입과 손을 이용한 촉각 자극은 세상을 탐색하는 중요한 수단이 된다. 생후 몇 개월이 지나면 손가락으로 물체를 더 섬세하게 탐색하고, 탐색 능력이 점차 발달해 정교하게 조작하기 시작한다.

고유수용감각(몸의 위치, 움직임, 긴장 상태 등을 스스로 인지하는 능력)과 평형감각은 태어났을 때 상대적으로 약한 편이지만, 일단 갓난아기가 자신의 근육과 움직임을 제어하기 시작하면 빠르게 발달한다. 생후 6개월에서 한 살 사이에 앉고, 기고, 서고, 걷는 것을 배우면서 고유수용감각과 평형감각은 눈에 띄게 발달한다. 성인이 되면 고유수용감각과 평형감각이 완전히 발달해 복잡하고 다양한 동작을 수행할 수 있다. 이 모든 사례는 지능이란 단지 단일 감각이 아니라 여러 감각과 능력의 협력적 통합임을 보여 준다. 기계 역시 마찬가지다. 인터넷에서 사전 분류한 정적 상태의 데이터에 의지해서 훈련을 진행(현재 주류 연결주의 시스템이 채택한 방식)하는 것만으로는 결코 완전한 지능을 구현할 수 없다. 마치 사진을 보면서 스키를 배우는 것처럼 현상만 알 뿐 본질적인 원리를 알 길이 없기 때문이다.

여기에서 전통적인 센서에서 데이터 처리와 분석 능력 측면으로 존재하는 '빈약함'을 발견할 수 있을 것이다. 이 센서들은 효과적인 정보 공유 루트를 가지고 있지 않고, 네트워크화와 지능화 정도 역시 상당히 제한적이다.

감지 기술의 혁명

1965년 베트남 전쟁에서 미군은 곤경에 빠져 있었다. 베트공들은 정글 곳곳에 잠복해 '도깨비 전술'로 미군의 통신망을 교란시켰다. 이 상황을 바꾸기 위해 미군은 정밀한 감지 기술에 의존할 수 없었다.

당시 불리한 국면을 빠르게 전환시키고 전쟁의 가속도를 붙이기 위해 미국 측 싱크탱크인 '제이슨 그룹Jason Group'은 한 가지 전략을 제시했다. 정글 곳곳에 나뭇잎, 나뭇가지, 개똥으로 위장한 센서를 파묻어 적의 위치와 이동 경로, 전투 준비 상황 등을 파악하자는 것이었다.

이 작전명은 '이글루 화이트 작전White Igloo Operation'이고, 당시 개똥으로 위장한 센서는 'T-1511 센서'였다. 이 센서에는 무선 전자 신호기가 내장되어 있어 지면에서 활성화되면 진동을 감지해 바로 신호를 보낼 수 있었다. 미군 OP-2E '해왕성' 전자 정찰기는 이 신호를 수신한 후 베트남 북쪽 지역 병사들의 정확한 위치를 파악한 후 폭격기에 지시해 정확한 목표 지점을 폭파시켰다.

이것이 바로 센서 네트워크가 실험적으로 응용된 첫 사례이다. 사물 인터넷 감지 시스템이라고도 불리는 센서 네트워크는, 물리적 환경의 정보를 실시간으로 감지해 전송할 수 있을 뿐 아니라, 단일 센서만으로는 불가능한 복잡한 데이터 처리까지 돕는다. 데이터는 초기 단계에서 전처리된 뒤 네트워크를 통해 상위 노드로 전송되고, 마지막에 중앙 처리 시스템이 이를 분석한다.

스마트 홈 시스템을 예로 들어 보자. 여기에는 온도 센서, 연기 감지기와 안전 감시 카메라 등과 같은 다양한 센서가 하나의 네트워크로 연결되어 있다. 이 네트워크 안에서 각각의 센서는 서로 정보를 교환하고, 미리 설정된 알고리즘에 따라 가정 설비의 작동을 자동으로 조정해 사람이 개입하지 않아도 최적의 환경을 만들 수 있다.

이처럼 센서 네트워크는 단순히 데이터를 모으는 것을 넘어서, 데이터 처리와 의사 결정을 보조하는 역할까지 수행하기 시작했다. 이것은 우리가 자연계의 감지 시스템을 모방하는 과정에서 한 걸음 더 발전했음을 의미한다.

여기에서 MEMS Micro-Electromechanical Systems(미세 전자기계 시스템)의 발전을 언급하지 않을 수 없다. MEMS의 본질은 기계 시스템을 미세화하고, 미세·나노 가공 기술을 통해 기계 구조와 전자 부품을 마이크로미터에서 나노미터 크기의 칩에 집적하는 것이다. 각각의 MEMS는 모두 독립적인 지능형 시스템이고, 내부 구조는 일반적으로 마이크로미터에서 심지어 나노미터 수준의 크기이며, 시스템 전체 크기는 몇 밀리미터이거나 그보다 더 작다. MEMS 센서는 미세화, 지능화, 다기능, 고집적도, 대량 생산에 적합한 장점이 있어서 물리, 화학, 생물 등

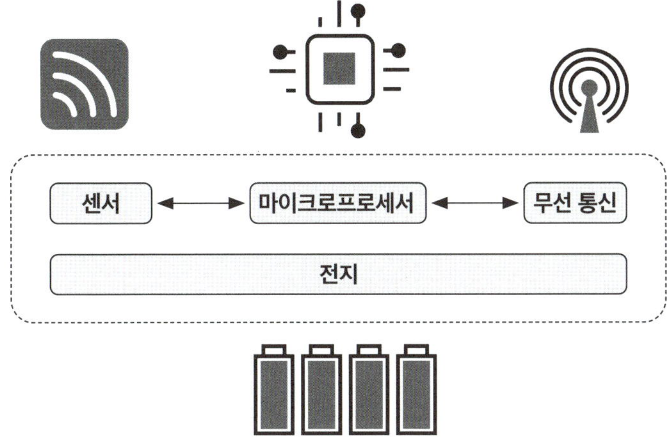

무선 센서 네트워크 노드 구조

다양한 분야에서 광범위하게 응용되고 있다.

MEMS와 초대형 규모의 집적 회로가 발전하면서 센서는 이미 미세화, 지능화와 네트워크화를 향해 진화하고 있고, 무선 센서 네트워크 역시 그 뒤를 따르고 있다.

전통적인 센서와 달리 무선 센서 노드는 센서 부품만 포함하는 것이 아니라 마이크로프로세서와 무선 통신 칩도 집적되어 있어 무선 센서 노드가 감지한 신호를 심층 분석하고 네트워크를 통해 전송할 수 있다. 이러한 설계는 단일 측정만 가능했던 전통 센서의 한계를 뛰어넘는 것이기도 하다. 이 센서는 감지, 계산, 통신 기능을 하나로 통합해 강력한 센서 네트워크를 형성하고, 대규모 감지를 효과적으로 지원한다. 이는 고난도 기술로의 비약이며, 감지뿐 아니라 사고와 소통까지 가능한 기술의 혁신을 이끌었다.

1990년대에 접어들어 캘리포니아대학교 로스앤젤레스 캠퍼스의 윌리엄 카이저William Kaiser 교수는 저전력 무선 집적 마이크로 센서 LWIM 프로젝트를 진행했고, 저전력·무선 통신 기능을 갖춘 소형 센서 개발에 주력했다. 카이저 교수의 연구는 무선 센서 기술을 한 단계 더 발전시켰고, 센서 네트워크가 다양한 분야에서 응용될 수 있는 기반을 마련했다.

1997년 캘리포니아대학교 버클리 캠퍼스는 미국 국방부와 함께 '스마트 더스트Smart Dust' 프로젝트를 시작했다. 크리스 피스터Kris Pister 교수가 이끌었던 이 프로젝트의 목표는 신출귀몰하게 움직이는 적국의 저격수를 잡기 위한 방안의 하나로, 소형·자율형·저전력 센서 노드를 개발하는 것이었다. 이러한 노드들은 환경 감지, 데이터 처리와 무선 통신이 가능하고 센서, 프로세서와 통신 모듈을 초소형 장치에 집적해 무선 네트워크를 통해 협업을 진행할 수 있다.

'스마트 더스트' 프로젝트의 추진과 더불어 '무선 센서 네트워크 WSN'는 민간 분야로 빠르게 확대되었다. 하나의 무선 센서 네트워크 안에서 방대한 센서와 마이크로 컴퓨팅 장비가 무선 멀티 홉 방식으로 연결되어, 환경 모니터링과 대규모 데이터 수집 작업을 지속해서 수행하게 되었다. 예를 들어 캘리포니아대학교 버클리 캠퍼스의 대형 동물 이동 경로 탐색 프로젝트, 하버드대학의 화산 원격 감지 프로젝트, MIT의 하천 모니터링 프로젝트, 필자가 속한 팀에서 진행한 탄광 감지와 네비게이션 프로젝트, 톈무산天目山의 '녹야천전綠野千傳' 환경 모니터링 프로젝트 등이 자가 조직화 네트워크 분야 연구의 대표적 성과이며, 이 분야의 연구 열풍을 한층 더 강화했다.

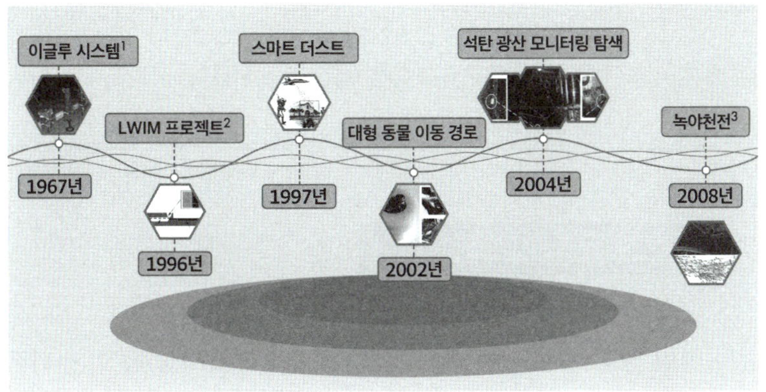

글로벌 주요 무선 센서 네트워크 실험

그러나 대규모 센서 네트워크를 배치하고 관리하는 일은 결코 쉽지 않으며, 오랜 시간이 걸리는 과정이기도 하다. 우선 무선 센서 네트워크가 대부분 야외에 설치되다 보니 전통적인 전자 장치에 비해 작업 환경이 매우 열악하다. 둘째, 인프라가 부족하다 보니 무선 센서 노드의 에너지와 컴퓨팅 자원이 극히 제한적이다. 마지막으로 자가 조직화 네트워크 및 네트워크 토폴로지Topology의 동적 조정이 필요하므로 네트워크 프로토콜 설계, 관리와 유지 보수에 있어서 엄청난 도전에

1   군사용 극지 센서 네트워크 시스템.

2   세계 최초로 대규모 무선 센서 네트워크를 실제 환경에 배치해, 센서들이 스스로 연결되어 데이터를 수집하고 전송할 수 있는지 검증하기 위한 프로젝트.

3   중국판 '스마트 더스트' 프로젝트로, '푸른 들판에 펼쳐진 수천 개의 센서 네트워크' 라는 의미를 담고 있다.

직면했다. 상황이 이렇다 보니, 제한된 자원 조건에서 언제 어디서나 감지 기능을 실현할 수 있는지 의문이 들 수밖에 없다.

'다중 모달 감지'라는 과제

어쩌면 진부할지도 모를 한 고승의 이야기에서 그 답을 얻기 위한 깨달음을 얻을 수 있을지도 모른다. 한 선사가 세 제자의 지혜를 시험하기 위해 각자에게 열 문文(중국의 고대 동전 단위)의 돈을 주고, 그 돈으로 커다란 방을 가득 채울 수 있는 물건을 사 오라고 시켰다. 첫 번째 제자는 목화를 잔뜩 사 왔지만, 방의 절반을 조금 넘게 채우는 데 그쳤다. 두 번째 제자는 볏짚을 사 왔지만, 그것 또한 방의 3분의 2를 채울 수 있을 뿐이었다. 세 번째 제자의 차례가 되었을 때 그는 빈손으로 돌아와 모두를 의아하게 만들었다. 그가 사람들을 방으로 데리고 들어가 문과 창을 닫자 방 안은 순식간에 칠흑처럼 어두워졌다. 이때 그는 초를 하나 꺼내 불을 붙였고, 그 순간 희미한 불빛이 방 안을 밝혔다.

이 한 자루의 초가 온 방을 환한 빛으로 가득 채우듯 우리 주위에는 소리 파장, 빛 파장, 전파 신호 등 형태 없는 감지 매개체로 가득 차 있다. 우리는 이러한 신호가 전파 과정에서 보여 주는 변화, 즉 반사, 굴절, 회절, 도플러 효과Doppler effect4 등 물리 현상을 분석해 환경 속의

---

4   파동의 원천과 관측자가 서로 움직일 때 소리나 빛의 주파수와 파장이 달라져 다르게 들리거나 보이는 현상.

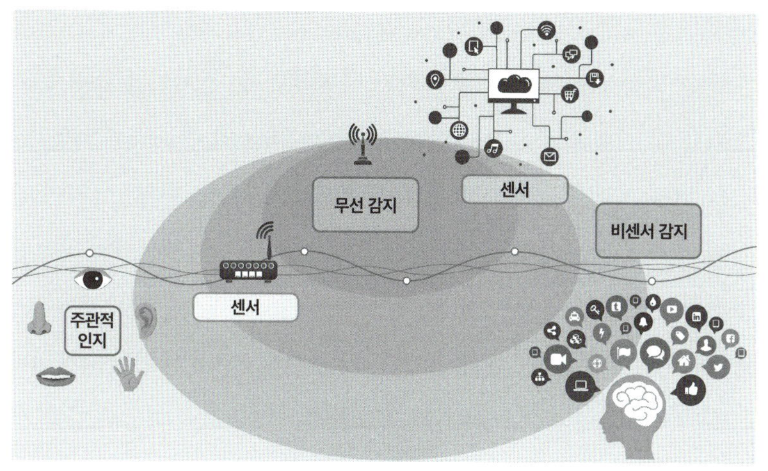

감지 기술의 발전 과정

세부적인 정보를 얻을 수 있다. 레이더, 라이다LiDAR, 초음파, 초광대역 신호와 와이파이 등 기술에 기반을 둔 감지 시스템은 이미 여러 영역에서 괄목할 만한 발전을 이루었고, 우리에게 혁신적인 환경 감지 능력을 가져다주었다.

'감지 능력'의 문제가 해결되자 '분석'의 문제가 발생했다. 그중 대표적인 것이 '다중 모달 감지multimodal perception'이다. 다중 모달 감지란, 시각, 청각, 촉각 등 각기 다른 감각을 통해 들어온 정보를 통합, 처리하여 더 포괄적이고 정교한 감지 출력을 제공할 수 있는 능력을 가리킨다. 이러한 감지 방식은 인간에게 매우 익숙하다. 예를 들어 우리는 사과를 볼 때 모양만 보는 것이 아니라, 질감을 느끼고 냄새를 맡고, 심지어 맛을 통해 인지한다. 그리고 이렇듯 다양한 정보를 통합해 '사과'

에 대한 통합적 개념을 형성한다.

다중 모달 감지 능력이 주목받기 시작하면서, 정보의 통합과 분석 능력을 더 깊이 탐구하게 되었다. 신경과학자들의 연구에 따르면, 인간의 뇌는 시각 정보뿐 아니라 의미 정보까지도 처리한다. 심지어 선천적으로 시각을 잃은 사람이라도 점자를 읽을 때 관련된 뇌 영역이 활성화된다. 이렇게 유연한 뇌의 영역을 '메타 모달 연산자Metamodal Operators'라고 부른다. 다시 말해서, 뇌의 특정 영역(특히 고차원적 인지 기능을 처리하는 영역)은 타고난 감각 모달과는 무관하게 다양한 감각 정보를 처리할 수 있다. 예컨대 시각이나 청각의 기능을 상실하면 뇌는 촉각과 같은 다른 감각을 통해 잃어버린 기능을 대체한다.

예컨대 나는 거의 20여 년 전부터 한쪽 귀의 청력이 떨어지기 시작했다. 귀가 잘 들리지 않자, 상대방의 입 모양을 유심히 보고 내용을 파악해야 했다. 그런데 때론 상대의 말을 전보다 더 정확히 알아들을 수 있었다. 나는 줄곧 이것을 나만의 착각이라 여기며 지냈는데, 최근 여러 연구 결과를 접하고 난 후 많은 사람이 나와 유사한 경험을 한다는 사실을 알았다. 연구에 따르면 시각이 청각의 빈자리를 일정 부분 보완해 주며, 뇌는 시각에서 얻은 정보를 중심으로 전체 정보를 재조합하게 된다. 뇌 전체의 정보 처리 방식이 변화하는 것이다.

'맥거크 효과The McGurk Effect'가 바로 시각과 청각 간의 착각 현상의 대표적 사례다. 예를 들어 어떤 사람이 입 모양으로 '가'라고 말하는 것처럼 보이는데, 귀로는 '바'라고 들릴 경우, 뇌는 이 두 정보를 종합해 '다'라고 인지하게 할 수 있다. 이러한 착각은 시각 정보가 청각 감지에 큰 영향을 미친다는 사실을 시사한다.

또 다른 연구에 따르면 우리는 음식의 색에 따라 특정한 맛을 예측한다고 한다. 화이트와인을 붉은색으로 물들였을 때 맛에 변화가 없어도 사람들은 레드와인와 연관 지어 맛을 표현하려는 경향을 보인다. 이러한 현상은 우리의 미각이 시각적 영향에 좌우된다는 사실을 잘 보여 준다. 그래서 '살을 빼려면 푸른색 접시에 음식을 담으라'는 말이 과학적 근거가 있는 것이다. 파란색과 보라색 등의 색깔이 독성 물질 혹은 부패한 물질을 연상시키고, 더 나아가 우리의 식욕에도 영향을 줄 수 있기 때문이다.

지금껏 이야기한 사례들은 모두 다중 모달 감지가 단순한 감각 통합을 넘어 선험적 지식, 기대와 경험의 영향을 깊이 받는 복잡한 과정임을 보여 준다. 오늘날 기계 지능 분야에서 교차 모달 선험적 모델을 발굴하고 구축하는 것은 여전히 도전적 과제이다. 현재의 기계 학습 모델은 방대한 양의 데이터에서 규칙을 찾는다. 이는 인간이 다양한 감각을 통해 환경과 상호 작용하며 의미를 인식하는 것과는 상이하게 다르다.

감지에 필요한 체화된 경험

기계 학습 모델이 인간의 감지 능력을 더 잘 모방하려면 어떻게 해야 할까? 그 핵심은 체화된 경험을 통합해 기계가 실제 세계의 복잡한 환경 속에서 학습하고 상호 작용하게 하는 데 있다.

신경과학 분야에서 발견한 '거울 뉴런Mirror Neuron'은 이를 뒷받침해 줄 논리적 근거를 제시한다. 자코모 리촐라티Giacomo Rizzolatti 교수의 연구팀은 행동학과 생리학 실험 중에, 원숭이가 물체를 집거나 조작하는 행동을 볼 때 비록 자신은 움직이지 않더라도 뇌 속에서는 동일한 운동 영역의 신경이 활성화된다는 사실을 발견했다. 그리고 상대의 행동을 '거울처럼 반영한다mirroring'는 뜻으로 '거울 뉴런'이라고 이름 붙였다. 이것은 영장류의 뇌가 감지만 하는 게 아니라 타인의 행동과 감각적 경험을 연결해 이해력을 확장시킨다는 사실을 보여 준다.

이 현상은 중요한 논점 하나를 시사한다. 바로 행동 자체도 감지의 일부라는 것이다. 동물의 신체적 움직임 및 환경과 상호 작용하는 과정에서 얻는 경험은 감지의 형성에 놀라울 정도로 중대한 영향을 미친다. 따라서 우리는 생물학적 '몸'이란 출발점으로 돌아가야만 감지의 본질을 제대로 이해할 수 있다. 어쩌면 기계 역시 현실 세계에서 복잡한 환경의 변화에 실시간으로 상호 작용하며 적응해야만 비로소 감지 능력을 발달시킬 수 있을지 모른다. 이러한 통찰은 기계가 단순히 인간의 행동을 학습하고 모방하는 수준을 넘어, 몸을 갖춘 상태에서 환경과 상호 작용하며 감각적 능력을 키워야 한다는 강력한 메시지를 던진다. 그래야 기계는 진짜 감각 지능을 습득할 수 있다. 즉, 어떠한 행동 배후에 있는 환경적 요소와 앞뒤 맥락을 이해해야만, 고차원적인 감지와 인지 기능을 실현할 수 있다. 이렇듯 복잡한 현실 세계의 상황에 대한 모방과 상호 작용이야말로 진정한 지능형 로봇을 구현하는 핵심 절차일지 모른다.

예를 들어 인간이 직립 보행하게 된 주된 이유 중 하나는, 갑작스러운 엄지발가락의 진화 때문이었다. 못 믿겠다면 지금 당장 엄지발가락을 땅에 닿지 않게 치켜세우고 걸어 보자. 제대로 걷기 힘들다는 사실을 알게 될 것이다. 만약 우리 조상들의 엄지발가락이 진화하지 않았다면 우리는 땅 위에 서서 두 다리로 걷거나 심지어 뛸 수조차 없었다. 그리고 인간이 두 다리로 걷지 않았다면 이 자리에서 어떻게 이러한 일이 발생했는지 논할 일도 없었을 것이다.

이번에는 두 손을 살펴보자. 인간의 손은 대자연이 만들어낸 가장 경이러운 '작품' 중 하나로, 칸트는 손을 '인간의 외재된 뇌'라고 말했다. 대다수 동물은 손으로 단순히 물건을 잡는 정도에 그치지만, 인간은 두 손으로 도구를 만들고, 야구를 하고, 피아노를 치고 심지어 글자를 쓰고, 그림도 그린다.

인간의 손이 이렇게 뛰어난 쓰임새를 갖게 된 가장 큰 이유는 엄지손가락 때문이다. 엄지손가락의 가장 큰 장점은 그 위치에 있다. 다른 네 개의 손가락보다 아래에 있고, 방향도 다르며, 다른 손가락들과 떨어져 있다. 더 중요한 점은 엄지손가락은 다른 손가락과 같은 방향으로 굽힐 수도 있고, 반대 방향으로 뻗을 수도 있다는 것이다. 바로 이를 통해 대칭적인 힘을 만들어 도구를 단단히 쥐고 작업할 수 있게 되었다.

이를 통해 인간이 왜 침팬지와 다른지를 이해할 수 있다. 침팬지도 엄지손가락을 다른 손가락과 마주 보며 굽힐 수 있지만, 인간처럼 자유롭게 각 손가락 끝이 맞닿을 수 없다. 예를 들어 인간은 손가락 두 개로 작은 쌀알을 정교하게 집을 수 있지만, 침팬지는 불가능하다. 그 이유는 인간의 손가락에는 근육과 힘줄이 연결되어 있어서 'OK' 사인을 만들 듯 엄지의 끝부분을 살짝 구부려 쌀알을 가뿐하게 집을 수 있기 때문이다.

유연한 두 손 덕에 인류는 도구를 발명해 생존 확률을 높일 수 있었다. 화석을 통해서도 인간의 두 손이 자유로워진 후 뇌의 용량도 커졌다는 것을 확인할 수 있다. 이는 인간이 점점 더 똑똑해졌음을 의미한다. 하지만 근본적으로 보면, 인간이 도구를 만들고 전혀 새로운 사고를 할 수 있도록 만든 것은 엄지손가락이었다. 이것이 바로 엄지손가락을 들어 올리는 것이 칭찬의 의미로 여겨지는 이유이기도 하다.

비록 기계 팔이 인간의 팔보다 훨씬 강한 힘을 갖는다 해도, 궁극적으로 지능이 아니라 원초적인 완력에 국한된다. 신체와 감각, 행동은 서로 분리될 수 없다. 다시 말해 '체화된 감지embodied perception'의 원리를 이해해야, 기계 감각 지능의 혁신적인 발전을 위한 새로운 장을 열 수 있다.

필자의 연구팀은 최근 드론에 관한 연구를 진행하던 중에, 드론이 고속으로 이동하는 과정에서 탑재된 카메라가 장애물을 빠르고 정확하게 포착하지 못하는 현상을 발견했다. 이러한 '모션 블러Motion Blur' 현상은 우리의 일상생활에서도 흔히 발생한다. 일례로 화상 통화를 할 때 카메라를 흔들면 상대방이 흐릿하게 보인다. 포유동물의 시각 시스템에서 얻은 영감을 토대로 우리는 '이벤트 카메라Event Camera'를 활용하는 새로운 대안을 제시했다. 기존 카메라가 완벽한 이미지를 촬영하는 것과 달리, 이벤트 카메라는 단순히 '밝기의 변화'만을 감지해 '이벤트' 형태로 데이터를 전달한다. 우리는 먼저 드론이 1밀리초의 초고속 속도로 사건을 감지해, 수용체층 신경망의 활동 신호를 모방하게 했다. 이어 방대한 사건 데이터 안에서 장애물과 관련된 사건을 선별한 후, 외측슬상핵Lateral Geniculate Nucleus, LGN[5]에서 영감을 받은 사건 매칭 알고리즘을 적용해 장애물의 위치를 정밀하게 계산했다. 이러한 방법을 통해, 드론은 고속 이동 중에도 95%가 넘는 정확도로 장애물을 발견했고, 지연 시간은 고작 4.7밀리초에 불과했다.

바티칸 시스티나 성당 천장에 그려진 미켈란젤로의 대작 〈천지창조〉를 보면, 신이 손가락을 뻗어 아담을 가리키고 있다. 이 모습은 마치 전기가 통한 것처럼 영혼이 아담에게 깃드는 과정처럼 보인다. 이는 결국, 인체의 감각을 이해하는 어려움을 깨달아야, 비로소 체화된 지능에 대한 진정한 논의가 시작될 수 있음을 시사한다. 이 과정에서 기계가 공부해야 할 것은 세상과의 '접촉'뿐 아니라, 그 접촉이 가져오는 무한한 변화와 가능성이다. 그래야만 지능의 영역으로 들어서서, 감각과 지각을 통해 세상과 더 심층적인 차원의 상호 작용을 전개해 나갈 수 있다.

<hr>

[5] 시상의 후반부에 있으며, 시각 정보를 처리하고 전달한다.

CHAPTER 7

아침 기상 알람이 울리기도 전에, 이웃집 개가 짖는 소리에 잠에서 깼다. 눈을 비비고 몸을 뒤척이는 순간, 두 가지 전혀 상반된 반응을 보이게 된다. 그중 하나는 짜증이다. 갑자기 화가 치밀어올라 당장이라도 문을 박차고 나가 개를 걷어차고 싶어진다.

또 다른 반응은 수용이다. 미소를 지으며 개가 짖는 것을 천성으로 받아들이고, '이왕 깼으니 찌뿌둥한 몸도 풀 겸 조깅이라도 하는 편이 낫다'고 생각할지도 모른다. 왜 똑같은 상황에서 사람마다 전혀 다른 '생각'을 하고, 심지어 똑같은 사람일지라도 시간대에 따라 다른 반응을 보이는 것일까?

원인은 아마도 관찰자의 관점 차이 때문일 것이다. 소동파 蘇東坡의 시 〈제서림벽 題西林壁〉을 보면 "횡간성령측성봉 橫看成嶺側成峰, 원근고저각부동 遠近高低各不同"이라는 구절이 나온다. 가로로 보면 산마루가 되고, 옆으로 보면 봉우리가 되며, 멀고 가까움, 높고 낮음이 각기 다르다는 뜻으로 관찰자가 어디에 있는지에 따라 보이는 모습이 달라질 수 있다는 것을 알 수 있다. 셰익스피어의 희곡 『햄릿 Hamlet』을 '천 명이 읽으면 천 가지 해석이 나온다'는 말처럼 사람마다 관점과 반응은 다를 수밖에 없다.

이러한 반응은 실제로 인간의 심리 과정에 의해 결정된다. 인간의 뇌는 외부의 정보를 받아들인 뒤, 복잡한 신경 처리 과정을 거쳐 내부 심리 활동으로 전환하며, 여기서 더 나아가 행동에 영향을 준다. 이 전환 과정이 바로 '인지 과정'이다.

영화 〈인사이드 아웃 Inside Out〉은 인간의 인지가 어떻게 감정과 정서의 영향을 받는지를 보여 준다. 예를 들어 주인공 라일리가 곤경에 처했을 때, 기쁨이 그녀의 감정을 주도하면 해결 방법을 찾아 나갈 것이고, 반대로 슬픔이 지배적이라면 그 자리에서 울음을 터뜨릴 수밖에 없다.

칠정육욕 七情六欲 즉, 인간에게는 일곱 가지 감정과 여섯 가지 욕망이 있다는 말은 자주 들어왔다. 《미국 국립과학원 회보 PNAS》에 실린 연구 결과에 따르면, 인간은 실제로 27종에 달하는 다양한 감정을 가졌다고 한다. 여기에는 기쁨, 슬픔, 분노 같은 기본 감정뿐 아니라 난감함, 수치심, 만족감처럼 복잡한 감정도 포함된다. 이 27종의 감정은 인지 심리학의 기틀을 제공했고, 인간 심리의 복잡성을 더 정확하게 분류하고 이해하는 데 도움을 주었다.

일곱 가지 감정과 여섯 가지 욕망 혹은 27종의 감정을 막론하고 이 모든 것은 우리의 인지 과정이 단순히 '1+1=2'처럼 논리적 계산에 따라 흘러가는 것이 아님을 보여 준다. 다시 말해서 하나의 조건을 입력했다고 해서 하나의 출력값만 나오는 것은 아니다. 인지란 복잡하고 다차원적인 과정이며 감정·지식·경험·자극 등 여러 가지 차원과 연관되어 있다. 그리고 이러한 요소들은 우리가 이 세상을 이해하는 데 영향을 미친다. 우리의 뇌는 단순히 논리적 처리를 위한 도구가 아니라, 풍부한 감정과 경험을 지닌 생물학적 기관이기 때문에 개인의 결정과 행동에 고유한 색채가 깃들 수밖에 없다.

그렇다면 기계 인지는 어떠할까? 지금까지 기계는 상대적으로 경직되어 있어 미리 설정된 프로그램에 따라서 행동할 뿐이었다. 예를 들어 기계에게 수평선을 따라 걸어가라고 명령하면, 고장이 나지 않는 한은 절대로 그 명령에서 절대 벗어나지 않는다. 그러나 인공지능이 발전하면서 우리는 기계에서 인간과 비슷한 인지적 유연성을 보게 되었고, 심지어 기계에 '영혼'이 있는 것처럼 느끼기도 했다. 예를 들어, 대규모 언어 모델에 기반을 둔 챗봇은 인간과 대화하는 과정에서 이전의 음성 도우미처럼 경직된 반응을 보이지 않았다. 그것은 이전의 대화 내용을 '기억'하고 상황에 맞게 대화 방식을 조정하고, 심지어 대화 중에 감정의 파동과 유사한 반응을 보이기도 했다. 이것만 보면 기계는 이미 인간과 유사하게 외부 세계를 이해하고 인지하는 능력을 얻은 듯하다. 그러나 사실은 전혀 그렇지 않다. 대규모 언어 모델은 대화를 나눌 때마다 이전의 대화 기록과 사용자 입력, 통계적 패턴에 근거해 최적의 반응을 산출하는 매커니즘에 따를 뿐, 인간처럼 감정을 가지고 반응하는 것이 아니다.

그렇다면 어떻게 해야 기계가 외부 세계를 인지하는 능력을 갖게 할 수 있을까? 이것은 현대 인공지능 연구의 가장 핵심 과제이기도 하다. 지금부터는 우리가 기계의 시각이 되어, 세상을 어떻게 '인지'하는지 살펴보려 한다.

외부 세계 인지하기

자, 지금부터 당신은 고도의 감지 능력을 갖춘 기계다. 날이 밝으면, 기계가 자동으로 활성화되어 주변의 환경을 분석하기 시작한다. 첨단 시각 기술을 통해 방 안에 있는 의자, 책상, 컴퓨터 등 각종 사물을 인식해, 어떤 용도로 사용해야 할지 파악한다.

사물을 이해하는 방식 중 하나는 기능에 중점을 두는 것이다. 예를 들어 의자를 보면, 네 개의 다리와 앉는 부위로 이루어졌다. 따라서 의자의 기능은 앉을 공간을 제공하는 것이다. 이는 의자의 가장 직접적

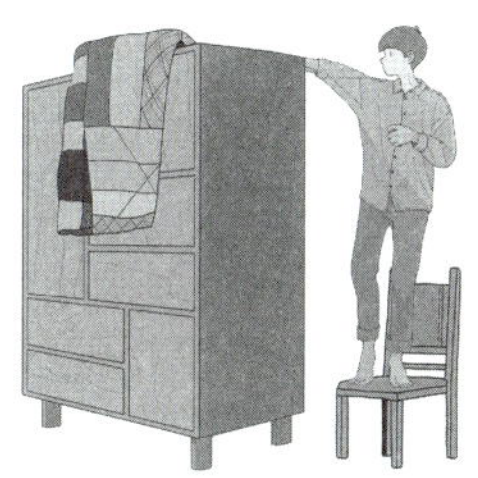

주변 환경 인지하기

이고 주된 용도이기도 하다. 가정, 사무실 혹은 기타 공공장소를 막론하고 의자는 인간의 휴식 혹은 작업에 필요한 기본적인 요구를 충족시킨다.

둘째, 의자는 물건을 지탱하고 올려놓는 기능도 제공한다. 아마도 어느 집에나 '옷이 잔뜩 올려진' 의자가 하나쯤 있을 것이다. 갈아입은 옷을 걸쳐 두고, 심지어 물 잔을 올려두기도 하고, 발판처럼 딛고 올라가 옷장 꼭대기에 둔 옷이나 이불을 꺼낼 수도 있다.

이 밖에도 의자의 기능은 훨씬 다양하다. 예를 들어 아이들은 숨바꼭질할 때 의자 밑에 몸을 숨기고, 젊은이는 근력 운동을 위해 의자를 들어 올리기도 한다. 상황에 따라 의자는 실용성을 갖춘 가구의 개념을 넘어, 장식의 요소이자 심지어 특별한 상징성을 갖기도 한다. 소설

『왕좌의 게임: 얼음과 불의 노래』 속 '철왕좌'

『왕좌의 게임: 얼음과 불의 노래』에 등장하는 십여 미터 높이의 ‘철왕좌Iron Throne’는 거대하며 견고하지만, 수천 개의 검으로 만들었기 때문에 앉기에 딱딱하고 불편하다. 그럼에도 모두가 이 의자를 탐한다. 편안한 휴식을 위해 앉고 싶어 하는 것이 아니라, 이 의자의 상징적인 권력과 절대적 지위를 탐닉하는 것뿐이다.

따라서 기능적 관점에서 의자는 감각적 실체로서 다양한 용도를 갖고 있다. 그러나 각각의 사물을 기능적 관점에서 세밀하게 분석하게 되면 엄청난 난관에 부딪힌다. 만약 기계를 상대로 의자, 책상, 문 등 100여 가지의 물체를 학습시켜야 한다고 가정해 보자. 각각의 물체가 100여 가지 기능을 가지고 있고, 100개의 서로 다른 상황에서 이 기능들이 변화할 수도 있다면, 기계는 100만 가지에 달하는 각기 다른 사물-장면 기능을 학습해야 한다. 이것을 위해 이 100만 가지 유형을 정의하고 분류해야 할 뿐 아니라, 방대한 양의 데이터를 수집해 이 많은 기능을 학습하게 해야 한다. 이는 사실상 불가능하다. 사실 ‘100만’이라는 숫자는 그나마 적은 편에 속하는 예일 뿐이다.

따라서 더 중요한 것은 특정 상황에서 물체의 실제 용도를 이해하는 것으로, 우리가 일상에서 사물의 기능을 직관적으로 인식하는 방식과도 부합한다. 이러한 인지 과정은 바로 심리학자 제임스 깁슨James Gibson이 제기한 ‘어포던스Affordance(행동 유도성)’ 개념과 상통한다. 깁슨은 1979년 출간한 저서 『시지각에 대한 생태학적 접근 방법The Ecological Approach to Visual Perception』에서 어포던스에 관한 상세한 정의를 더 깊이 있게 분석하여 이렇게 말했다.

"환경은 동물에게 행동의 기회를 제공하며, 동물은 환경 속에서 가능한 행동을 직접적으로 인지한다."

어포던스 이론은 인간이 세상을 어떻게 인지하는지를 이해할 수 있는 전혀 새로운 시각을 제공했다. 전통적 인지 이론은 우리가 먼저 물체의 특성을 객관적으로 감지한 후 그 용도를 추론한다고 여겼다. 그러나 어포던스 이론의 핵심은 우리가 복잡한 사고의 과정을 거치지 않고도 물체의 기능을 직접적이고 빠르게 인지한다는 데 있다. 예를 들어 어떤 곳에 도달해야 할 때 눈앞에 손잡이가 달린 문이 나타나면 우리는 거의 본능적으로 그 문을 밀거나 당겨서 열 수 있다고 인지한다. 목이 마를 때 컵을 보면 물을 따라 마실 수 있다는 것을 알고, 피곤할 때 의자를 보면 생각할 여지 없이 자리에 앉게 된다. 그 상황에서 이 의자가 도대체 사람을 공격하는 데 쓸 수 있는 물건인지 아닌지를 분석할 이유가 없다.

왜 인간은 '어포던스 인지' 능력을 지녔을까? 이것은 인류의 진화 과정에서 환경의 자원과 위협을 빠르게 식별하고 반응하는 능력이 생존의 관건이 되었기 때문이다. 즉 우리의 조상들이 열매의 단단한 껍질을 깨기 위해 돌멩이를 사용해야 함을 느끼고, 어떤 상황에서 나무 아래에 몸을 숨겨야 하는지 아는 것과 같은 이유이다.

인지심리학자 도널드 노먼 Donald A. Norman은 이 개념을 디자인 분야에 도입해, 사물의 어포던스가 인간의 직관과 더 부합하도록 디자인해야 한다고 강조했다. 다시 말해서 우수한 디자인은 사용자가 설

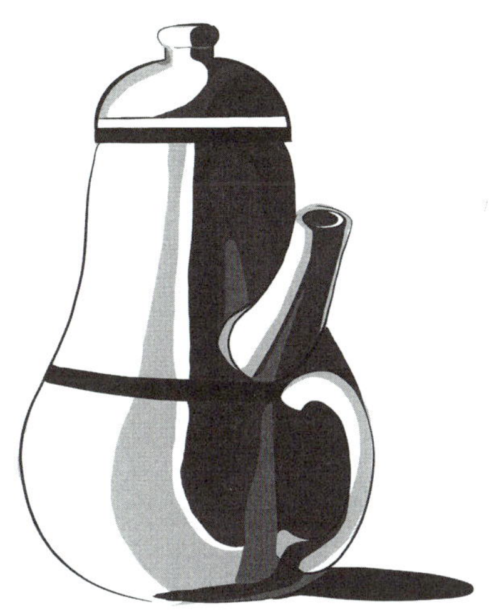

마조히스트를 위해 특별히 디자인된 커피포트

명서를 읽지 않아도 사용법을 한눈에 알 수 있는 것을 의미한다. 어포 던스가 형편없는 디자인은 바로 흔히 말하는 '반인류적 디자인'이다. 노먼은 그의 저서 『디자인 심리학 3: 감성 디자인 Emotional Design: Why We Love or Hate Everyday Things』에서 자신이 소장하고 있던 '마조히스트 masochist(고통을 즐기는 성향을 가진 사람)를 위해 특별히 디자인된 커피 포트'를 언급했다. 이 커피포트는 프랑스 예술가 자크 카렐망 Jacques Carelman의 작품을 모방한 복제품이다.

이 커피포트는 손잡이와 주둥이가 같은 쪽에 달려 있어, 뜨거운 물 을 따를 때 손이 데일 수 있다. 그럼에도 '기존 틀을 깨는 비주류'의 이 미지 때문에 오히려 예술품으로 인정받았고, 심지어 복제품까지 제작 되어 장식용으로 판매되고 있다.

본론으로 돌아가서 어포던스는 객관적 세계와 주관적 인지를 연결하는 다리 역할을 한다. 그것은 차갑고 무의미한 물리적 세계를 현상 너머로 확장시켜, 우리가 환경을 빨리 이해하고 그것과 상호 작용하도록 만든다. 미래의 지능형 로봇이 인간처럼 사물의 어포던스를 인지하고 이용하는 능력을 갖추는 것은 진정한 지능으로 나아가는 핵심 단계라 할 수 있다.

어포던스로 사물 이해하기

그렇다면 기계는 어떻게 인간처럼 사물의 어포던스를 이해할 수 있을까? 여기서 어려운 점은 동일한 물체를 두고도 생물체마다 전혀 다른 '어포던스'로 인지한다는 것이다.

예를 들어 당신이 숲속을 산책하다가 우연히 개울 앞에 놓인 통나무를 발견했다면 '이 통나무를 이용하면 개울을 건널 수 있겠네' 하고 생각할 수 있다. 이는 당신의 뇌가 통나무에서 넘어갈 수 있는 가능성을 즉각적으로 읽어낸 것이다. 통나무에는 '건널 수 있음'이라고 라벨이 붙어 있지 않으니, 이러한 생각은 완전히 당신의 주관적 인지에 의한 것이다. 반면에 이 통나무는 다람쥐에게 '먹이를 숨기는 장소'가 될 수 있고, 새에게 '둥지를 트는 곳'이 될 수도 있다. 이 차이는 무엇을 의미할까?

통나무의 어포던스

　학교 수업 시간에 읽었던 허구의 역사 소설『은하영웅전설[6] 』을 떠올려보면, 주인공 라인하르트가 출정할 당시 아스타테 회전Astarte Battle (『은하영웅전설』에 등장하는 우주 전투)이 한창이었다. 라인하르트의 2만여 척의 전함은 삼면에서 몰려온 자유행성동맹의 4만 척의 함대와 맞닥뜨렸다. 그때 참모들은 모두 적군이 자신들을 사방에서 포위해 섬멸할 거라고 말했다. 하지만 라인하르트는 이를 자신의 이름을 천하에 떨칠 기회로 여기고, '그들이 몇 갈래 길로 오든 난 한 갈래의 길로 돌파하겠다'고 결심했다. 이는 누루하치(청나라 창건의 기반을 닦은 여진족 지도자)의 말을 인용한 것이다.

6　다나카 요시키(田中芳樹)의 SF 장편 소설.

다시 말해서 사물의 어포던스는 단순히 사물의 속성만으로 정해지는 것이 아니라, 주체의 능력과 신체적·인지적 조건과도 밀접한 관계가 있다. 성인에게 의자는 앉을 수 있는 물체이지만, 아이에게 의자는 숨바꼭질을 할 수 있는 최적의 장소이다. 기계가 이를 완벽히 이해하려면 입장을 바꿔 각기 다른 주체의 시각으로 물체의 어포던스를 분석해야 한다.

이 모든 것을 해내기 위해서는 시각 정보에만 의존해서는 불가능하다. 사물 인식, 상황 이해, 기능 평가 등 다측면의 능력을 갖춰야 한다. 우선 기계는 컴퓨터 비전 알고리즘을 통해 이미지 속의 다양한 물체를 분류해내야 한다. 예를 들어 의자, 컵, 사과 등 물체의 종류를 식별하는 것이다. 그다음으로 물체가 어떤 환경과 문맥적 상황하에 있는지 이해해야 한다. 예를 들어 정상적인 커피포트는 커피 물을 끓이는 데 사용한다. 그러나 카렐망이 디자인한 커피포트는 장식용으로만 쓸 수 있다.

기계가 이러한 식의 상황과 기능의 관계를 이해하도록 하려면 막대한 지식은 물론이고 이러한 연관성을 모두 입력해 넣으면 될 것이라 생각할 수 있다. 이것은 기호주의에서 비롯된 전형적인 해결 방식이다. 실제로 구글은 2012년 '지식 그래프knowledge graph' 개념을 제시했다. 지식 그래프의 기본 구성단위는 '컵-담다-물'처럼 '개체-관계-개체'의 삼중 구조triple이다. 각각의 삼중 구조가 하나의 지식 단위가 되며, 이러한 단위들이 서로 연결되어 거대한 지식 네트워크를 형성한다. 이러한 그래프는 풍부한 개체(각종 물체, 개념) 및 그 상호 관계를 저장하는 동시에 검색, 질의응답, 데이터 분석 등 다양한 계산 작업을 지원한

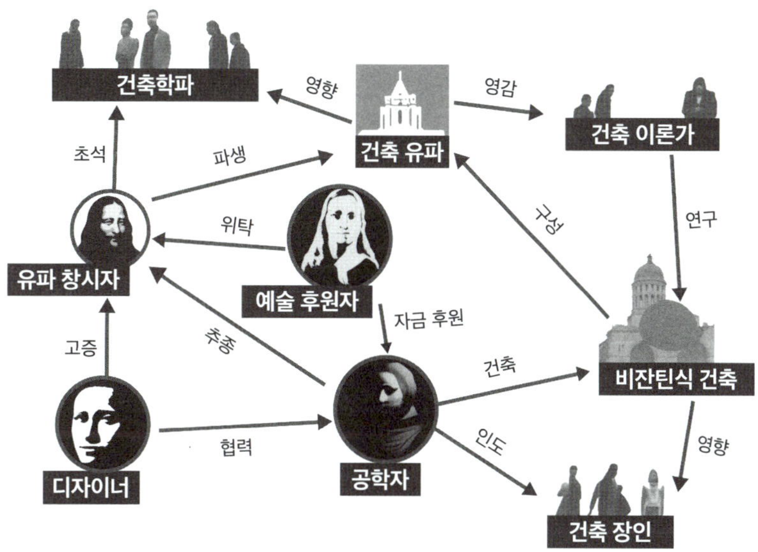

지식 그래프의 흐름

다. 실제로 구글이 지식 그래프를 도입한 원래 목적은 바로 검색 엔진의 성능을 강화하는 데 있었다. 기계는 환경과 그 안에 있는 물체를 식별한 후 지식 그래프를 통해 대상의 속성 및 어포던스 등을 학습할 수 있다. 그러나 이렇게 방대한 지식 창고를 구축하려면 막대한 시간과 노동력이 필요하며, 지식의 정확성과 완전성을 보장하기도 어렵다.

그렇다면 지식 그래프에만 의지해 사물의 기능을 온전히 이해할 수 있을까? 결국 지식 그래프는 사람이 인위적으로 만들어 놓은 체계이고, 지식의 양은 한정되어 있으며, 무엇보다 지식 그 자체는 실제 세계를 그대로 대변하지 못한다. 예컨대 학생들이 영어를 배울 때 수만 개의 단어와 예문을 외운다 해도 실제 대화할 때 유창하게 말하는 것과는 거리가 있다. 마찬가지로 '물체의 기능을 단순히 저장하는 기계'와 '그 기능을 진짜 이해하는 기계' 사이에는 엄청난 간극이 존재한다.

수영을 배울 때의 경험을 예로 들어 보고자 한다. 한동안 나는 매일 수영장에 가서 50미터를 몇십 바퀴씩 돌며 물 적응력도 좋고, 수영도 잘한다고 여겼다. 그런데 처음으로 베이다이허北戴河에 가서 바다 수영을 했을 때 하마터면 익사할 뻔한 기억이 있다. 바다라는 개방된 환경과 수영장의 제한적 공간 사이에는 확연한 차이가 있었기 때문이다. 수영장에서 쓰던 기술은 바다에서 생존 수영으로 완벽하게 전환될 수 없었다.

또 다른 극단적인 예를 들어 보자. 미국의 유명한 수영 코치 셔름 차부르Sherm Chavoor는 오랜 기간 미국 올림픽 수영 대표 팀의 감독을 지냈다. 그의 제자들은 무수히 많은 세계 신기록과 미국 신기록을 경신했다. 그렇지만 이 수영계의 거목은 놀랍게도 수영을 전혀 못 했다. 이 놀라운 비밀은 대회에서 우승한 제자들이 축하 파티에서 그를 수영장에 장난으로 던진 후에야 비로소 밝혀졌다. 당시 선수들은 그가 물속에서 필사적으로 허우적거리는 모습을 보고 나서야, 그가 수영을 전혀 할 줄 모른다는 사실을 알게 된 것이다.

'단어는 다 아는데 문장은 이해를 못 하는' 것도 이와 같은 이치라고 할 수 있다. 단순히 지식이 있다고 해서, 모든 실제 환경에서 그에 맞게 행동할 수 있는 것은 아니라는 뜻이다.

기계의 '세계관' 구축하기

학창 시절에 혼자 자동차를 몰고 여행을 다니곤 했다. 낯선 곳에서 목적지를 찾기 위해 가장 먼저 한 일은 지도를 펼치고 내가 있는 곳이 어디인지, 목적지까지 얼마나 남았는지 확인하는 것이었다. 만약 가능하면 근처에 무엇이 있는지, 가는 길에 커피나 음료를 살 수 있는지 알아보기도 했다. 기계 인지를 연구할 때 가장 중요한 개념은 바로 '월드 모델World Model'이다. 이는 심리학자 케네스 크레이크Kenneth Craik 가 1943년에 쓴『설명의 본질The Nature of Explanation』에서 제시한 '정신 모델Mental Model' 개념에서 비롯됐다. 크레이크는 생물체(인간을 포함) 는 뇌 속에 외부 세계의 축소판을 구축하고, 이 작은 모델을 통해 사건을 모방하고 미래를 예측한다고 여겼다.

간단히 말해서, 월드 모델은 에이전트가 외부 환경을 인식하고 이것을 내부적으로 나타낸 표시이다. 이는 에이전트가 장악한 세계에 관한 지식, 규칙 및 예측 등을 포함한다. 예를 들어 자율주행 차량의 월드 모델은 도로, 교통 표지, 보행자 등 교통 요소의 표징 및 교통 규칙 같은 필수적인 사전 지식을 포함한다. 그것은 자동차의 뇌 속 지도처럼 주위 환경을 감지하고 일어날 일을 예측하도록 돕는다. '시스템 다이내믹스System Dynamics의 아버지'로 불리는 제이 포레스터Jay Forrester의 말을 빌리자면 "우리의 뇌 속에 그려진 세계는 단지 하나의 모델일 뿐이다. 국가나 정부처럼 거대한 실체가 아니라, 뇌가 스스로 만들어낸 개념이며, 이 개념을 통해 우리는 세계를 이해하게 된다."

인간도 마찬가지다. 사람은 누구나 갓난아기 때부터 월드 모델을 구축하기 시작한다. 우리가 떨어지는 작은 공, 물 위에 떠 있는 나무 조각을 관찰할 때 뇌는 물체 운동 방식과 재료 특성에 관한 모델을 만들기 시작한다. 길을 걷거나 장난감을 잡으려고 할 때도 자신의 신체 동작과 힘의 제어에 관한 모델을 더 정교하게 다듬고 개선한다. 경험이 쌓일수록 월드 모델도 더 정교하고 정확해진다.

그러나 사람마다 성장 환경이 다르기에 그들 각자가 본 세계도 다를 수밖에 없다. 우리가 '본' 것도 상당 부분 뇌의 예측 결과에 의해 좌우된다. 1940년대 말부터 1950년대 초까지 미국 언론은 많은 사람이 UFO(미확인 비행 물체)를 목격했다고 대대적으로 보도했다. 그러나 목격자들은 대부분 뉴멕시코에 집중되어 있었다. 그 후 분석에 따르면 이는 당시 그 지역에서 실시된 고등 기밀 군사 연구와 밀접하게 관련되어 있었고, 그 군사 실험 중 하나가 '모굴Mogul 프로젝트'다. 이 프로젝트에서 미국 공군은 확성기를 탑재한 기구를 해발 고도가 높은 지역

상상 속의 UFO와 현실 속의 열기구

까지 띄워 소련의 핵실험 충격파를 감지하고자 했다. 당시 현지 주민들은 이 군사 실험의 자세한 내용을 알지 못했고, 이 첨단 과학기술 장비의 외형과 비행 특징이 기존 비행기와 달랐기 때문에 자주 UFO로 오인했다.

인간의 뇌는 기존의 정보와 신념 체계에 근거해 새로 입력된 감각을 해석한다. 설사 눈을 감고 있어도 머릿속에서 각종 상황을 시뮬레이션할 수 있다. 이러한 능력은 우리가 미래를 예측하고, 행동을 계획하도록 돕는다. 물론 우리의 월드 모델은 완벽하지 않으며 편차가 존재하고, 기존의 지식과 경험의 제약을 받기도 한다. 그러나 바로 이러한 불완전함이 배움을 지속하며, 마음속의 지도를 완벽하게 만들도록 채찍질하는 역할을 한다. 이것이 바로 흔히 말하는 세계관이며, 과학자가 기존의 이론을 계속해서 뒤집고 새로운 모델을 제시하는 것처럼 우리도 자신의 세계관을 반복해서 수정해 나가고 있다.

그렇다면 기계는 어떻게 '세계관'을 구축할까?

지금 단계에서 기계가 월드 모델을 학습하는 과정은 주로 두 가지 단계로 이루어진다. 첫째는 '표상 학습representation learning'이고, 둘째는 '예측prediction'과 '월드 모델링world modeling'이다. 첫 번째 단계인 표상 학습은 마치 기계의 뇌가 대략적인 가공 처리를 하여 원시적 고차원적 데이터(그림, 텍스트 등)에서 더 간결하고 추상적인 특징과 표현을 추출하는 과정과 같다. 이는 우리가 감각기관의 정보를 뇌가 처리 가능한 데이터로 전환하는 것과 다소 비슷하다. 현재 표상 학습에서 가장 쟁점이 되는 기술은 '딥러닝deep learning'이며, 다차원의 신경망을 통해 데이터 속의 계층적 특징을 자동으로 추출한다.

둘째, 일단 이러한 추상적 표상을 학습한 뒤에는 이 데이터를 활용해 현실 세계를 모델링하고 예측할 수 있다. 자율주행 자동차의 경우 딥러닝 기술을 통해 차에 탑재된 카메라로 촬영한 영상 스트림에서 도로, 차량, 보행자 등 핵심 특징을 추출한다. 이어서 이 차량은 한 단계 더 나아가 월드 모델을 학습할 수 있고, 이를 활용해 보행자가 갑자기 도로를 건너거나 앞차가 급정거하는 등의 앞으로 발생할 가능성이 있는 상황을 예측해 적절한 전략적 조정을 할 수 있다.

여기에 월드 모델을 결합시킨 강화 학습을 활용하면, 기계의 학습 효율을 크게 높일 수 있다. 강화 학습은 인간 뇌의 보상 메커니즘을 모방한 것으로, 에이전트는 환경과 상호 작용하며 얻은 피드백을 기반으로 행동 전략을 최적화한다. 월드 모델을 이용해 에이전트는 내부 시뮬레이션 속에서 다양한 결정을 끊임없이 실험하고, 그 결과를 평가하며 비로소 잘못된 길로 가는 횟수를 현저히 줄여 나간다. 이는 단순한 혁신을 넘어, 지능의 본질에 대한 깊은 탐구이기도 하다.

월드 모델은 인과율의 '새로운 문'도 열었다. 이 복잡하고 변화무쌍한 현실 세계 속에서 사물 사이에는 다양한 인과 관계가 얽혀 있다. 영국의 철학자이자 역사학자인 데이비드 흄David Hume은 "많은 인과 추론은 닭이 울면 태양이 떠오르는 것처럼 단지 항상 연결되는 하나의 관계를 찾아낸 것일지도 모른다."라고 말했다. 닭이 우는 것이 태양이 떠오르는 원인일까? 만약 '아니다'라고 답한다면, 지구의 자전과 공전이 원인이라는 것을 우리는 어떻게 알았을까? 전통적인 인과율은 보통 인공적으로 구축된 인과 그래프 모델에 근거하므로, 복잡하고 비선형적인 인과 메커니즘을 포착하기 어렵다. 그러나 머신러닝의 월드 모델을 통해 우리는 데이터만으로도 일부 인과 관계를 종단 간 end-to-end으로 학습할 수 있을지도 모른다.

예를 들어 우리는 두 가지 월드 모델을 학습할 수 있다. 하나는 '원인-결과'의 인과 과정을 시뮬레이션하고, 또 하나는 '결과-원인'의 역방향을 시뮬레이션한다. 두 모델의 예측 효과를 비교해 어느 방향이 더 합리적인지 판단할 수 있게 되는 것이다.

물론 이는 어디까지나 가설일 뿐이며, 구체적으로 조작하기에 아직 많은 난제가 남아 있다. 그중 가장 두드러진 것은 바로 '블랙박스' 문제이다. 월드 모델의 내부 작동 방식은 불투명한 경우가 많기 때문에, 우리가 볼 수 있는 것은 입력과 출력뿐이고 모델이 어떤 과정을 거쳐 결과를 예측하는지 설명하기 어렵다. 이것은 월드 모델의 해석 가능성과 통제 가능성에 제약이 될 뿐 아니라, 사건의 복잡한 인과 관계를 이해하는 데 근본적인 한계가 존재함을 보여 준다.

튜링상 수상자 주디아 펄 Judea Pearl은 현재의 머신러닝이 심층적인 인과 추론보다는 통계적 연관성에 본질적으로 의존한다고 지적했다. 예를 들어 이미지 식별 시스템은 사진 속의 연기를 정확하게 감지할 수 있지만, '연기가 화재에서 비롯되었다'는 인과 관계를 추론할 수 없다. 이러한 제약 때문에 기계는 환경 변화에 취약하고, 이미 학습한 지식을 새로운 상황에 적용하기 어렵다. 이는 정해진 요리법대로만 요리할 수 있는 요리사가 주방 혹은 냄비가 바뀌면 아무것도 할 수 없는 것과 비슷하다.

또한 기계는 월드 모델을 구축할 때 인간이 제공한 데이터와 라벨에 크게 의존한다. 이에 비해 갓난아기는 성장 과정에서 끊임없이 관찰하고, 시도하고, 경험하며 물리적 세계에 대한 직관적 이해를 차근차근 쌓아 나간다. 그러나 기계는 이러한 식의 어포던스를 가지고 있지 않다. 따라서 지금의 딥러닝은 진정한 의미의 지능이 아니라, 일종의 '고급 곡선 피팅curve fitting 7' 기술에 가깝다고 볼 수 있다.

그래서 기계가 인간에 더 가까운 물리적 지식을 얻기 위한 중요한 접근 경로 중 하나는 바로 '자연스러운 상호 작용을 통한 학습'이다. 아기의 학습 방식을 관찰해 보면, 방대한 언어 데이터가 아니라 현실 세계를 관찰하고 조작하는 것을 통해 물리적 직관을 발달시킨다는 것을 알 수 있다. 마찬가지로 기계는 단순한 언어와 시각 데이터에서 벗어나 자발적으로 3차원 세계를 탐색해야 한다. 그러기 위해서는 시각, 촉각, 운동 등 다중 모드 감지 능력을 갖추고, 시행착오를 통해 끊임없이 자신의 물리적 모델을 교정하고 수행해 나가야 한다.

또 다른 흥미로운 경로는 기계에게 상상력을 부여하는 것이다. 인간이 사물의 본질을 통찰할 수 있는 것은 상상력 덕분이라 해도 무방하다. 우리는 머릿속에서 다양한 가설 상황을 전개하고, 그 타당성을 평가한다. 미래의 인공지능 시스템도 이러한 상상과 추론 능력을 갖춰야 한다. 가상의 환경 속에서 다양한 물리적 실험을 시뮬레이션하는 과정을 통해 기계는 자신의 월드 모델을 끊임없이 개선하고 수행해 나갈 수 있으며, 각종 상황에서 물체의 운동 궤적을 예측할 수 있다.

물론 인간 수준의 물리적 인지를 갖춘 인공지능을 구현하려면 아직

---

7   데이터에 가장 잘 맞는 곡선이나 곡면을 찾아내는 통계적·수학적 기법.

갈 길이 멀다. 현재의 월드 모델은 대규모 데이터에만 의존해 유연한 전환과 일반화 능력이 확실히 부족하다. 반면에 인간은 물리적 직관을 가지고 태어날 뿐 아니라, 기나긴 진화 과정을 거치며 점진적으로 발달시켜 나간다. 따라서 기계가 이 정도 수준의 인지 능력을 갖추려면 신경 과학, 인지 과학 등 여러 학문 분야의 심층적인 통찰이 필요할 것이다. 요컨대, 인간은 계단을 몇 번 오르내려 보면 세계 어느 곳에 있는 계단이든 다 오르내릴 수 있다. 그러나 현재의 기계가 계단을 오르내리게 하려면, 아마도 전 세계 모든 계단을 다 학습해야 할지 모른다.

기계를 통한 인간의 인지 확장

지금까지 우리는 어떻게 기계에게 이 세계를 이해하도록 가르칠 수 있는지를 논의해 왔고, 인간이 인지 측면에서는 이미 '우등생'이라고 가정했다.

우리가 사는 세상을 이해하기 위해 인간은 종교를 포함한 다양한 수단을 사용해 왔다. 그러나 산업 혁명 이후로 더 널리 쓰인 수단은 과학이다. 독일의 저명한 철학자 니체는 "과학은 일종의 사회적, 역사적, 문화적 인간 활동이다. 그것은 변하지 않는 자연의 법칙을 발명한 것이 아니라 발견했다."라고 말했다. 사실 과거의 기나긴 역사적 흐름 속에서 과학자들은 이미 수많은 과학적 발견을 이루어냈다. 그렇다면 우리는 정말 이 세계를 충분히 인지하고 이해할 수 있게 되었을까?

이에 대해 마리오 크렌 Mario Krenn 등 학자들은 아직 충분하지 않다

고 말한다. 2022년 그들은 《네이처 리뷰 피닉스Nature Reviews Physics》
에 ‘인공지능을 활용한 과학적 이해On scientific understanding with artificial
intelligence’라는 글을 발표하고, 철학적 관점에서 과학적 발견보다 더
고차원적인 인지 단계가 있다고 주장했다. 그것이 바로 ‘과학적 이해
scientific understanding’다. 예를 들어 과학자가 신소재에 쓸 수 있는 분
자를 찾아내는 것은 중요한 과학적 발견이라고 할 수 있다. 그러나 새
로운 수요가 생겼을 때 또 다른 적합한 분자를 찾아내는 일은 쉽지 않
다. 반면에 과학적 이해는 다르다. 더 본질적이고 깊은 차원의 이해와
인지를 포함한다.

놀랍도록 고무적인 사실은, 인공지능이 아직 인간의 인지 능력을
갖추고 있지 않은 것처럼 보일지라도, 이미 과학적 이해의 길에서 엄
청난 도움을 주고 있다는 것이다. 이러한 도움은 세 가지 차원에서 드
러나고 있다.

첫 번째로 인공지능은 우리에게 ‘통찰의 현미경’을 제공해 주었다.
역사학자들은 유리의 발명과 사용을 높이 평가한다. 유리 제품의 발
명이 망원경과 현미경의 발명으로 이어졌고, 그 덕에 우리는 머나먼
우주, 거대한 자연계, 주변의 미시적 세계까지 볼 수 있게 되었기 때문
이다. 이와 마찬가지로, 인공지능은 ‘계산의 현미경’을 만들어 우리가
전통적인 방법으로 가시화하거나 탐색할 수 없었던 대상과 과정을 볼
수 있게 해 주었다. 예를 들어 고도 계산 시뮬레이션을 통해 과학자들
은 스파이크 단백질spike protein이 서로 다른 구조에서 새로운 생물학
적 기능을 나타낸다는 사실을 발견했으며, 이는 생물 시스템 중 글리
칸(세포 표면이나 분자 구조에 결합된 다당류)의 역할에 대한 기존의 통념

통찰의 현미경

을 뒤집었다.

두 번째로 인공지능은 '영감의 샘'이 되고 있다.

70년 전, 튜링은 "기계는 종종 나를 놀라게 한다."라고 말했다. 이러한 견해는 오늘날 다양한 영역에서 구현되고 있다. 우선 지능형 로봇은 강력한 계산 능력을 가지고 있다. 인간이 대량으로 쌓인 실험 데이터 표를 대면하고 난감해할 때, 각종 통계 분석 도구는 데이터 속에서 규칙을 찾아내고 그 이면에 숨이 있는 이상 징후를 탐색해 인간 과학자가 아직 발을 들여놓지 않은 새로운 영역으로 들어가도록 인도한다. 그다음으로 인공지능은 강력한 검색·추론 능력을 통해 방대한 과학기술 문헌 속에서 인간이 놓치기 쉬운 오류 혹은 가치 있는 발견을 해낼 수 있다. 마지막으로 인공지능 모델 자체 및 그것이 문제를 이해할 때의 행위 역시 관찰의 가치가 있는 대상이며, 인간 과학자들이 새로운 개념을 발견하도록 영감을 준다. 예를 들어 바둑 분야에서 인공지능은 인간에게 새로운 '정석'을 제시했을 뿐 아니라, 놀라운 선견지명을 보여 주기도 했다. 그 덕에 인간 프로 바둑 기사들은 이러한 패턴을 연구해 새로운 전략을 펼쳐 보일 수 있었다.

세 번째로 인공지능이 '진리의 전달자' 역할을 하기도 한다.

이 차원에서 인공지능의 역할은 크게 두 가지다. 하나는 새로운 과학적 이해를 자동으로 획득하는 것이고, 다른 하나는 그 이해를 인간에게 명확하게 설명하는 것이다. 분명, 현 단계의 인공지능은 진리의 메신저 역할을 온전히 수행할 수 없다. 그러나 장차 기계가 인간이 자유롭게 이해하고 해석할 수 있는 능력을 갖추는 데 도움을 줄 잠재력을 가지고 있다.

인공지능의 선구자 중 한 명인 도널드 미키Donald Michie는 1988년에 출간한 혁신적 저서『향후 5년간의 기계 학습Machine Learning in the Next Five Years』에서 이러한 개념을 깊이 있게 탐구했다. 그는 기계 통찰력을 인간이 사용 가능한 지식으로 어떻게 전환하는지 예견했고, 한 발 더 나아가 인공지능 알고리즘을 약한 기계 학습, 강한 기계 학습과 초강력 기계 학습으로 나누었다. 약한 기계 학습은 주로 방대한 훈련 데이터를 처리해 예측 정확도를 높이는 데 있다. 이 단계의 알고리즘은 일반적으로 내부 작동 방식이 사용자에게 불투명한 '블랙박스'로 여겨진다. 강한 기계 학습에서 알고리즘은 논리적 표현 방식 혹은 수학 공식 등을 통해 그 가설을 기호로 표기한다. 최고 차원의 초강력 기계 학습은 데이터를 통해 학습하는 것을 넘어, 인간 작업자에게 지식을 가르쳐 특정 과업에서의 성과를 크게 향상시키도록 하는 데 목표를 둔다.

체화된 지능이 발전하면서 인간과 기계 사이의 상호 작용은 갈수록 더 긴밀해지고 있다. 그런 의미에서 머지않은 미래에 인간은 인공지능의 도움을 받아 더 깊은 차원의 과학적 이해에 도달할 가능성이 크다. 인공지능이 '진리의 전달자'로 자리매김한다면, 우리는 과학의 복잡성을 이해하고, 이 과정에서 혁신적인 과학 지식을 창출할 수도 있다. 궁극적으로 인간과 기계가 협력해 만물의 이치를 통찰하는 시대가 열릴 것이다.

결정

CHAPTER 8

우리는 매일 무수히 많은 결정을 하고, 이전에 했던 결정을 후회하기도 한다. 이러한 결정은 크든 작든 모두 우리 삶의 일부이며, 우리의 과거를 만들고 현재에 영향을 미칠 뿐 아니라 미래를 결정한다.

그렇다면 인간은 어떤 과정을 거쳐 결정에 이르게 될까? 답하기 어려운 질문이지만, 간단히 말하자면 인간의 결정 과정은 일련의 복잡한 사고 활동과 감정적 반응의 종합적 결과물이다.

우선, 결정은 문제 혹은 필요를 인식하는 것에서 시작된다. 우리가 모종의 불균형 혹은 욕망을 감지하면, 이것이 해결 방안을 찾기 위한 동력으로 작용한다. 이러한 인식 과정은 배가 고플 때 먹을 것을 찾는 것처럼 매우 직관적이거나, 아니면 일에서 성취감을 추구하는 것처럼 상당히 추상적일 수도 있다.

두 번째는 정보 수집 단계이다. 뇌는 매우 효율적으로 관련 정보를 선별하고 분석하고 저장한다. 여기에는 과거 경험에 대한 회상, 현재 상황에 대한 평가, 미래 결과에 대한 예측까지 모두 포함된다.

세 번째는 각종 가능한 선택지에 대한 평가이다. 이때는 각 선택지의 장단점을 저울질하고, 그것들이 우리의 가치관과 얼마나 일치하는지, 어떤 결과를 초래할지 고려한다. 이 과정은 두려움, 기대 혹은 욕망 같은 우리의 감정 상태의 영향을 받기도 하며, 이에 따라 특정 선택지에 더 끌리거나 거부감이 생길 수도 있다.

마지막으로 우리는 선택을 한다. 이 선택은 때론 명확하고, 때론 모호하며, 때론 직관에 영향을 받기도 한다. 우리의 뇌는 이 과정에서 다양한 선택지의 상대적 가치를 빠르게 계산해, 현재 상황에서 최선으로 보이는 답을 선택하게 한다.

노벨 경제학상 수상자인 대니얼 카너먼Daniel Kahneman은 자신의 저서 『생각에 관한 생각Thinking, Fast and Slow』에서 인간의 두 가지 의사 결정 모델, 즉 빠르고 직관적인 '시스템 1'과 완만하고 논리적인 '시스템 2' 대해 이야기했다. 우리가 선택을 할 때 이 두 가지 시스템은 종종 서로 교차해 작동하고, 우리의 결정 과정에 영향을 미친다.

시스템 1은 자동적이고 빠르며 직관과 감정에 의존하기 때문에 순간적인 반응을 가능케 한다. 예를 들어 우리가 뱀을 봤을 때 시스템 1은 도망쳐야 한다고 빠르게 반응한다. 이것은 일종의 생존 본능에서 나온 반응이다.

그러나 완만하고 논리적인 시스템 2는 주의력을 집중시켜 복잡한 계산과 분석을 진행한다. 우리가 대학 전공이나 직업을 선택하는 것처럼 중대한 결정에 직면했을 때 시스템 2가 바로 작동을 시작해 여러 가지 요소를 저울질하고 더 이성적인 선택을 하도록 돕는다.

다만 대니얼 카너먼이 제시한 이 두 가지 시스템이 늘 조화를 이루며 공존하는 것은 결코 아니다. 시스템 1은 빠르지만 때로는 인지적 편차로 인해 잘못된 판단을 내리기도 한다. 시스템 2는 이성적이지만 정보 과부하 혹은 계산 능력의 한계로 인해 차선의 선택을 할 수 있다.

따라서 우리는 이 두 가지 모델 사이를 끊임없이 오가며 최적의 균형점을 찾으려고 노력해야 한다. 직관에 이끌려 빠르게 선택을 내렸더라도, 이성적 분석을 통해 검증하고 조정할 수 있다. 결국 우리는 결정을 내리고, 그 결과에 근거해 피드백과 조정을 거친다. 그리고 실행 결과가 기대에 부합하면 만족감과 자신감을 느끼며, 그 반대라면 실망과 후회를 경험하고 미래의 결정을 수정할 수 있다.

"당신의 인생은 크고 작은 결정으로 만들어진다."라는 말이 있다. 그러나 평행 우주가 존재하지 않는 한, 자신이 선택하지 않은 길에서 어떤 풍경을 보고 어떤 사람을 만나고 어떤 경험을 하게 될지는 아무도 모른다.

이제 기계 에이전트가 등장했다. 과연 그 에이전트는 우리가 '인생을 예행 연습'하도록 도와줄 수 있을까?

기계는 어떻게 결정을 내릴까?

우리는 기계도 사람처럼 유연하게 결정을 내릴 수 있기를 기대하지만, 현재의 컴퓨터와 인간 두뇌는 기반 구조부터 본질적으로 다르다. 튜링 머신의 설계를 보더라도, 컴퓨터는 수학적 계산의 과정을 모방하는 데 더 능숙하다. 기억 방식과 정보 처리 방식에서도 기계와 인간 두뇌는 뚜렷한 차이를 드러낸다. 인간의 뇌는 추론과 추상화에 능숙하고, 기계는 고속 연산과 대규모 데이터 저장에서 탁월한 능력을 발휘한다. 특히 인간의 뇌에는 '망각'이라는 특별한 기능이 있어서, 어떤 일을 잠시 잊더라도 언젠가 다시 떠올릴 수 있다. 하지만 기계는 이러한 기능을 가지고 있지 않다. 그래서 기계는 결정을 내릴 때 '의사 결정 모델'의 지원이 필요하다.

'의사 결정 모델'은 무엇일까? 구체적으로 말하자면 기계는 결정을 하기 위해 특수한 '함수'를 학습해야 한다. 이 함수가 정확히 어떤 형태인지는 논외로 두고, 일단 하나의 블랙박스라고 간주해 보자. 기계는 현재 관찰한 상태 정보(영상, 음성 등 각종 센서가 수집한 데이터), 즉 우리가 앞서 말한 '감지'한 부분을 블랙박스에 넣는다. 그러면 블랙박스는 다음에 무엇을 해야 하는지 기계에게 알려 준다. 우리는 이러한 특수 함수를 보통 '전략', 즉 '의사 결정 모델'이라고 부른다.

의사 결정 모델은 보통 다음 세 가지 측면과 밀접하게 관련된다.

① **작업 목표** 이것은 의사 결정의 출발점이자 귀결점이며, 에이전

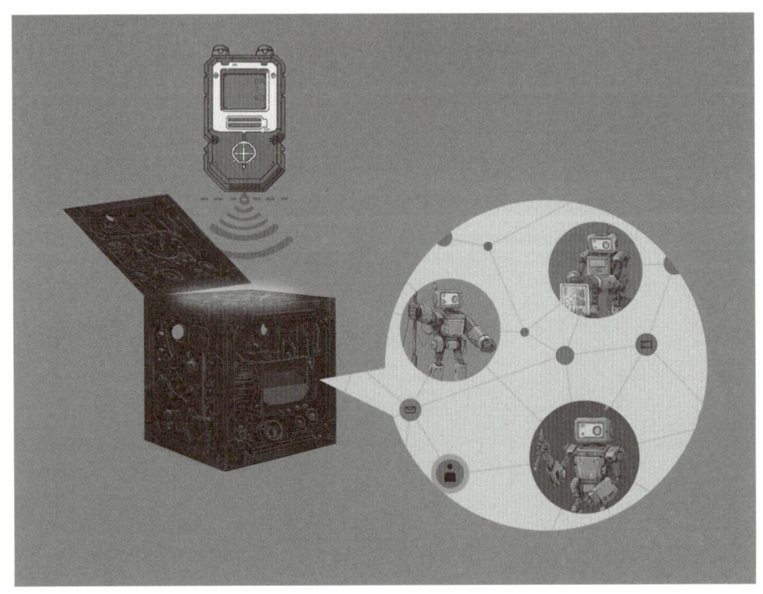

트가 도달해야 할 최종 목표를 정의한다.

② **환경 상태** 에이전트는 현재 자신이 처한 환경 상태 및 자신의 상태를 이해해야 하며, 이것은 의사 결정의 기초가 된다.

③ **자신의 능력** 에이전트는 자신의 능력 범위를 명확히 파악해야 한다. 예를 들어 어떤 동작을 할 수 있는지, 이 동작들이 가져올 수 있는 효과가 무엇인지에 대해 알아야 한다.

의사 결정 모델을 더 직관적으로 이해하려면, 경비가 삼엄한 정부 기관에 방문했을 때 맞닥뜨리는 경비 책임자의 '피할 수 없는 세 가지 질문', 즉 '누구시죠?', '어디서 오셨죠?', '어디로 가시죠?'를 떠올려 보자.

‘누구시죠?’는 에이전트의 자아 인식에 해당한다. 다시 말해, 자신의 정체성과 능력을 알고 있느냐이다. ‘어디서 오셨죠?’는 환경 상태에 대한 이해 및 평가에 해당한다. 즉, 에이전트가 현재 상황을 알고 있느냐이다. ‘어디로 가시죠?’는 작업 목표의 설정에 해당한다. 즉, 에이전트가 도달하고자 하는 목표 혹은 도달해야 하는 목적지를 의미한다. 이세 가지 질문에 대한 답을 통해 에이전트는 복잡하고 변화무쌍한 환경속에서 가장 적합한 행동을 선택하도록 의사 결정 모델을 구축할 수있다.

의사 결정 모델을 구축하기 위해 머신러닝 분야에서는 다양한 방법을 발전시켜 왔다. 그중 ‘모방 학습imitation learning’과 ‘강화 학습reinforcement learning’은 각자 고유한 방식으로 기계가 의사 결정 기술을 습득하도록 돕기 위해 만들어진 두 가지 중요한 방법이다.

구체적으로 말하면, 모방 학습은 기계가 방대한 인간 의사 결정 데이터를 분석해 특정 상황에서 적절한 선택을 하는 방법을 학습하는 것이다. 모방 학습의 핵심 장점은 직관성이다. 기계는 처음부터 탐색을 시작할 필요 없이 전문가의 행동을 모방해 빠른 속도로 효과적인 의사 결정 전략을 습득할 수 있다. 물론 이러한 방법은 큰 제약이 따른다. 즉 기계가 모방 대상에 지나치게 의존해 전략을 깊이 있게 이해하는 능력이 부족해질 수 있다.

한편, 강화 학습은 보상과 처벌을 통해 기계의 행동을 유도하고, 기계가 끊임없는 시행착오를 통해 최적의 전략을 학습하도록 만든다. 이것은 인간이 경험을 통해 배우는 과정과 유사하다. 반면에 기계는 인간보다 훨씬 많은 대규모 데이터를 처리하고, 매우 짧은 시간 안에 학습할 수 있다. 강화 학습을 통해 기계는 복잡한 환경에서 빠르고 정확한 결정을 내릴 수 있고, 심지어 어떤 상황에서는 인간의 성과를 뛰어넘기도 한다.

우리의 기계는 마치 포대기에 싸인 갓난아기가 점차 성장하는 것처럼 이 세상에 대한 대략적인 감지와 인지를 거친 후 마침내 이 잔혹하고도 현실적인 세계를 향해 조심스레 첫발을 내딛는다.

모방에서 시작되는 학습

2001년 상영된 〈레플리컨트 The Replicant〉는 복제 기술을 이용해 광적인 살인마를 만들고, 그 행동을 관찰해 잔혹한 살인마를 찾아내는 스토리를 담고 있는 영화다. 이러한 공상과학 스토리는 우리에게 매우 직관적인 학습 방법을 소개한다. 바로 '행동 클로닝 behavior cloning' 이다. 이것은 모방 학습의 일종으로, 에이전트가 마치 그림을 모사하듯 시범자의 행동을 그대로 따라하는 것이다.

행복 클로닝이라는 모방 학습 과정에서 우리의 의사 결정 모델을 신경망 π_θ로 구성된 블랙박스라고 가정한다면, 그중 θ는 네트워크 매개변수를 의미한다. 이 네트워크는 에이전트가 관찰한 상태 s를 입력으로 받아들이는데, 여기에는 환경 정보, 에이전트의 위치, 자세 등이 포함될 수 있다. 네트워크의 출력은 주어진 상태에서 에이전트가 취해야 할 행동이다.

이 모델을 훈련하기 위해 우리는 전문가 시범 데이터셋을 구축해야 하고, 그것은 일련의 상태-행동 쌍을 포함하며 다음과 같은 형식이다.

$$D=\{(s_i, a_i) \mid i=1, \cdots, N\}$$

이 데이터 쌍들은 특정 상황에서 인간 전문가가 취한 행동을 기록한 것으로, 기계가 이러한 선택을 학습하고 복제하게 만드는 것이 우리의 목표다.

이 훈련 과정은 마치 요리사를 훈련하는 상황과 유사하다. 요리사(신경망)는 다양한 요리(행동)를 배워야 하고, 레시피(전문가 시범 데이터셋)에는 각 요리의 조리 과정(상태-행동 쌍)이 상세히 기록되어 있다고 가정해 보자. 요리사는 끊임없는 노력과 요리 솜씨(네트워크 매개변수)로, 주어진 식재료(상태)를 사용해 요리(행동)를 정확하게 재현해, 원래 레시피의 기준에 최대한 부합하는 결과물을 만들어내야 한다.

그런데 행동 클로닝은 이미 아는 동작을 모방하는 데는 뛰어난 성과를 보이지만, 일반화 능력은 매우 취약하다. 일반화란, 몇 가지 상황에서 얻은 지식을 더 많은 상황으로 확장해 효과적으로 적용하는 것이다. 예를 들어 예닐곱 살짜리 아이는 태어나서 한 번도 계단을 본 적이 없다 해도, 몇 번만 알려 주면 계단을 오르는 법을 터득한다. 그러나 기계에는 이 방법이 통하지 않는다. 기계 학습에서는 이를 '공변량 변화covariate shift[8]'라고 부른다. 현실 세계의 상호 작용은 매우 복잡해

---

[8] 학습 데이터와 실제 적용 데이터에서 입력 변수의 분포가 달라지는 현상.

서, 훈련 데이터셋만으로는 모든 가능성을 다 포괄할 수 없다. 따라서 훈련 샘플의 데이터 분포와 다른 상황을 맞닥뜨리면, 에이전트는 행동 클로닝 기반 전략 네트워크에 큰 오류를 일으킨다.

영화 〈레플리컨트〉에도 유사한 상황이 등장한다. 살인범과 복제 인간이 어두운 지하실에서 마주했을 때 살인범은 복제 인간의 얼굴을 어루만지며 복잡한 심정을 감추지 못한 채 "네가 바로 내 가족이구나."라고 말한다. 그러나 복제 인간은 무기력하고 멍한 눈빛으로 그를 바라볼 뿐이었다. 복제 인간은 살인범의 외모와 DNA를 가졌지만, 내면은 정직하고 선했다. 이 장면은 외형이 똑같아도 내적인 차이가 클 수 있음을 보여 준다. 이는 기계 학습에서 행동 클로닝의 한계를 잘 드러낸다. 즉 외부 행동은 모방할 수 있지만, 내적인 적응력과 이해는 복제하기 어렵다.

또한 행동 클로닝은 '복합 오류compounding errors'라는 도전에 직면해 있기도 하다. 복합 오류란, 각 시퀀스 단계에서 환경의 미세한 변화 혹은 초기 오류가 점점 누적되면서, 결국 에이전트의 행동이 이상적 경로에서 점점 더 벗어나는 것을 의미한다. 이는 마치 그림을 그릴 때 처음부터 잘못된 눈의 비율을 제때 수정하지 않으면, 코와 입 등 기타 부위의 위치와 비율에도 영향을 미치는 것과 같다. 결국 얼굴 전체의 비율이 실제와 어긋나게 되면서 작품은 예상과 전혀 다른 방향으로 흘러갈 수밖에 없다.

인공지능 분야의 핵심 기술 중 하나인 모방 학습은 에이전트의 일반화 능력과 신뢰성 향상 측면에서 최근 몇 년간 괄목할 만한 발전을 이루었다.

우선 일반화 능력부터 살펴보자. 모방 학습에서 에이전트가 직면한 중대한 문제 중 하나는 한 번도 겪어 본 적 없는 상황에 처했을 때 제대로 대처하지 못하는 것이다. 그렇다고 해서 인간 전문가가 시연 과정에서 모든 상황을 고려하기란 거의 불가능하다. 예를 들어 무인 자율주행차는 임시 도로 공사로 인해 도로가 좁아지는 상황과 맞닥뜨렸을 때 숙련된 운전자처럼 상황에 맞춰 빠져나가지 못하고 머뭇거릴 수 있다. 그런데 사실 이를 기계의 탓으로만 돌릴 수도 없다. 설사 숙련된 운전자라고 해도 앞차가 좌회전 깜빡이를 켜고 있다가 돌연 우회전하는 상황에 맞닥뜨리면 대부분 당혹스러워할 수 있다.

이 문제를 해결하기 위해 등장한 것이 'DAgger[9] 알고리즘'이다. 그 기본 취지는 훈련 데이터셋을 계속해서 확장해 문제를 완화하는 데 있다. DAgger 알고리즘의 핵심은 학습자가 기존에 예측하지 못했던 수많은 상황을 경험하여 자신의 전략을 실행하도록 만드는 것이다. 일단 새로운 상황들과 마주하면 다시 '선생님', 즉 인간 전문가가 등장해

---

[9] 'Dataset Aggregation'의 줄임말로, 여기서 'DAgger 알고리즘'은 전문가 경험과 최신 학습 결과를 효과적으로 결합해 모방 학습 모델의 일반화와 안정성을 크게 향상시키는 핵심 딥러닝 기법이다.

어떻게 대응해야 하는지 시범을 보여 준다. 이러한 식으로 새롭게 수집된 훈련 사례는 기존 훈련 데이터셋에 병합되고, 에이전트는 반복 학습을 통해 자신의 전략을 계속해서 갱신한다. 이 과정은 인간 교육 중 '실천-피드백' 순환과 매우 닮아 있다. 교사는 지식을 가르치는 데 그치지 않고 학생이 실패를 통해 배울 수 있도록 이끌어 주어 더 효율적인 학습 효과를 내게 된다.

DAgger와 같은 학습 전략 외에도 에이전트의 학습 모델은 계속해서 혁신을 이루어 가고 있다. 예를 들어 '확산 전략diffusion policy 알고리즘'은 확산 모델diffusion model을 체화된 지능 영역으로 끌어들였다. 확산 모델은 원래 이미지 생성 분야에서 엄청난 성공을 거두었지만, 지금은 에이전트의 행동을 생성하는 데 활용되며 상당한 잠재력과 효과를 보여 주고 있다.

'확산 모델'이라는 용어가 왠지 생소하게 들릴 수 있지만, '소라Sora'라는 용어는 귀에 익을 수도 있다. Sora는 사용자가 입력한 글자를 영상으로 변환해 주는 인공지능 도구로, 그 핵심 기술이 바로 확산 모델이다. 그렇다면 확산 모델은 도대체 어떻게 작용할까? 한 장의 사진이 생성되는 과정을 통해 간단하게 살펴 보자.

우선 무작위로 한 장의 이미지를 생성한다. 각 픽셀에 무작위로 RGB 값을 부여하니 옛날 TV에서 보던 '노이즈' 화면, 즉 지직거리는 화면과 비슷해 보인다. 그런 다음 이 이미지에서 노이즈를 조금씩 줄여 나간다. 반복 작업 과정에서 아주 적은 양의 노이즈만 제거하기 때문에 이미지의 변화가 크게 눈에 띄지 않는다. 그러나 이 과정이 끊임없이 반복되면서 마침내 기적 같은 일이 벌어진다. 사실에 가까운 인물 혹은 몽환적인 미래 도시처럼 의미 있는 이미지가 서서히 드러난다.

그런데 반복 과정에서 제거되는 노이즈가 대체 어디에서 온 것일까? 이는 단순한 무작위 값이 아니라, 신경망이 정교하게 설계한 것이다. 신경망은 사전에 방대한 이미지 데이터로 훈련되었기 때문에, 어떤 노이즈를 얼마나 제거해야 원하는 이미지에 가까워지는지를 정확하게 파악하고 있다. 만약 생성하고자 하는 이미지가 입력한 텍스트 내용과 일치하게 하려면, 텍스트 속의 정보를 인코딩해 전체 이미지 생성 과정에 통합하는 작업을 수행할 인코더가 필요하다.

이제 다시 체화된 지능으로 시선을 돌려 보자. 확산 모델이 이미지와 비디오 생성 영역에서 이미 막강한 능력을 보여 주었으니, 기계를 위해 동작을 생성할 수도 있을까? 물론 가능하다. 확산 전략의 작업 과정은 이미지 생성과 흡사하다. 우리는 먼저 무작위로 동작 시퀀스action sequence를 추출한다. 이는 무질서하게 뒤섞인 일련의 무작위 수의 집합으로 생각할 수 있으며, 확산 모델이 채워 넣어야 할 하나의 빈 동작 템플릿과 같다. 동시에 현재 관찰한 상태를 조건으로 함께 입력한다. 예를 들어 카메라가 포착한 이미지나 기계의 자세 같은 정보가 여기에 해당한다.

그런 후 이미지 생성 과정에서 픽셀값을 조금씩 출력하는 것처럼 반복적으로 노이즈를 제거하며 최종 동작 시퀀스를 생성해 나간다. 물론 합리적인 동작 시퀀스를 생성하려면 방대한 전문가 시범 데이터로 모델을 훈련해야 한다. 그래야 모델이 출력하는 노이즈가 동작 시퀀스를 효과적으로 이끌어 점차 정확하고 연속적인 동작으로 변환해 갈 수 있다.

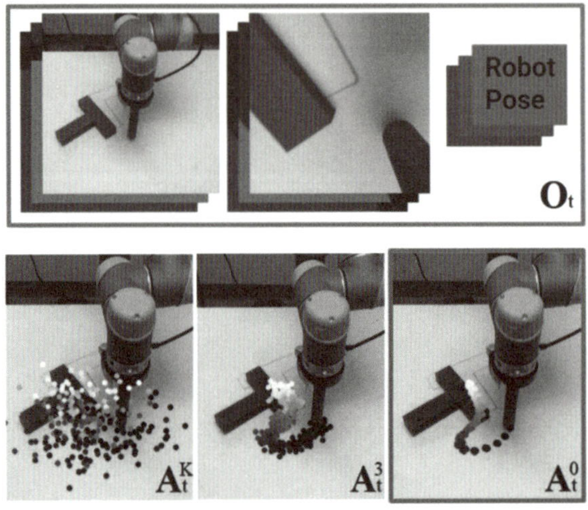

확산 전략의 방법

사진 출처: C. Chi, et al., "Diffusion Policy: Visuomotor Policy Learning via Action Diffusion",
RSS, Daegu, Republic of Korea, July 10-14, 2023.

스탠퍼드대학교의 '가사 도우미 로봇' 프로젝트(ALOHA와 Mobile ALOHA)는 실제 응용 과정에서 모방 학습의 잠재력을 한층 더 명확히 드러냈다. '알로하ALOHA 시스템'은 두 개의 로봇 팔과 한 개의 원격 조정기로 구성되어 있으며, 인간의 소수 시연만으로도 기술을 빠르게 학습할 수 있다. 그림에서 볼 수 있듯이, 조작자는 뒤쪽의 원격 조정기를 잡고 움직여 앞에 있는 두 개의 로봇 팔이 다양한 작업을 완수하도록 제어한다. 이는 마치 SF 영화 〈퍼시픽 림Pacific Rim〉에서 거대한 로봇 전사(이 영화에서 채택한 것은 신경 연결 방식이다)를 조정하는 장면과 비슷

212

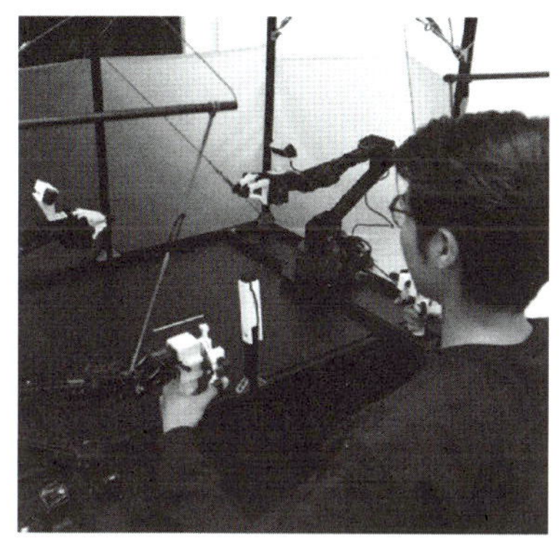
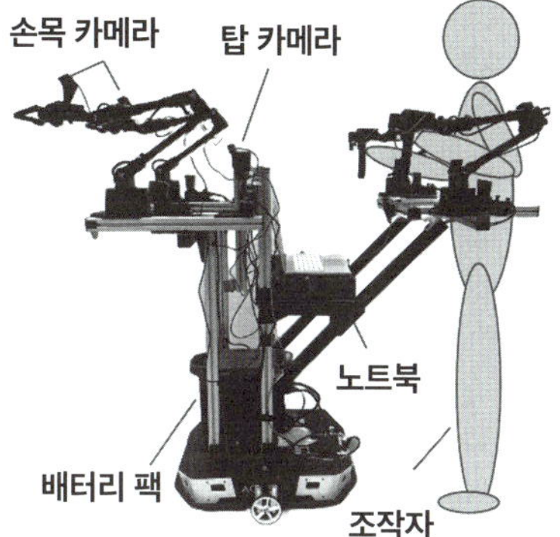

ALOHA의 하드웨어 시스템   Mobile ALOHA 시스템 구조

사진 출처: T. Z. Zhao, et al., "Learning Fine-Grained Bimanual Manipulation with Low-Cost Hardware", RSS, Daegu, Republic of Korea, July 10–14, 2023; Z. Fu, et al., "Mobile ALOHA: Learning Bimanual Mobile Manipulation using Low-Cost Whole-Body Teleoperation", PMLR CoRL, Munich, Germany, November 6–9, 2024.

하다. 이 과정에서 인간의 조작이 기록되고, 이것은 에이전트의 학습을 위한 훈련 데이터로 변환된다.

앞서 언급한 복합 오류를 해결하기 위해 알로하 개발팀은 'ACT Action Chunking with Transfomers'라는 알고리즘을 제안했다. '액션 청킹 Action Chunking', 즉 동작 분할은 신경 과학의 최신 개념을 차용한 것으로, 일련의 개별 동작을 하나의 실행 단위로 조합해 동작의 저장 및 실행 효율을 높인다. 이는 농구에서 멋진 레이업 동작을 '달리기, 점프, 슛'의 연속된 움직임으로 묶어 하나의 기술로 체화하는 것과 유사하다. 하지만 대부분의 머신러닝 기반 의사 결정 모델은 이러한 방식으로 작동하지 않는다. 매번 단일 관절의 작은 움직임이나 부품의 선형

이동만을 출력한다. 동작을 지나치게 잘게 쪼개면 의사 결정을 빈번하게 해야 하므로 작업 궤적이 길어지고, 결국 복합 오류의 발생 확률이 증가한다.

ACT 알고리즘은 이러한 문제를 효과적으로 완화해 결정의 신뢰성을 높일 뿐 아니라, 행동의 그룹화를 통해 풍부한 의미를 갖게 됨으로써 결과의 해석 가능성까지 향상시킨다. 연구자가 보여 준 것처럼 ALOHA는 수십 번의 시범 학습을 통해 배터리를 충전기에 삽입하는 것과 같은 작업을 수행할 수 있게 되었다.

ALOHA의 이동성을 높이기 위해서 연구자는 모바일 알로하Mobile ALOHA와 이동식 바퀴 기반 플랫폼을 추가로 개발했다. 또한 공동 학습joint training 방식을 사용해 기존의 ALOHA 시스템이 수집한 정적 훈련 데이터에 이동식 바퀴 기반 플랫폼으로 수집한 새로운 데이터를 추가해 학습 효율을 높였다. 그 결과 로봇은 인간의 직접적인 조작과 통제 없이도 집안일 등 다양한 작업을 자율적으로 완수했다. 이는 모방 학습에서 자율적 작업 수행으로의 전환을 의미하기도 했다.

그럼에도 우리를 집안일에서 완전히 해방시켜 줄 로봇은 아직 개발되지 않았다. 복잡한 환경에 대한 적응력, 미래 상황에 대한 대처 능력, 지속적인 학습 과정에 필요한 안정성과 효율 등 해결해야 할 과제가 남아 있기 때문이다.

이쯤에서 기계 학습의 또 다른 학습 패러다임으로 여겨지는 '강화 학습'을 언급하지 않을 수 없다. 엥겔스Friedrich Engels는 "노동이 먼저고, 그다음으로 노동과 언어의 결합이 이루어졌다. 이 두 가지는 인류의 발전을 이끈 가장 중요한 동력이며, 그 영향을 받아 원숭이의 뇌는 인간의 뇌로 전환되는 과정을 거쳤다."라고 말했다. 만약 노동이 인간 뇌의 헬스 트레이너라면, 강화 학습은 바로 기계의 뇌를 위한 헬스 트레이너이다. 강화 학습은 에이전트가 환경 속에서 탐색과 시도를 통해 최대 누적 보상을 얻도록 격려하고, 그 결과 에이전트의 전략 최적화와 지능의 향상을 촉진한다.

모든 행동은 흔적을 남긴다

인류가 언제부터 번개를 맞거나 산불에 타서 죽은 고기를 먹게 되었는지는 구체적으로 기록되어 있지 않다. 아마도 그때 문자가 없었던 탓일 테지만, 어쨌든 사람들은 분명 그 맛을 경험해 봤을 거고 어쩌면 익은 음식을 먹고 나서 소화와 흡수가 더 잘 되자 익은 음식을 더 선호했을 수도 있다. 모방 학습과 비교하면, 상호 작용을 통한 학습 방법은 탐구의 색채가 훨씬 더 짙다. 비록 학습 과정에서 수도 없이 많은 좌절을 겪지만, 분명 우리에게 새로운 지식과 기술을 가져다줄 수 있다.

강화 학습은 이러한 인간의 탐구 정신이 인공지능 분야에서 구현된 것이다. 강화 학습을 통해 에이전트는 환경과의 상호 과정 속에서 피드백 정보를 통해 자신의 행동을 조정하며 목표를 달성한다. 쉽게 말해, 이는 시행착오의 학습 과정이라고 볼 수 있다. 에이전트는 계속되는 시도와 실수를 통해 복잡한 환경 속에서 상대적으로 최적화된 결정을 내리는 방법을 조금씩 배워 나간다.

강화 학습이라는 개념이 학술 문헌에서 두각을 나타내기 시작한 것은 1960년대부터이다. 그중 1961년, 마빈 민스키가 발표한 혁신적 논문 〈인공지능을 향하여Steps toward artificial intelligence〉를 보면 강화 학습 장치와 시스템이 여러 차례 언급되어 있다.

작년 2024년 7월에 우리는 민스키의 수제자 중 한 명인 마누엘 블룸Manuel Blum 교수를 운 좋게 강연에 초청해, 강화 학습의 개념이 만들어졌을 무렵 그들 사이에서 어떤 토론이 이루어졌는지 직접 들을 수 있었다. 민스키는 의심의 여지가 없을 정도의 전설적 인물이고, 마누엘도 그의 수제자답게 튜링상을 받고, 수많은 업적도 남겼다. 게다가 그의 제자 세 명도 튜링상을 수상했다. RSA 알고리즘을 발명한 세 명 중 'A'에 해당하는 레너드 애들먼Leonard Adleman도 그중 한 명이다.

마누엘은 한담을 나눌 때면 두 가지 일화를 이야기했다. 첫 번째 일화는 MIT에서 존 내시의 미적분 수업을 들을 때 있었던 일이다. 내시는 원을 그리는 데 오랜 시간이 걸렸고, 심지어 무려 10분이나 걸려 원 하나를 그릴 정도로 정성을 들였다. 한 번은 창가에 서서 눈송이가 흩날리는 모습을 한참 동안 내다보며 '움직임이 얼마나 아름다운지 보라'고 학생들에게 말하기도 했다고 한다. 당시 마누엘은 그의 내면세계가 보통 사람과는 다르다고 느꼈다. 또 다른 일화는 바로 민스키가 실험실에서 로봇의 팔을 조작하며 강화 학습을 강의하던 때와 관련되어 있다. 이러한 초기 연구는 훗날 강화 학습 기술의 토대를 마련해 주었다.

인간 혹은 에이전트가 환경과 상호 작용하는 과정은 매우 복잡하다. 이 과정을 '계산 가능하도록' 만들기 위해 강화 학습은 이를 추상화

강화 학습의 흐름

하고 모델링한다. 위의 그림을 통해 우리는 강화 학습이 어떻게 에이전트와 환경 사이의 연계를 구축하는지를 어느 정도 직관적으로 이해할 수 있다.

강화 학습의 설정에서 에이전트와 환경은 두 가지 주요 요소이다. 에이전트는 단순한 수동적 존재가 아니라, 행동 능력을 가지고 있어 모종의 전략에 근거해 선택할 수 있다. 가볍게 한 걸음 이동하든, 우아하게 컵을 들어 올리든, 머리를 써서 영리하게 한 수를 두든 이 모든 행동이 에이전트의 행동으로 간주된다. 그리고 모든 행동은 흔적, 즉 환경에 변화를 남긴다. 송宋나라의 문인 소동파蘇東坡의 시에 나오는 "인생은 도처에서 무엇과 같은지 아는가, 마치 날아가는 기러기가 눈 덮인 땅을 밟는 것과 같다人生到處知何似, 應似飛鴻踏雪泥."라는 시구처럼 모든 행동은 환경 속에 흔적을 남기고, 기존의 상태를 바꿀 수 있다. 그리고 이러한 행동의 결과를 상태의 '변화' 혹은 '전환'이라고 한다. 즉, 환경이 하나의 상태에서 다른 상태로 진화하는 것이다.

우리는 에이전트가 환경의 일부 상태를 인지할 수 있다고 가정한다. 이를 '관찰'이라고 한다. 비록 완벽할 수는 없지만, 에이전트는 감지 능력에 근거해 현재 상황에 맞는 결정을 내린다. 이로써 에이전트와 환경이 상호 작용하는 순환 구조를 형성한다. 에이전트는 전략에 따라 행동하고, 이는 환경 상태를 변화시키며, 그 변화를 관찰해 다음 결정의 근거로 삼는다.

여기서 우리가 간과한 하나의 핵심 역할이 있다. 바로 '보상'이다. 강화 학습의 시나리오에서 에이전트가 하나의 행동을 수행할 때마다 그것은 환경 속에서 보상을 얻을 수 있다. 이 보상은 보통 하나의 숫자나 스칼라Scalar(크기만 있고 방향은 없는 물리량이나 수학적 양)이며, 마치 거울의 한 면처럼 에이전트의 행동 효과를 반영하고, 에이전트가 그 행동의 옳고 그름을 평가하도록 돕는다. 사실상 수많은 강화 학습의 상황에서 보상은 설계자가 과제의 목표를 위해 설정한 것이다.

우리가 흔히 보는 길거리 링 던지기 게임을 예로 들어 보자. 게임의 플레이어는 바로 에이전트이고, 그들의 행동은 플라스틱 링을 던지는 것이다. 링이 떨어지는 것은 환경 상태의 변화를 의미한다. 플레이어는 이러한 상태를 관찰하고, 링이 떨어지는 지점에 따라 보상을 받을 수 있다. 강화 학습의 환경에서 에이전트가 얻은 것은 실물 상품이 아니라 그 행동의 효과를 상징하는 수치적 보상이다. 만약 가치가 비교적 높은 상품에 링이 걸리면 이 수치가 높아지지만, 링이 땅에 떨어지면 수치는 0이 되거나 심지어 마이너스가 될 수 있다. 이러한 보상 메커니즘은 에이전트를 위해 피드백을 제공하고, 그것이 작업을 완수하는 데 더 유리한 결정을 하도록 유도한다.

물론 현실 세계의 결정은 링 던지기 게임보다 훨씬 더 복잡하다. 바둑을 둘 때의 전략적 선택처럼 여러 단계에 걸쳐 수행해야 하는 작업에서 에이전트는 단기적 보상과 장기적 보상 사이에서 균형을 맞춰야 하고, 이러한 경우는 흔히 발생한다. 따라서 강화 학습은 에이전트가 환경과의 상호 작용 과정에서 규율을 높은 효율로 학습하고, 행동 전략을 계속해서 최적화하도록 요구한다.

앞서 이야기한 내용을 통해, 우리는 강화 학습의 기본 구조를 개괄적으로 살펴봤다. 이제부터는 강화 학습의 핵심 개념과 원리를 더 깊이 있게 탐구해 볼 예정이다.

누구나 한 번쯤은 종이비행기를 날릴 때 앞부분을 향해 '후-' 하고 입김을 분 후 다시 힘껏 날려 본 경험이 있을 것이다.

누군가는 이 같은 행동이 종이비행기가 더 멀리 날아가도록 '영혼'을 불어넣는 것이라 말한다. 그러나 자세히 관찰해 보면, 입김을 부는 행동이 종이비행기를 날릴 때만 국한되는 것은 아니다. 많은 사람이 주사위 혹은 제비뽑기를 할 때도 무의식적으로 이러한 행동을 한다. 왜 그럴까? 중국 중앙TV 강연 프로그램에 출연한 중국 공정원 원사이자 J-15 전투기 총 설계사인 쑨충孫聰처럼 권위 있는 인물의 입을 빌려 말하자면, 이것은 '순전히 운을 빌기 위한' 행동에 불과하다.

'운을 빌기 위한' 행동은, 결과에 대한 심리적 기대에서 비롯된다. 예를 들어 어떤 축구 선수들은 시합에 나가기 전에 반드시 잔디를 한 번 만지고, 자기 반지에 입을 맞추는데, 심리학에서 이러한 행동을 '강화'라고 부른다.

'강화'의 개념을 처음으로 언급한 사람은 심리학 대가 스키너Burrhus Frederic Skinner이다. 행동주의 심리학의 대표적 인물인 스키너는 '조작적 조건 형성Operant Conditioning'을 핵심으로 하는 학습 이론을 제기했다. 이 이론은 그의 기념비적인 저서인 『유기체의 행동The Behavior of Organisms』(1938년), 『월든 투Walden Two』(1948년), 『과학과 인간 행동Science and Human Behavior』(1953년)을 통해 충분히 논의되었다. 스키너는 행동의 형성과 변화가 주로 개체와 환경의 상호 작용 및 피드백을 통해 실현된다는 사실을 관찰을 통해 발견했다.

1920년대부터 스키너는 동물 학습 행동에 대한 실험과 연구를 시작했다. 그는 유명한 실험 장치인 '스키너 상자Skinner Box'를 고안했다. 상자 내부에는 특수한 버튼 혹은 지렛대가 장착되어 있고, 쥐가 버튼을 누르면 그 행동에 대한 보상으로 먹이가 상자 아래 놓인 네모난 식판에 떨어진다. 실험 결과를 보면 쥐가 버튼을 누를 확률은 시간이 지날수록 강화되었다. 스키너는 이러한 현상을 '조작적 조건 형성'이라 불렀다. 즉 동물이 먼저 특정한 조작 반응을 하고 난 후 환경의 강화가 일어나면, 이 반응의 발생 확률이 증가하는 현상을 뜻한다.

이러한 조작적 조건 형성은 러시아 생리학자 파블로프Ivan Pavlov의 '고전적 조건 반사'와 본질적으로 차이가 난다. 파블로프의 실험에서 개는 종소리(조건 자극)를 듣고 침을 흘린다(조건 반응). 이것은 외부 자극이 일으키는 반응이다. 그러나 스키너 상자 속의 쥐는 자신의 행동을 통해 보상을 얻는다. 이것은 개체 행동이 유발한 학습 과정이다.

심리학자 에드워드 손다이크Edward Thorndike도 비슷한 발견을 했다. 그는 '효과의 법칙Law of Effect'을 통해 행동과 결과 사이의 관계를 이론적으로 설명했다. 슈뢰딩거처럼 손다이크도 유명한 '고양이 애호가'였다. 그는 며칠 동안 굶은 고양이를 우리에 가두고 출구가 있는 곳에 말린 생선을 놓아 두었다. 우리 안에는 건드리기만 하면 바로 문이 열리는 장치가 있었다. 처음에 고양이는 우리에서 나가지 못한 채 안에서 이리저리 몸을 부딪치며 나가려고 애썼다. 그러다가 우연히 장치를 건드려 문이 열리자 도망쳐 나와 생선을 먹었다. 여러 차례 시행착오를 거치고 나서야 고양이는 마침내 문을 여는 방법을 정확히 인지

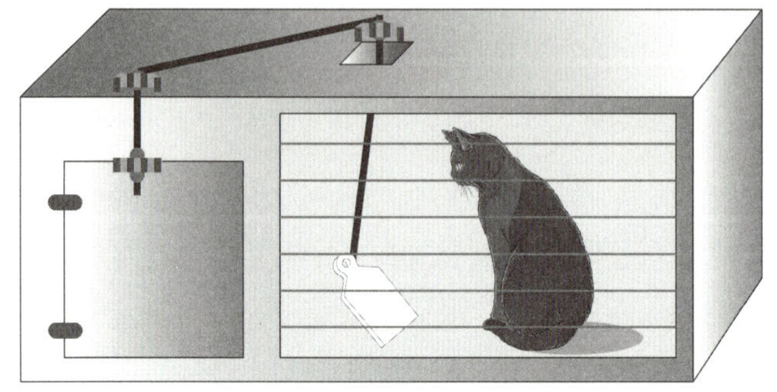

고양이의 학습 곡선

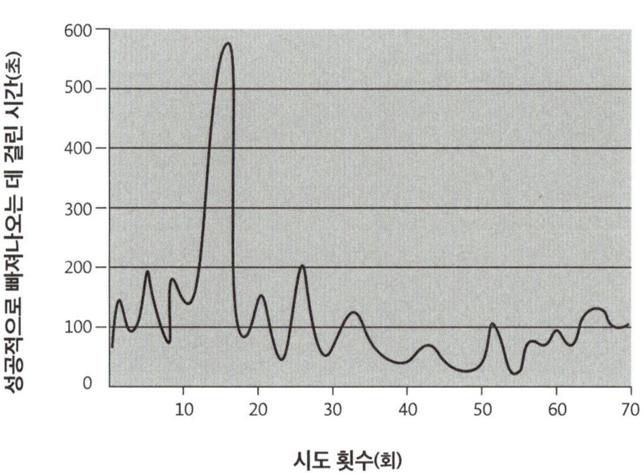

손다이크의 고양이 학습 실험

했다.

손다이크는 곡선 그래프를 이용해 이 학습의 과정을 표시했다. '학습 곡선learning curve'이라고도 불리는 이 그래프의 결과를 보면, 시도 횟수가 증가할수록 동작을 수행하는 데 걸린 시간이 점점 줄어들었다.

스키너의 쥐, 손다이크의 고양이 그리고 그보다 더 유명한 파블로프의 개를 막론하고 이 모든 실험의 결과는 행동 심리학의 핵심 관점을 보여 준다. 이는 바로 우리의 행동이 대체로 외부 환경의 피드백에 의해 만들어진다는 것이다.

궤적과 변환, 격자 미로의 사례

강화의 개념을 이해했다면, 이제 격자 미로 예시를 통해 강화 학습

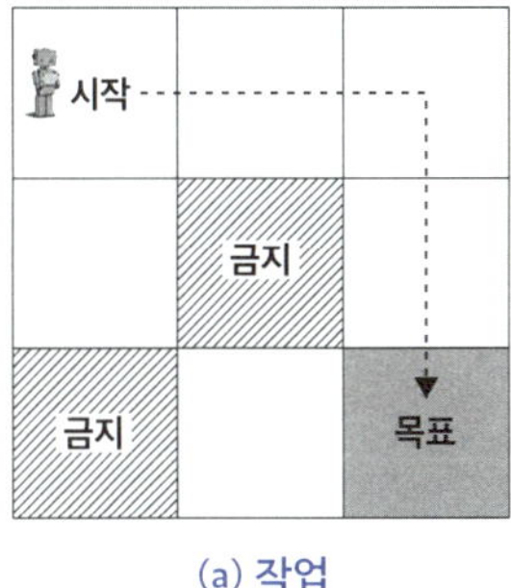

(a) 작업

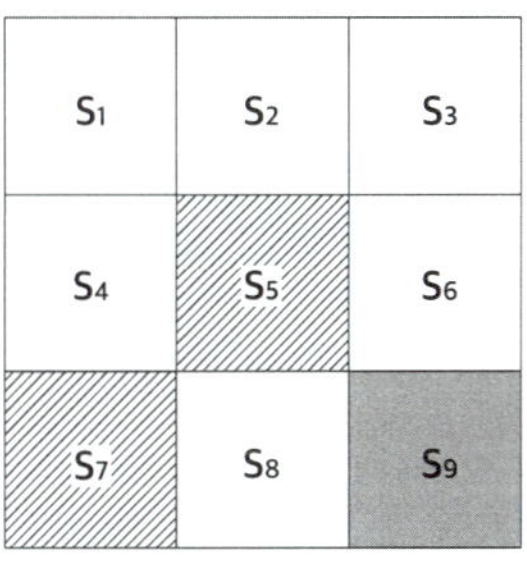

(b) 상태

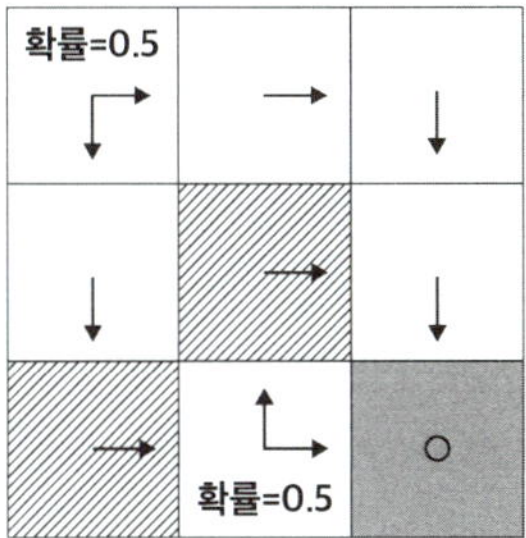

(c) 전략

격자 미로 도식도

의 문제 및 몇 가지 핵심 개념을 더 잘 이해해 보자.

앞의 그림처럼 하나의 로봇을 격자로 구성된 격자 미로에 두었다고 가정하자. 로봇의 작업은 표의 '시작' 지점에서 '목표' 지점으로 가는 효과적인 경로를 찾는 것이다. 로봇은 스텝마다 네 개의 기본 방향 중 하나를 선택해 한 칸을 이동하거나, 혹은 움직이지 않고 제자리에 머무는 것을 선택하면 된다. 난도를 높이기 위해, 미로 속에 '금지 구역'도 존재하고, 위험 혹은 작업 실패를 초래할 만한 장애물도 있다. 로봇은 되도록 이 구역들을 피해 가야 한다.

그렇다면 어떤 경로가 '좋은' 경로라고 할 수 있을까? 이상적인 경로는 경계와 '금지 구역'에 들어가지 않도록 하고, 불필요한 우회를 줄이며, 가능한 한 이동 거리를 줄일 수 있어야 한다. 당연한 말이지만 단한 번의 시도로는 최적의 경로를 찾아내기 쉽지 않다.

이제, 격자 미로의 예시를 통해 강화 학습의 핵심 개념을 정리해 보자.

① **상태**state 로봇이 있는 칸의 위치.

② **행동**action 로봇이 상·하·좌·우를 선택해 한 칸 이동하거나 제자리를 유지하는 것.

③ **상태 전이**state transition 로봇이 수행하는 행동에 따라 도달하게 되는 새로운 위치.

④ **전략**policy 로봇이 현재 상태에 따라 다음 행동 방향을 결정하는 것. 예를 들어 위 그림 속 화살표는 가능한 전략을 표시한다.

⑤ **보상**reward 로봇이 행동한 후 획득한 피드백 값으로, 해당 행동

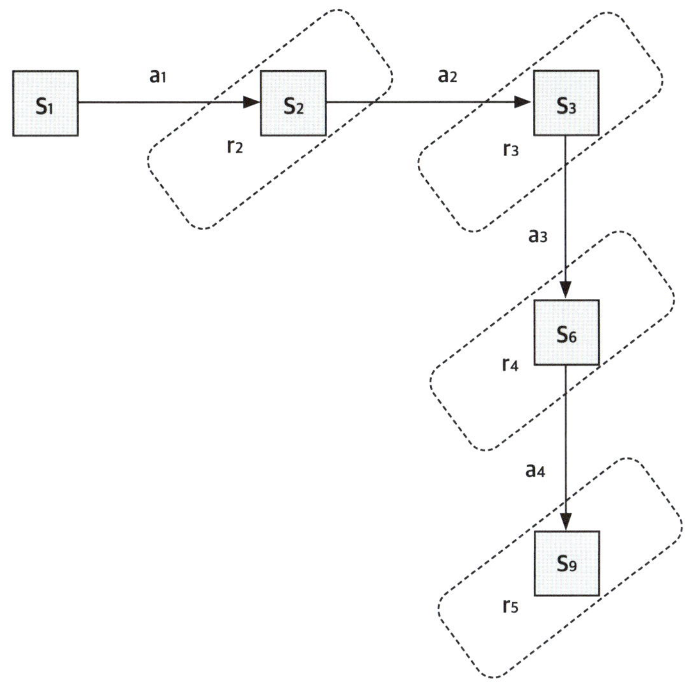

궤적, 보상 그리고 반환의 과정

이 작업 수행에 미친 공헌 정도를 평가할 때 사용한다. 위 예시에서 보상의 정의는 다음과 같다.

- 만약 로봇이 경계를 벗어나려고 시도한 경우: r_{bound}=-1

- 만약 로봇이 금지 구역으로 들어간 경우: r_{forbid}=-1

- 만약 로봇이 목표 지점으로 들어간 경우: r_{target}=+1

- 그 밖의 상황: r=0

⑥ **궤적**^{trajectory}**과 반환**^{return} 궤적은 로봇이 한 번의 작업을 수행하는 과정에서 거쳐 가는 전체 경로를 기록한 것으로, 모든 칸,

각 칸에서 취한 행동과 얻은 보상을 포함한다. 반환(혹은 누적 보상)은 궤적에서 얻은 보상의 누적 합으로 일반적으로 비교적 멀리 있는 보상에 '할인 계수discount factor'를 곱하며, 이때의 반환을 '할인 반환discounted return'이라고 부른다. 그림에서 볼 수 있듯이 이번 미로 탐색에서 로봇은 총 네 번 이동했고, 상태는 S_1에서 시작해 S_9까지 전환되었다. 즉 최종 목표 상태에 이르러, 총 네 개의 보상을 획득했다.

이 예시는 단순한 버전이지만, 상당한 의미가 있다. 우리 팀은 세계 최초의 지하 석탄 광물 네트워크 시스템을 구축할 때 매우 새로운 상황과 마주했다. 바로 '체화된 내비게이션'이었다. 이는 우리가 혼히 사용하는 GPS 내비게이션과 달리, 생존을 위해 탈출할 수 있는 단 하나의 길만 알려 준다. 그렇다면 어떻게 길을 찾아가야 할까? 그리고 만약 기계가 생존을 위한 탈출을 돕는다면, 인간은 어떻게 행동해야 할까? 외부 세계와 상대적으로 격리된 여러 사람이 어떻게 하면 서로 협력해 체력을 최대한 보존한 채 탈출할 수 있을까? 이 관점에서 보면, 우리가 평소 사용하는 내비게이션은 전역적 정보global information[10]를 갖춘 특별한 사례이다.

강화 학습의 몇 가지 핵심 개념 가운데 특히 중요한 것이 바로 '궤적과 반환'이다. 에드워드 로렌츠Edward Lorenz가 제기한 '나비 효과Butterfly Effect' 이론도 같은 맥락에서 이해할 수 있다. 이 이론에 따르면

---

[10] 시스템 전체, 맥락 전체, 큰 그림에서 얻을 수 있는 정보.

나비 효과

남미에 있는 나비의 날갯짓이 미국 텍사스에서 토네이도를 일으킬 수 있다. 그래서 지금 결정을 내릴 때 우리는 발생 가능한 모든 상황과 그에 따른 누적 보상을 종합적으로 고려해야 한다. 이것은 "장막 안에서 전략을 세워 천 리 밖에서 승리를 결정짓는다."라고 했던 옛 성현의 말씀과도 일맥상통한다. 궤적과 반환은 우리를 위해 이러한 시각을 제공한다.

정확성 vs. 혼돈

'궤적과 반환'이 일련의 행동 우열을 반영한다면, 우리의 결정 모델은 예상되는 누적 보상이 가장 큰 궤적을 선택하면 되지 않을까? 그런

데 문제가 그리 단순하지 않다. 사실 우리는 미래의 궤적이나 환경의 상태 변화를 예측하기 어렵다. 먼 미래에 어떤 행동을 선택할지 단정할 수도 없다. 우리가 확신할 수 있는 것은 단 하나, 즉 지금 한 번의 행동 기회가 주어졌다는 사실이다.

그렇다면 이 단 한 번의 행동 기회를 최대한 활용해 가치를 창출하려면 어떻게 해야 할까? 이것이 바로 의사 결정 모델이 해결해야 할 핵심 과제이다.

미래의 불확실성에 대한 답을 '기댓값expectation'에서 찾을 수 있다. 기댓값은 확률과 통계 이론의 핵심 개념으로, 미지의 미래를 하나의 '평균값'으로 추정할 수 있다.

이로부터 우리는 새로운 개념, 즉 '상태-행동값State-Action Value(약칭 'Q값')'을 도입했다. Q값이란, '에이전트가 어떤 상태 s에서 행동 a를 취한 후 발생할 수 있는 모든 가능한 궤적의 할인 반환의 기댓값'이다.

즉, Q값을 행동 우열을 가늠하는 일종의 지표가 될 수 있다. 그렇다면 에이전트가 어떤 상태 s에 있을 때 Q값이 최대인 행동을 선택하는 것이 가장 좋은 전략이 아닐까? 이는 수많은 강화 학습 알고리즘의 기본 개념이기도 하다.

이쯤에서 우리는 강화 학습과 인간 사고방식의 현격한 차이를 발견할 수 있는데, 이 차이 자체가 매우 흥미롭다. 인간의 어떤 행동 뒤에는 모종의 이유가 깔려 있다. 그 이유는 매우 다양하지만, 일반적으로 자연어로 표현할 수 있다(물론 '직관'처럼 언어로 표현하기 어려운 요소는 제외된다).

반면, 강화 학습에 기반한 에이전트는 미래의 모든 반환 가능한 기댓값에 근거해 의사 결정을 한다. 미래에 모든 발생 가능한 상황, 즉 가능한 행동, 환경이나 상태의 변화 등이 여기에 포함되는데, 이 모든 것이 하나의 수치에 응집되어 있어 크기를 비교해 행동 결정을 내릴 수 있다.

이러한 결정 과정에 대해 인간은 '현상만 알 뿐 왜 그렇게 되는지 이치까지 알 수 없다'라고 느낄 수 있다. 예를 들어 바둑 시합이 끝난 후 기사는 복기의 과정을 거치며 자신의 생각을 되짚어 보고, 심지어 어린 시절의 경험까지 떠올린다. 반면, 알파고에게 '왜 그런 수를 두었는지' 물어본다면, 아마 SF 영화 속 초지능 AI가 말하듯 이렇게 답할 것이다.

"광범위한 계산과 추론을 거친 결과, 현재 상황에서 그 위치에 바둑돌을 놓는 것이 이길 확률이 가장 높습니다."

다시 말해, 기계는 순수한 목적성에 기반해 최적화된 답을 찾아내며, 반복과 학습을 통해 더 높은 효율과 더 정확한 수준을 달성한다. 하지만 세상이 아름다운 이유를 생각해 보자. 정확하게 계산되고 최적화된 질서 때문일까, 아니면 예측할 수 없고 변화무쌍한 혼돈 때문일까?

벨만 방정식

비록 우리는 Q값을 정의하고 그것이 어떤 역할을 하는지 알게 되었지만, 여전히 Q값을 어떻게 추정해야 할지는 모른다. 마치 모든 것

$$Q_\pi\,(s_t\,,\,a_t) = \mathrm{E}_\pi[\,R_t + \gamma\,Q_\pi\,(S_{t+1},\,A_{t+1})\,|S_t = s_t,\,A_t = a_t\,]$$

벨만 방정식

이 원점으로 돌아온 듯하다. 이러한 혼란의 순간, '동적 계획법Dynamic Programming의 아버지'로 불리는 리처드 벨만Richard Bellman이 벨만 방정식으로 우리에게 방향을 제시한다. 벨만 방정식은 동적 계획법의 핵심이자, 최적화된 행동을 결정하기 위한 필수조건이다. 이 방정식에는 다양한 형식이 있는데, 위 그림의 표현식은 그중 하나인 'Q값에 관한 벨만 방정식'이다. 여기서 이 방정식을 소개하는 이유는 앞서 설명한 Q값을 추정해 최적의 행동을 선택하는 논리적 맥락을 이어 가기 위해서다. 사실 많은 교재에서 이미 V값state value(상태 값)에 관한 벨만 방정식을 예로 들어 그 정의와 해법 등을 소개하고 있다.

우리는 이 방정식의 해답을 구하는 과정을 통해 현재 상태에서 서로 다른 행동을 선택했을 때의 Q값을 구할 수 있다. 이때 Q값이 가장 큰 행동을 선택하는 것이 바로 최적화 전략이다.

벨만 방정식에는 일련의 기호 표현이 등장하는데, 이 복잡한 기호들의 함의를 어떻게 이해해야 할까? 먼저 한 가지 관찰을 해 보자. 강

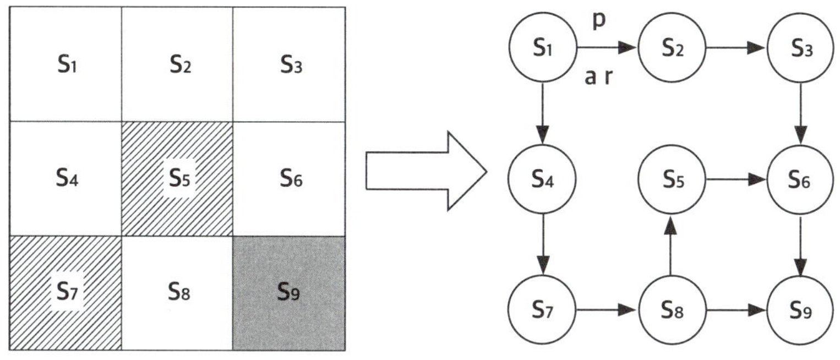

마르코프 결정 과정의 예시

화 학습의 세계에서 체화된 에이전트와 환경의 상호 작용은 연속적인 상태 전이 과정이다. 이 과정은 '마르코프 결정 과정Markov decision process11'으로 모델링된다. 간단히 말해서 에이전트가 행동을 취할 때마다 환경과 에이전트의 상태는 계속해서 변한다. 마르코프 결정 과정은 이러한 변화를 상태 전이 그래프 형태로 직관적으로 표현할 수 있다. 여기서 앞에서 언급한 격자 미로를 다시 예로 들어 보자.

앞서 설명했듯이, 강화 학습의 세계에서 에이전트가 있는 격자의 위치를 상태라고 부른다. 따라서 위치의 변화는 상태의 전이를 의미한다. 여기에 매우 중요한 가설이 하나 등장한다. 바로 '마르코프 속성 Markov property'이다. 그것은 의사 결정 과정에서 각 상태의 전이는 단

---

11 시간에 의존하는 무작위적 과정(random process)에서 현재 상태가 과거와 미래 상태에 무관하며, 오로지 직전 상태에 의하여 다음 상태가 결정되는 과정을 말한다.

지 이전 상태에 의지할 뿐이고, 훨씬 이전의 과거 상태까지 고려할 필요가 없다는 것을 우리에게 알려 준다. 그림에서 볼 수 있듯이 하나의 상태는 각기 다른 확률(p)로 다른 여러 상태로 전이될 수 있다. 이러한 전이는 확률 자체뿐 아니라 에이전트가 선택하는 행동(a)에도 영향을 받으며, 행동과 상태 전환을 실행하는 과정에서 보상(r)도 발생한다.

잠깐 주제에서 벗어난 질문을 하나 던져 보려 한다.

"세상의 모든 변화를 하나의 거대하고 복잡한 마르코프 의사 결정 과정으로 완전히 모델링할 수 있을까?"

이것은 1부에서 언급한 '라플라스의 악마'를 떠올리게 한다. 양자 역학이 발전하면서 라플라스의 악마 개념은 새로운 도전을 받아 왔다. 마찬가지로 마르코프 의사 결정 과정도 실제 세계 전체를 모델링하는 데에는 한계가 있다. 따라서 일부 현실 세계를 추상화·국소화하여 모델링할 때 주로 사용된다.

이제 다시 강화 학습 이야기로 돌아가 보자. 우리가 그림 속의 가능한 전이 궤적을 따라가다 보면 에이전트와 환경 간 상호 작용의 궤적을 얻을 수 있다. 그리고 여기에서 상태 사이에 매우 강한 연결 관계가 존재한다는 사실을 발견할 수 있다. 예를 들어 상태 A가 상태 B로 전이될 수 있다면, 우리는 두 부분으로 나눠서 그 Q값을 계산할 수 있을까? 한 부분은 B에 도달하기 전에 얻을 수 있는 보상이고, 또 한 부분은 B에 도달한 이후에 얻을 수 있는 보상이다.

그 답을 말하자면, 당연히 두 부분으로 나눠 Q값을 계산할 수 있다. 바로 이러한 원리를 사용하는 것이 벨만 방정식이다. 벨만 방정식의 우변을 살펴보면, 두 부분으로 구성되어 있다. 즉 '즉시 보상의 기댓값'

과 '다음 상태-행동 쌍의 Q값'이다. 이러한 분해 방식은 동적 계획법[12]
의 정수를 보여 준다. 벨만 방정식에 따르면, 서로 다른 상태의 Q값 사
이에 상호 의존 관계가 성립하고, 이러한 정의는 재귀적이다. 격자 미
로를 예로 들면 로봇은 여러 격자 사이를 오가며, 각기 다른 궤적을 만
든다. 로봇의 궤적은 길어질 수도 있고, 같은 격자를 여러 번 지나갈
수도 있다.

실전: 다이어트 계획 세우기

이제 우리는 격자 미로에서 벗어나 그동안 배운 강화 학습 지식을
매우 중요한 실제 문제, 즉 다이어트에 적용해 보려 한다..

인터넷을 둘러보면 다이어트 비법과 식단이 넘쳐난다. 하지만 모두
획일적이어서 나에게 잘 맞는다는 보장도 없다. 따라서 강화 학습의
원리를 적용해 자신만을 위한 맞춤형 다이어트 전략을 세워야 한다.
물론 목표는 건강을 해치지 않으면서 효율적으로 다이어트하는 것.
만약 무조건 굶는 극단적인 방법을 쓴다면 설사 목표 체중에 빨리 도
달한다 해도, 건강에 심각한 위협이 될 수 있다.

다음으로 우리는 인생의 중대한 결정에 직면할 것이다. 바로 '다음
식사로 무엇을 먹을 것인가'이다. 음식 배달 앱을 열고 주변 식당을 둘

---

12 복잡한 무제를 여러 개의 작은 하위 문제로 나누어 풀고, 그 해결 결과를 저장했다
　　가 필요할 때 재사용하여 전체 문제를 해결하는 방법.

러보는 순간, 이 선택 과정은 학습된 전략이 주도한다. 강화 학습의 개념을 이 상황에 융합시켜 보자.

① **상태** 배고픔 정도, 기초 대사 상태, 다양한 음식 선호도 등을 포함한다.

② **행동** 운동 측면의 요소는 고려하지 않고, 오직 먹는 데에만 초점을 맞춘다. 행동 집합은 바로 우리가 무엇을 먹을지 선택하는 것이다.

③ **보상** 체중이 줄어들면 긍정적인 보상을, 체중이 늘어나면 부정적인 보상을 얻는다.

④ **상태 전환** 이것은 상태의 변화라고도 한다. 샐러드를 먹는 것처럼 어떤 행동을 실행한 후 신체 상태에 변화가 생기는 것으로, 기초 대사율의 변화, 포만감 등 다양한 요소가 포함된다. 사실 같은 음식만 계속 먹으면 질리는 것도 상태 전환에 포함될 수 있다.

⑤ **궤적과 반환** 여기서 궤적은 하나의 사슬로 이해할 수 있다. 각각의 고리에는 당신이 섭취한 음식, 신체 상태의 변화 및 체중 보상(체중 감량은 정의 보상, 체중 증가는 부의 보상)이 기록되어 있다. 반환은 일정 시간이 지난 후 누적된 체중 보상이다. 여기서의 보상은 수치적인 체중 변화만을 의미하지 않지만, 체중 변화의 추이를 반영해야 한다.

⑥ **벨만 방정식** 이 상황에서 벨만 방정식은 현재 상태에서 특정 음식을 선택했을 때 얻을 수 있는 장기적 기대 보상을 평가할 때 사용된다. 가벼운 채소 샐러드를 먹을지, 고기 토핑을 잔뜩 얹은 피

자를 먹을지 고민될 때 벨만 방정식은 다음 두 가지 요소를 고려하게 된다.

첫째, 즉시 보상의 기댓값이다. 고기 토핑이 잔뜩 올라간 피자보다는 샐러드를 선택했을 때 더 즉각적인 다이어트 효과를 거둘 수 있다.

둘째, 다음에 이어지는 상태-행동 쌍의 Q값에 대한 기댓값이다. 이 기댓값은 앞으로 얻게 될 누적 체중 감량 보상의 평균값을 의미한다.

다음 단계는 바로 벨만 방정식 체계를 구축하는 것이다. 여기서는 당신의 몸에 나타날 수 있는 가능한 모든 상태(상태 집합)와 먹을 수 있는 모든 음식(행동 집합)을 알고 있다고 가정한다면, 위의 식에 따라 일련의 벨만 방정식을 만들 수 있다. 이때 주의해야 할 점은 각 방정식의 좌변 Q값과 우변 Q값이 모두 미지수이고, 오직 즉각적인 보상만이 알려진 상수라는 점이다. 이제 방정식의 모든 미지수를 구하고, 다양한 상태에서 서로 다른 음식을 선택했을 때의 Q값을 구한다. 그 결과를 표에 저장해 두고 전략을 세우면 된다. 현재 상태에 근거해 표를 찾아 Q값이 가장 큰 음식을 선택하면 된다.

여기까지 읽고도, 이러한 의사 결정 모델에 선견지명이란 게 반영된 건지 도무지 실감하지 못할 수도 있다. 어차피 미래는 불확실하니 즉각적인 보상이 가장 큰 행동의 항목을 선택하면 되지 않을까? 이는 개인의 신체 상황 변화를 고려하지 않았기에 가능한 생각이다. 즉 행동마다 즉각적인 행동 보상이 다르고, 서로 다른 상태 전환이 발생한다. 예를 들어 다이어트를 시작한 첫날에 샐러드를 먹으면 둘째 날에 체중이 줄어들 수 있다. 그러나 이 선택을 계속 고수하면 몸의 기초 대사량이 떨어지고, 심지어 신체 기능에 여러 가지 문제가 생겨 장기적으로 건강한 체중 감량에 도움이 되지 않는다. 벨만 방정식은 이러한 영향 역시 고려하고 있으며, 이는 우리의 상식에도 부합한다.

이를 앞서 살펴본 벨만 방정식에 반영하면 이렇게 된다. Q값은 현재 상태와 선택한 행동에 근거해 결정된다. 즉, 같은 음식을 선택하더라도 신체 상태가 다르면 즉각적인 보상도 달라진다. 또한 현재의 행동이 정해지면, 그것이 향후의 신체 상태 변화를 결정하고 이후 누적 보상의 기댓값에도 영향을 미친다. 예를 들어 지금 당장은 미래를 확실하게 알 수 없지만, 건강하고 높은 기초 대사율을 유지 중이라면 장기적으로 더 큰 체중 감량 효과를 얻을 가능성이 있다.

복잡한 문제에 직면했을 때 우리는 종종 벨만 방정식을 풀기 위해 반복적 전략을 선택한다. 우선 답을 구하려는 모든 변수에 초기 추정 값을 부여하고, 방정식 좌변의 값을 계산하여 갱신한다. 그런 후 그 갱신 값을 방정식 우변에 대입한다. 이를 더 이상 크게 변하지 않을 때까지 반복한다. 이를 '수렴convergence'이라고 한다.

지금껏 우리는 강화 학습에 기반해 의사 결정 모델을 훈련하는 전 과정을 살펴봤다. 그러나 자세히 들여다보면 벨만 방정식의 우변에 기댓값 연산자가 포함되어 있다는 것을 알 수 있다. 앞에서 정의한 것처럼 Q값은 미래의 모든 가능성을 평가한 값이므로 그 자체가 바로 기댓값이다. 기댓값을 계산하려면 '상태 전이 확률state transition probability' 등과 관련된 확률 분포를 사용해야 한다. 이러한 정보는 월드 모델의 일부로, 물리적 세계의 내재적 특성을 반영한다. 예를 들어 앞에서 언급한 다이어트 문제로 되돌아가 보면, 음식이 신체 상태에 미치는 영향에 대한 확률적 전이 모델이 필요하다. 분명한 사실은 사람의 신체 상태 및 그 변화의 복잡성을 고려했을 때 완벽한 상태 전환 확률을 얻을 수 없는 경우가 많다는 것이다.

앞서 벨만 방정식을 반복해서 푸는 과정에서 우리는 월드 모델(예: 상태 전이 확률)을 이미 알고 있다고 가정했다. 따라서 이 방법을 '모델 기반model-based 방법'이라고 부른다. 그러나 현실 세계에서의 광범위한 응용 과정에서 우리는 사실상 이러한 모델을 정확히 파악할 수 없으며, 핵심 데이터는 대부분 미지수이다. 이 난제를 극복하기 위해 등장한 것이 바로 '모델 프리model-free 강화 학습 방법[13]'이다.

세상에 공짜는 없다

세상에 공짜로 얻을 수 있는 것은 없다. 월드 모델 정보를 쓰지 않으려면, 우리는 다른 자원, 즉 데이터에 기대야 한다. 이 데이터는 에이전트가 환경과의 상호 작용 과정에서 수집한 경험들이다. 여기서 대

---

13 세상이 어떻게 움직이는지 규칙을 미리 알 필요 없이 직접 해 보고 그 경험만 가지고 배우는 방법.

표적인 모델 프리 강화 학습 방법인 'MC^{Monte Carlo}(몬테카를로)[14]' 방법을 소개한다. MC 방법은, 표본 수가 증가할수록 표본 평균이 모평균에 수렴할 수 있다는 통계·확률의 기본 개념인 '대수의 법칙^{law of large numbers}'에 기반한다. 전략 반복에 필요한 Q값은 사실상 무작위 변수의 기댓값이기 때문에, MC의 개념을 활용해 방대한 궤적 데이터를 수집하고, 이 궤적 보상의 평균값을 계산해 Q값에 수렴하는 기댓값을 구할 수 있다.

궤적 데이터 수집이란, 에이전트가 작업을 수행하면서 환경과 지속적인 상호 작용을 하고, 그 과정을 기록하는 것이다. 예컨대 격자 미로 문제에서 에이전트가 미로 속을 계속 돌아다니도록 하고, 그 과정에서 다양한 경로를 탐색하게 한다. 다이어트 문제에서는 다양한 식단을 시도해 보고, 그에 따른 신체 변화를 기록한다.

여기서 우리는 하나의 문제점을 발견할 수 있다. 즉 이러한 전략적 학습을 현실 세계에 적용할 때 엄청난 시간과 비용이 든다는 사실이다. 만약 강화 학습의 방법을 이용해 기계에게 옥석을 조각하도록 가르친다면, 기술을 숙련할 때까지 얼마나 많은 원석을 낭비해야 할까?

이 문제의 해결책은 두 가지가 있다. 하나는, 인간 전문가의 시연 데이터를 통해 기계가 모방 학습을 함으로써 기술을 습득하고, 그런 후 실제 환경과 상호 작용하며 강화 학습을 하는 것이다. 또 다른 방안은 시뮬레이션 환경을 만들어 기계의 '가상 복제 에이전트'가 그 안에서

---

14 반복된 무작위 추출(repeated random sampling)을 이용하여 함수의 값을 수리적으로 근사하는 알고리즘을 부르는 용어이다.

상호 작용하며 수많은 데이터를 수집해 전략을 갱신하고, 여기서 얻은 학습 전략을 실제 기계의 뇌 속으로 이전하는 것이다. 이 접근 방식은 비용이 크게 줄어들고 속도도 빠르다.

MC의 개념을 활용해 궤적 데이터를 수집할 때 염두에 두어야 할 문제가 하나 더 있다. 바로 전체 궤적이 끝나야만 그 데이터를 바탕으로 전략을 업데이트할 수 있으므로, 속도가 느리다는 것이다. 이를 해결하기 위해 연구자들은 몇 가지 중요한 모델 프리 강화 학습 방법을 제안했다. 구체적인 내용은 다음과 같다.

① **시간차 학습** Temporal Difference Learning, TD Learning 이 방법은 몬테카를로 방법과 동적 계획법을 결합한 것으로, 중간중간 결과를 보고 추정값을 갱신해 가기 때문에 전체 궤적 데이터를 모두 확보해야 하는 부담을 줄여 준다.

② **SARSA** State-Action-Reward-State-Action 시간차 학습의 일종으로, 상태-행동 값 Q를 추정함으로써 각 행동의 기대 보상을 예측한다. 이때 월드 모델 정보는 필요하지 않다.

③ **Q-Learning** 이미 널리 알려진 'Q-Learning 알고리즘'은 최선의 행동을 했을 때 받을 수 있는 Q값을 직접 학습하며, 최적의 전략을 배울 수 있다.

이 외에도 현실 세계에서의 의사 결정 문제는 단순한 알고리즘만으로는 설명하기 어려울 정도로 복잡하다. 예를 들어 전자 게임 중 전투 게임을 떠올려 보자. 게임에서 게이머는 조이 스틱과 버튼의 조합으로 쉽게 캐릭터를 조종한다. 그러나 현실 속의 전투는 가상 세계와 완전히 다르다. 우리는 신체를 구성하는 600개 이상의 근육과 200개 이상의 뼈를 조화롭게 이용해야 한다. 주먹을 뻗거나 발을 내딛는 단순한 동작 하나에도 복잡한 의사 결정 과정이 필요하다. 심지어 같은 기술을 쓰더라도 주먹을 뻗는 각도와 방향, 강도가 다르고, 상대의 동작과 반응에 따라 즉각적인 조정이 필요하기도 하다.

두 사람 사이에 신체 접촉이 일어났을 때 힘의 상호 작용 탓에 결과가 예측할 수 없는 방향으로 흘러가기도 한다. 축구 시합에서 선수가 넘어지면서 공중 발리슛으로 멋진 골을 성공시키기는 경우를 떠올리면 이해하기 쉽다. 즉, 현실 세계에서의 의사 결정은 몇 개의 버튼만 누르면 되는 전자 게임보다 훨씬 더 복잡하다. 그래서 강화 학습 역시 아직 연구해야 할 영역이 많이 남아 있다.

다행히 최근 몇 년 동안 강화 학습 분야에서 성능이 더 뛰어나고, 현실 세계의 요구에 더 근접한 수많은 새로운 알고리즘이 등장했다. 격자 미로에서 상태는 이산적 discrete15이며, 표의 형식으로 상태 값을 저장할 수 있다. 그러나 상태가 연속으로 변했을 때 우리는 어떻게 처리해야 할까? 이때는 하나의 함수를 사용해 상태 값을 근사적으로 표현할 수 있다. 이것이 바로 '가치 함수 근사화 Value Function Approximation' 라는 방식이다. 예컨대 인공 신경망과 비슷한 원리를 가지고 있다.

마찬가지로 이전에 표 형식으로 저장하던 전략도 함수로 대체할 수 있다. 신경망의 경우, 이 네트워크는 입력된 상태를 바탕으로 선

---

15 값이나 상태가 뚝뚝 끊어져서 셀 수 있는 것을 가리킴.

택한 행동의 확률 분포를 예측할 수 있다. 이 방법을 '정책 경사Policy Gradient'라고 한다. 그리고 이 두 가지, 즉 Q값을 근사하는 과정과 정책을 최적화하는 과정을 결합하면, '액터-크리틱Actor-Critic(행위자-평가자)' 구조를 형성하게 된다. 액터-크리틱은 정책과 가치 함수를 동시에 학습하는 알고리즘으로, 현재 많은 애플리케이션에서 광범위하게 채택되고 있다.

강화 학습 분야가 급속한 성장을 거듭하면서, 최신 알고리즘이 계속해서 쏟아져 나오고 있다. 따라서 미래의 의사 결정 모델은 더 지능적이고 유연해져서, 현실 세계의 복잡다단한 문제에 충분히 대처할 수 있을 것이다.

계산력이 승부를 가른다

우리는 방금 다양한 의사 결정 모델을 구축하는 방법을 살펴보았다. 최근에는 대규모 언어 모델을 이용해 행동 시퀀스를 생성하는 방법도 활발히 연구되고 있다. 그렇다면 어느 길로 가야 더 빨리 목적지에 도착할 수 있을까?

이 질문을 이해하려면, 이 장의 서두에서 언급한 내용을 다시 떠올려 봐야 한다. 체화된 지능의 의사 결정 모델은 모두 기계 학습을 기반으로 구축되었다. 그리고 기계 학습을 논할 때 반드시 알아야 할 AI의 세 가지 핵심 축이 있다. 바로 데이터, 알고리즘 그리고 계산력이다. 데이터가 연료라면, 알고리즘은 내비게이션이라고 할 수 있다. 계산력은 엔진의 마력에 해당한다. 자동차가 강력한 엔진의 추진력으로 목적지에 도달하려면 양질의 연료와 정확한 내비게이션의 도움이 필요한 것처럼, 인공지능도 데이터의 품질과 알고리즘의 정확성 그리고 계산력을 확보해야 한다.

사람은 각자 구두 계산, 암산 등 일정 수준의 '계산력'을 가지고 있다. 물론 이 능력은 복잡한 계산을 할 때 분명 한계를 드러낼 수 있다. 역사를 되짚어 보면 인간은 이러한 계산력을 높이기 위해 고대의 매듭 계산법과 주판부터 시작해 현대의 슈퍼컴퓨터와 클라우드 컴퓨팅 기술에 이르기까지 각종 계산 도구를 발명해 왔다. 계산력의 비약적 발전이 있을 때마다 기술 진보와 사회 발전이 뒤따랐고, 그 결과 우리는 더 복잡한 문제를 해결하면서 의사 결정 과정을 최적화해 왔다.

과거 약 70년 동안 인공지능 연구는 주로 인간의 경험과 지식을 어떻게 모델과 훈련 과정에 융합시킬지에 초점을 맞추었다. 초기의 과학자들은 더 정교한 모델 구조를 설계하거나, 데이터 특징을 선별하는 데 주력했다. 그러나 딥러닝 기술과 빅 데이터의 등장으로 대규모 데이터의 강력한 힘이 드러났고, 이는 계산력에 대한 요구를 완전히 바꾸어 놓았다.

'강화 학습의 아버지'로 불리는 리처드 서턴Richard Sutton 교수는 2019년에 발표한 논문 〈쓰디 쓴 교훈The Bitter Lesson〉에서 이 관점에 대해 자세히 서술했다. 그는 "대다수 인공지능 연구가 상대적으로 한정된 계산 자원이라는 조건하에 진행되었기에, 인간의 지식을 잘 활용하는 것이 성능을 높이는 하나의 수단이 되어 왔다."라고 언급했다. 그러나 "장기적인 관점에서 보면 계산 자원의 증가는 피할 수 없는 흐름이며, 결국 성능을 결정하는 진짜 요건은 단순한 지식의 축적이 아니라 계산 능력의 발전"이라고 강조했다.

체스 게임을 예로 들어보자. 1997년, 딥 블루는 심층 탐색에 기반한 알고리즘을 사용해 체스 세계 챔피언이던 카스파로프를 물리쳤다. 이때 수많은 연구자가 낙담할 수밖에 없었다. 그들은 인간이 체스를 이해하는 방식으로 인공지능을 개발하는 데에 치중했기 때문이다. 하지만 단순하면서도 강력한 대규모 탐색이 더 효과적이라는 사실이 입증되자, 인간의 지식에 의존하던 기존 방법은 그리 중요해 보이지 않게 되었다. 많은 학자가 '브루트 포스(무차별 대입 공격)'가 승리를 거뒀지만 인간이 체스를 두는 방식과는 거리가 멀다고 여겼다. 20년이 지난 후 바둑에서도 같은 상황이 재현되었다. 인공지능이 다시 탐색과 계산력을 활용한 접근법으로 인간 초고수를 꺾은 것이다. 처음에는 '탐색은 바둑에 맞지 않다'며 회피하려 했지만, 결국 대규모 탐색이 광범위한 분야에서 효과를 드러내자 이전의 모든 노력은 빛을 잃거나 심지어 역효과를 냈다.

이것은 인간의 경험이 중요하지 않다는 의미가 아니라, 현재의 머신러닝 패러다임에서는 여전히 데이터와 계산력의 영향력이 절대적이라는 사실을 시사한다. 또한 이는 오픈AI 연구진이 강조하는 '규모의 법칙', 즉 모델의 규모가 커질수록 그 성능도 향상된다는 법칙과도 맞닿아 있다.

격투기 분야에서 "절대적 힘 앞에서는 모든 기교는 무용지물이다."라는 말이 전해져 내려온다. 그렇다면 계산력은 바로 이 '절대적 힘'에 해당한다. 현재의 기계 의사 결정 영역에서 계산력의 향상은 데이터, 모델과 알고리즘의 제한을 돌파하고, 혁신적인 해결 방안을 제시할 수 있다. 그렇다면 '계산력이 왕'인 시대는 얼마나 오래 지속될까? 지금은 누구도 감히 예측할 수 없다. 이와 관련해, 스탠퍼드대학교의 페이페이 리Fei-Fei Li 교수는 이렇게 말했다.

"인공지능은 아직 뉴턴 이전Pre-Newton 시대에 머물러 있다."

CHAPTER 9

누구나 어린 시절을 떠올리면 속상했던 기억이 하나쯤 있지 않을까? 학창 시절에 선생님이 화난 얼굴로 한바탕 꾸짖으며 말씀하신 적이 있다. "이 문제를 도대체 어떻게 푼 거니? 보자마자 단번에 풀 줄 알았는데 막상 풀라고 하니 다 틀리네."

분명한 것은 '할 수 있다'와 '잘한다'가 반드시 일치하지 않는다는 사실이다. 에이전트는 의사 결정 모델을 통해 서랍을 열거나 컵을 드는 것처럼 하나의 구체적 명령을 어떻게 수행해야 하는지 알지만, 그 이상의 동작을 하기는 쉽지 않다. '눈으로는 봐서 알지만, 손으로는 아직 할 줄 모른다'는 말이 바로 이러한 상황을 잘 표현하고 있다.

사실 컵을 집어 올리는 과정에서 뇌의 주관적 의식은 그것에 대해 별다른 관심을 기울이지 않는다(무슨 특별한 일이 발생하지 않는 이상). 우리의 의식 속에서 컵을 집어 올리는 동작은 별다른 노력 없이 자연스

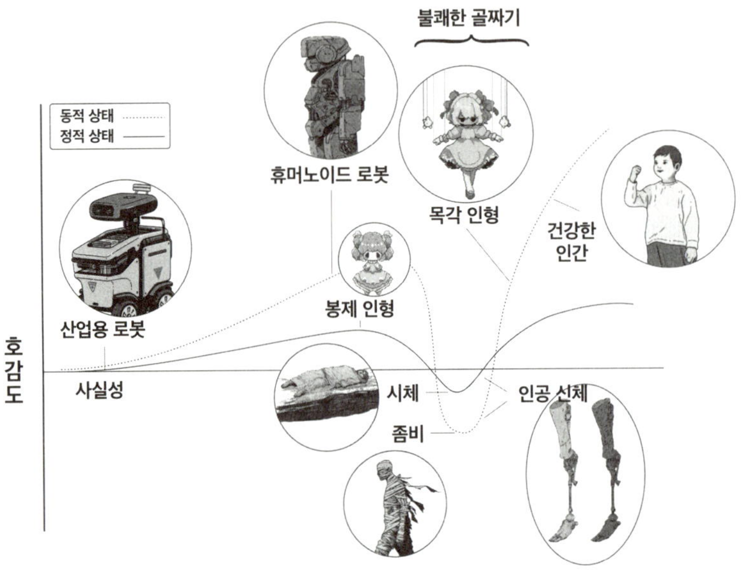

'불쾌한 골짜기' 효과

럽게 할 수 있는 일이다. 우리는 컵을 들어올리기 위해 열 손가락은 물론 팔과 관절의 운동 방향과 폭을 의도적으로 계산하며 움직이지 않는다. 물론 피부가 컵에 닿았을 때 우리는 촉각 피드백과 감지되는 무게 등에 근거해 컵을 잡을 때의 힘을 조절할 수 있다.

인간뿐 아니라 강아지는 풀밭에서 신나게 달리고, 새는 허공을 날아다닌다. 이러한 행동을 할 때 동물의 뇌는 복잡한 계산이나 과도한 노력을 할 필요가 없다. 그러나 로봇이 달리고 뛰게 만드는 일은 결코 단순하지 않다. 우선, 에이전트는 대상의 위치, 크기, 형태와 질감 등의 정보를 포함한 환경과 그 대상의 상태를 정확하게 감지해야 한다. 둘째, 감지한 정보에 근거해 운동 계획을 세우고, 관절과 팔다리를 어떻게 이동해야 하는지 계산해야 한다. 마지막으로 에이전트는 이러한 동작을 정확하게 수행해야 한다. 이는 관절과 팔다리에 대한 정확한 통제를 요구할 뿐 아니라, 환경의 변화와 불확실성에 대한 적응이 필요하다. 보스턴 다이내믹스Boston Dynamics를 예로 들어보자. 이 회사는 엔지니어링 연구, 기계 설계, 센서 통합 및 알고리즘 개발에 수십 년의 시간을 투자했고, 그 결과 고도로 통제된 실험실 조건 안에서 로봇이 동물(인간 포함)처럼 달리고, 점프할 수 있게 만들었다.

일상생활 속에서 채소를 자르고, 면도를 하고, 물건을 정리하는 등의 움직임은 우리에게 무척 단순해 보이는 행동이다. 하지만 인공지능은 그 간단한 동작을 제대로 해내기 어려울 뿐 아니라, 자칫 잘못하면 에이전트가 '불쾌한 골짜기Uncanny Valley'에 빠지기도 한다. 이 용어는 로봇 혹은 생체 공학적 대상이 인간 혹은 기타 생명체와 구분되지 않을 정도로 흡사해졌을 때 사람들이 느끼는 불편함이나 공포감을 의미한다.

이는 인간에게는 매우 쉬워 보이는 일상적인 과제라 해도, 로봇에게는 복잡한 운동 제어와 정교한 감각 능력이 요구되기 때문이다. 예를 들어 채소를 자르는 행동을 하려면 채소의 단단한 정도, 형태와 질감에 따라 힘의 강도와 칼질의 각도를 조정해야 할 뿐 아니라, 손을 베이지 않도록 해야 하고, 불필요한 낭비가 생기지 않도록 해야 한다. 면도를 하려면 로봇은 안면 윤곽을 정확히 인식하고 부드럽고 효과적으로 수염을 깎는 동시에 피부에 상처가 생기지 않도록 조심해야 한다. 정리와 수납은 물건을 식별하고 분류하며, 공간을 계획하는 것과 관련

가사 일을 하는 로봇

이 있기 때문에 일정한 공간 지능과 조직 능력을 갖추어야 한다.

이것은 체화된 지능의 발전 과정에서 나타나는 중대한 병목 현상을 드러내는 것이기도 하다. 즉 로봇이 이러한 동작을 '해내는' 것에서 끝나지 않고 생물체처럼 '자연스럽게 해내도록' 만들 수 있는지가 바로 핵심 도전 과제인 셈이다.

어떻게 '해낼 수' 있을까?

'체화된 지능'은 '체화'와 '지능'이라는 두 개의 단어로 이루어져 있다. 그중 먼저 '체화'에 대해 살펴보자.

동물, 특히 인간은 복잡하고 정밀한 과정을 통해 움직임을 조절하며, 이는 신경계, 근육계, 감각계가 서로 긴밀하게 협력해야 한다. 움직임을 제어하는 핵심 원리는 신경계과 근육계의 협동 작용에 있다. 신경계는 신호를 내보내 근육의 수축과 이완을 제어하고, 이를 통해 여러 가지 움직임을 만들어낸다.

움직임 조절 능력은 진화의 결과이다. 오랜 시간에 걸친 자연 선택을 통해 신체 구조와 움직임을 제어하는 시스템은 다양한 물리적 환경에 적응하도록 고도로 최적화되었다. 여기에는 단순한 근육 활동뿐 아니라 예측, 적응과 학습 등 복잡한 과정이 모두 포함된다. 이러한 제어 능력 덕분에 동물, 특히 인간은 변화무쌍한 환경에서 균형을 유지하고, 손과 눈을 정교하게 협응해 복잡한 수작업을 수행하며, 심지어 극한 환경에서도 생존할 수 있었다.

그러나 진화는 인간에게 요가 동작이나, 익스트림 스포츠 혹은 고도의 전문적 운동 기술까지 가르쳐주지는 않는다. 이러한 능력은 훈련과 학습이라는 완전히 다른 과정을 통해 얻어진다. 우리의 신경계와 근육계가 이러한 복잡한 운동을 수행할 수 있는 기초 구조를 제공해 주지만, 숙달되려면 의식적인 연습과 체계적인 훈련 프로그램이 필요하다.

예를 들어 요가 고수는 두 다리를 목에 둘러 걸친 상태로 교차할 수 있다. '요가의 아버지'라고 불리는 파탄잘리Patanjali의 말을 빌리자면, 이는 어떤 덩치 큰 동물의 사냥을 피하기 위한 것이 아니라 '생각의 파동을 멈추는' 동작이다. 다시 말해서 요가 동작은 스트레칭을 위한 동작일 뿐 아니라 호흡 조절, 신체 각 부위에 대한 깊은 이해 및 동작의 매끄러움이나 유연성에 대한 정확한 파악과 연관되어 있다. 이러한 기술은 타고나는 것이 아니라, 수많은 반복 훈련과 경험을 통해 점진적으로 터득해 가는 것이다. 어떤 의미에서 이러한 학습의 과정은 우리의 타고난 생물학적 능력을 확장하고 뛰어넘는 과정이라고도 할 수 있다.

이 예시에서 알 수 있듯이, 인간의 움직임은 단순히 한 가지 유형이 아니라, 여러 가지 유형으로 나누어져 있다. 대표적으로 다음 세 가지가 있다.

① **반사 운동**reflex movement 이 운동은 비교적 고정되어 있고, 의식의 통제를 받지 않아 반응 속도가 빠르다. 예를 들어 신체검사에서 흔히 볼 수 있는 '무릎 반사'가 바로 인간의 타고난 선천적 반응이다. 이것은 척수가 제어하는 반사 작용이라, 뇌의 통제를 받지 않는다. 에너지 효율이 가장 높은 운동 형태다.

② **율동적 운동**rhythmic movement 일정한 리듬과 연속성을 갖춘 운동 형식이다. 운동의 시작과 끝은 주관적 의식이 통제하지만, 운동 과정은 뇌의 여러 부위가 함께 작용하는 '중추 패턴 발생기 CPG'가 조절, 통제한다. 근육이 무의식적이고 주기적으로 자동 수축하며 운동 과정을 제어한다. 걷기, 달리기, 자전거 타기는 모두 전형적인 율동적 운동이다.

③ **자발적 운동**voluntary movement 명확한 목적을 가지고 수행되며, 전 과정이 완전한 의식의 통제하에 이루어지는 운동을 말한다.

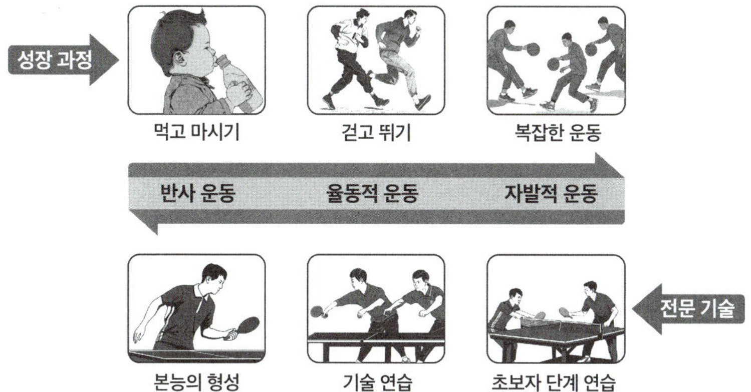

운동의 유형과 변화

비교적 복잡한 형태도 많지만, 학습을 통해 기술을 향상시킬 수 있다.

설명을 읽고 공감한 독자들이라면, 일상에서 이러한 운동 형식의 예를 쉽게 찾을 수 있을 것이다. 하지만 지금껏 언급한 세 가지 운동은 인간의 수많은 활동 속에서 상호 보완하며 작용할 뿐이며, 이들 사이에 절대적 경계가 존재하지 않는다. 예를 들어, 아기는 반사 운동-율동적 운동-자발적 운동의 순으로 움직임이 발달하는 경향이 있다. 그러나 성인이 고난도의 복잡한 운동을 배울 때는 정반대의 순서로 진행되기도 한다. 처음 탁구를 배울 때 사람들은 주관적으로 스윙의 각도와 힘에 집중하며 자발적 운동을 하게 된다. 그런 후에 전문적 훈련을 통해 기본기를 단련하기 위한 율동적 운동으로 발전한다.

최고의 경지는 바로 모종의 반사 운동의 상태로 들어가는 것이다.

앞서 언급한 요가 동작 외에도 뛰어난 실력을 지닌 피아니스트는 초당 10회에 이를 정도로 빠르게 건반을 친다. 이러한 고속 동작은 말초신경이 대뇌 중추로 신호를 전달하는 속도를 훨씬 뛰어넘기 때문에 제어된 반사 운동만으로는 설명할 수 없다. 우리가 흔히 "몸이 기억한다."라고 말하는 것도 이 때문이다.

왜 로봇은 '팝핀 댄스'를 출까?

북송 시대 문인인 구양수歐陽修가 쓴 『매유옹賣油翁』에 이런 이야기가 나온다. 나이든 기름 장수가 동전 구멍 안으로 기름을 붓는데, 동전에 기름 한 방울 묻지 않고 통과해 호리병 속으로 들어가는 놀라운 신공을 발휘했다. 누군가 그 비결을 묻자 기름 장수는 이렇게 대답한다.

"달리 비결이 있는 게 아니라 손에 익었을 뿐이오."

기름을 따르든 전을 부치든, 아니면 조립 라인에서 일을 하던 운동 과정에서 대뇌와 신경 시스템은 무엇을 하고 있을까? 현대 과학은 여전히 그 전 과정을 밝혀내지 못하고 있다. 하지만 그 탐색의 과정에서 발견된 흥미롭고도 중요한 사실도 적지 않다.

1940년대, 구소련의 신경생리학자인 니콜라이 베른슈타인Nikolai Bernstein은 한 가지 흥미로운 사실을 발견했다. 대장장이가 쇠를 두드릴 때 망치가 타격하는 지점이 거의 항상 동일한데, 그 과정에서 어깨, 팔꿈치, 손목 관절의 운직임은 매번 달랐다. 다시 말해서 신경계는 핵심 작업, 즉 망치가 떨어지는 지점만 보장할 뿐, 관절의 구체적 움직임에 대해 크게 개의치 않는다는 것이다.

이 관찰에 근거해서 베른슈타인은 '잉여 자유도 문제Degrees of Freedom Problem'를 제기했고, 이것은 훗날 '베른슈타인의 문제Bernstein's problem'라고도 불렸다. 그는 "인체가 특정 작업을 수행하기 위해 필요한 것보다 훨씬 더 많은 움직임의 자유도를 가지고 있다."라고 지적했다. 이것은 인체가 어떤 동작을 수행할 때 실제로 여러 가지 실행 가능한 운동 경로와 관철 배치를 선택할 수 있다는 것을 의미한다. 이러한 '잉여 자유도'는 일종의 진화적 이점으로 볼 수 있는데, 다양한 환경과 조건에 직면했을 때 동작을 융통성 있게 조정하고 최적화할 수 있도록 돕기 때문이다.

이 관점에서 보면, 왜 로봇의 동작이 경직되어 보이는지 이해할 수 있다. 연구에 따르면 인체는 200개 이상의 자유도를 가진 복잡한 관절 시스템을 가지고 있지만, 현재의 로봇은 이보다 훨씬 적은 자유도를 가지고 있다. 같은 이치로 로봇 춤이 딱딱해 보이는 이유도 일부 관절의 자유도가 제한되어 있기 때문이다.

잉여 자유도가 에이전트에 융통성을 부여해 인간처럼 더 많은 복잡한 작업을 수행하도록 돕는다 하더라도, 동시에 몇 가지 문제를 불러일으킬 수 있다. 제어 복잡도의 증가, 에너지 소비 증가, 운동 효율성 저하 등이다. 인간의 뇌와 신경계가 이러한 문제들을 어떻게 효과적으로 제어할지가 바로 문제 해결의 관건이다.

베른슈타인이 제기한 가설 '자유도 동결freezing degrees of freedom'은 이 문제에 대한 하나의 해결 방안이라고 할 수 있다. 그는 지나치게 많은 정보의 입력이 중추신경계의 혼란을 초래하는 것을 막기 위해 대뇌가 어떤 관절 혹은 근육 집단의 활동을 일부러 제한하고, 통제 과정을 간소화할 수 있다고 여겼다. 이러한 '동결'은 무작위가 아니라 고도로 전략적이고, 필요한 동작의 자유도를 유지하는 동시에 불필요한 에너지의 소모와 동작 잡음을 줄이는 데 목적을 두고 있다.

처음 자전거를 배울 때를 떠올려 보자. 몸의 여러 부위를 움직여 가며 균형을 잡아야 해서 매우 불안정하다. 팔, 어깨, 허리와 다리 부위의 근육이 모두 긴장해 과도한 동작을 하게 되고, 에너지 낭비를 초래하기도 한다.

그러나 연습하면 할수록 불필요한 관절이나 근육은 덜 쓰게 되고, 허리와 손 부위처럼 가장 관건이 되는 균형점에 집중하게 된다. 예컨대 핸들을 안정적으로 잡고 상반신을 살짝 조정하면, 자전거를 훨씬 효율적으로 탈 수 있음을 깨닫게 된다. 이 과정에서 뇌는 실제로 일종의 전략적 '자유도 동결'을 진행한다. 즉, 현재 작업에서 필요하지 않은 움직임은 줄이고, 필요한 움직임은 남기는 것이다. 그 결과 효율적이고 자연스럽게 자전거를 탈 수 있게 된다.

그렇다면 인간 신경계의 이러한 전략을 어떻게 로봇 운동 제어에 응용할 수 있을까? 이것이 바로 체화된 지능 연구가 현재 해결해야 할 핵심 도전 과제다. 현재의 연구자들은 각종 알고리즘을 통해 이 과정을 시뮬레이션하는 데 집중하고 있다. 예를 들어 기계 학습 알고리즘으로 가장 효율적인 동작 패턴을 찾아내고, 이를 시뮬레이션하여 작업 집행의 효율을 보장하는 동시에 에너지 소모를 줄이고, 제어의 정확도를 높이는 것이다.

여기서 더 나아가 연구자들은 모듈형 제어 전략을 탐색해 복잡한 동작을 좀 더 단순한 모듈로 분해하고, 각 모듈을 특정한 동작 자유도와 대응시키고 있다. 이러한 방법은 제어 알고리즘의 설계를 간소화할 뿐 아니라, 전체 시스템의 적응성과 신뢰성을 높이는 데 도움이 된다. 예를 들어 동적 모듈 조합을 통해 로봇은 다양한 환경과 작업 요구사항에 더 유연하게 대응할 수 있다.

라마르크주의 vs. 다윈주의

로봇 팔은 일반적으로 여섯 개의 자유도만 있어도 많은 작업을 수행할 수 있다. 생체 모방의 관점에서 볼 때 지능형 시스템을 만들기 위해 겨냥해야 할 학습 대상은 바로 인간을 포함한 동물이다. 인체는 600여 개의 근육, 200여 개의 골격으로 이루어져 있고, 이러한 몸을 움직이기 위해 어떻게 제어해야 할지는 분명 복잡한 작업에 속하고 신경계, 근육계, 감각계 간의 고도의 협업이 필요하다. 분명한 사실은 인간의 이러한 능력이 어느 날 갑자기 습득되는 것이 아니라, 기나긴 진화의 과정을 통해 점진적으로 누적된 결과라는 것이다. 그렇다면 이 과정은 어떻게 진행되었을까?

중국 속담에 "용은 용을 낳고, 봉황은 봉황을 낳고, 쥐새끼는 구멍을 판다."라는 말이 있다. 즉, 부모의 재능이 그대로 자식에게 이어진다는 뜻이다. 하지만 진화론을 대표하는 두 인물인 라마르크^{Jean-Baptiste Lamarck}와 다윈^{Charles Darwin}은 이 문제에 관해 서로 다른 입장을 보인다. 쟁점은 바로 '획득형질의 유전 가능성' 문제다.

라마르크의 이론에 근거해 기린의 목이 길어지는 과정

당신이 매일 운동을 하면 당신의 아이도 '식스 팩'을 가지고 태어날까? 다윈의 이론에 따르면 이것은 말도 안 되는 허무맹랑한 이야기다. 그러나 라마르크의 이론대로라면 충분히 가능하다.

프랑스 생물학자 라마르크는 1809에 출간한 저서 『동물철학 Philosophie zoologique』에서 '획득형질의 유전'이라는 개념을 처음 제기했다. 그는 이른바 '용불용설 用进废退'을 체계적으로 설명했다. 요컨대 환경의 영향이나 특정 기관의 빈번한 사용이 생물체에 변화를 일으키고, 이러한 후천적 특성이 후대에 유전될 수 있다고 여겼다. 간단히 말해, '사용하면 진화하고, 사용하지 않으면 퇴화한다'는 원리가 진화의 근거라는 것이다. 기린을 예로 들어보자. 라마르크는 기린의 목이 길어진 이유에 대해 대대로 더 높은 곳에 있는 나뭇잎을 따먹기 위해 목을 길게 뻗었기 때문이라고 말했다.

다윈의 자연 선택 이론은 자연계의 '왕좌의 게임'과 더 흡사하며, 생존 경쟁, 과도한 번식, 유전적 변이와 적자생존을 강조한다. 이 게임에서는 환경에 가장 잘 적응한 생물체만 살아남을 수 있으며, 이를 결정하는 핵심 요소는 바로 유전자다.

이것은 인간의 손이 왜 기본 동작을 수행하기에 충분한 5개의 자유도에서 22개의 자유도로 진화했는지를 설명한다. 이렇게 증가한 자유도는 인간에게 더 광범위한 손 기능과 더 정교한 운동 제어 능력을 제공했고, 이를 통해 인간은 간단한 도구를 잡는 것에서부터 복잡한 수술을 수행하는 등 다양하고 정밀한 활동이 가능해졌다. 이 밖에도 인간의 사회적 상호 작용 과정에서 손동작과 비언어적 표현 등과 같은 추가적 자유도 역시 중요한 역할을 하고 있다. 이러한 추가적 자유도는 사회적 선택에서 역할을 발휘하며 집단 간의 소통과 협력을 강화하는 데 도움을 주었을 것이다. 따라서 단순히 기계적 기능의 관점에서 보면 손의 기본적 동작은 그렇게 많은 자유도가 필요하지 않을 수 있지만, 자연 선택의 과정에서 추가 자유도를 이용해 생존과 사교적 효능을 높인 개체들을 후대에 남김으로써 이 복잡한 진화를 이끌었을 가능성이 크다.

이렇듯 다윈의 이론이 약간 더 우위를 점했지만, 최근 등장한 후성유전학epigenetics16은 라마르크 이론에 좀 더 힘을 실어 준다. 후성유전학은 환경이 우리의 유전자 발현 방식에 어떠한 영향을 미치고, 어

---

16 DNA 염기서열 자체는 변하지 않지만, 유전자의 발현 방식이 달라져서 형질에 영향을 주는 현상을 연구하는 학문.

떠한 유전 가능한 흔적을 남기는지를 보여 준다. 예를 들어 스트레스 혹은 영양 상태, 생활 습관이 유전자 발현 방식을 통해 후대에 영향을 미칠 수 있다는 연구들이 등장하고 있다. 이는 라마르크 이론의 현대적 버전이라고도 볼 수 있다. 비록 아직 걸음마 단계에 있지만, 이 관점이 자리를 잡는다면 다윈과 라마르크가 복잡한 자연계의 문제를 함께 풀어나갈 수 있을지 모른다.

흥미롭게도 인공지능이나 로봇의 세계에서는 라마르크 이론이 다윈의 이론보다 더 효과적으로 보인다. 어떤 개체의 코드 버전이 환경에서 뛰어난 성능을 보인다면, 그 코드는 마치 대장장이가 강인한 팔을 후대에 유전으로 물려줄 수 있는 것처럼 다음 세대를 위한 완벽한 기초가 될 수 있기 때문이다. 전통적인 다윈의 진화론은 개체 학습을 경시했다. 그러나 라마르크의 진화론에서는 개체가 생존 기간에 획득한 정보(기술, 문제 해결 능력 등)와 이 길고 느린 진화의 학습 과정이 서로 결합될 수 있다고 본다. 이런 점에서 라마르크 진화론은 훨씬 더 빨리, 똑똑한 해결책을 만들어낼 수 있다.

그렇다면 우리는 이 '라마르크 방식'을 통해 기계의 동작을 직접 프로그래밍해야 할까? 아니면 '다윈의 방식'에 따라 인간처럼 복잡한 능력을 가진 에이전트를 만들어 환경 속에서 스스로 적응·진화하게 해야 할까? 이는 근본적으로 다른 체화된 에이전트의 두 가지 구현 철학을 보여 준다. 라마르크 방식은 미리 설정한 기능과 특성을 기계에 직접 부여하는 데 치중한다. 이 방식은 빠르고 직접적이어서 당장 명확한 수요가 있는 응용 분야에 적합하다. 그러나 설계자가 필요한 기능을 반드시 먼저 이해하고 정확하게 구현해야 하며, 예측 불가능한 상황에서 유연하게 대처하기 어려울 수 있다.

반대로 다윈의 방식은 자연 선택의 메커니즘을 시뮬레이션해 기계가 주어진 환경 안에서 자체적으로 적응하며 최적화하도록 만든다. 이 방법은 정확한 사전 프로그래밍에 의존하지 않고, 기계가 여러 가지 가능한 해결 방안 속에서 가장 효율적인 전략을 스스로 찾아내도록 한다. 따라서 환경의 변화에 따라 기계 또한 끊임없이 진화하고, 새로운 도전에 적응하기 위해 점차 성능을 최적화한다. 이러한 전략은 초기에 효과가 느리게 나타나는 것처럼 보일 수 있지만, 장기적으로 기계의 적응력과 유연성을 높여 미래에 발생할 수 있는 각종 복잡한 상황에 대응하는 데 더 유리하다.

상호 작용의 기술적 난제

동물의 행동 능력 진화 과정을 살펴봤으니, 이제 지능형 로봇으로 다시 돌아가 보자. 지능형 로봇은 감지, 인지, 의사 결정을 거쳐 마침내 행동 단계에서 환경과 실질적인 상호 작용을 한다. 우리는 이러한 기계의 행동이 정확하고 신속하며 능숙하기를 기대한다. 그러나 기계가 그렇게 행동하는 게 과연 말처럼 쉬울까?

노버트 위너의 사이버네틱스를 시작으로 행동주의는 이 분야에서 많은 연구를 수행해 왔다. 그리고 보스턴 다이내믹스의 덤블링 로봇부터 시작해서 거리 곳곳을 활보하는 자율주행 자동차, 조립 라인에서 부품을 조립하는 로봇 팔, 일사불란하게 밤하늘을 비행하며 쇼를 펼치는 드론에 이르기까지 다양하고 놀라운 지능형 로봇을 직접 봐 왔다.

그러나 우리는 여전히 만족하지 못하고 있다. 그 이유는 이러한 능숙함이 아직 '범용'의 수준에 미치지 못했기 때문이다. 현재까지 상용화 단계에 도달하거나 완벽하게 대체할 수 있는 지능형 로봇은 나오지 않았다.

그렇다면 도대체 문제는 어디에 있을까? 해답은 바로 상호 작용이다. 외부와의 상호 작용이 없는 상황에서의 지능형 로봇 제어는 이미 광범위하게 연구되어, 상당한 성과도 거두었다. 그러나 실제 환경과의 상호 작용이 시작되면, 기계 행동의 난도는 급격히 상승한다. 상호 작용의 앞을 가로막고 있는 세 개의 큰 산은 바로 '대상object' '환경environment' '동적 변화dynamics'이다.

우선 상호 작용의 '대상'부터 보도록 하자. 대상의 유형은 옷, 가구, 산, 바다, 사람 혹은 다른 기계에 이르기까지 무궁무진하다. 각 대상은 고유한 속성과 특성을 가지고 있고, 상호 작용 방식 역시 천차만별이다. 예를 들어 나무를 조각하거나 눈사람을 만들 때 필요한 기술이 완전히 다르고, 물컵을 잡을 때와 두부를 집을 때 필요한 힘의 강도가 다르며, 약병 뚜껑을 비틀어 열 때와 전자레인지 문을 열 때 필요한 동작도 서로 다르다.

그다음은 상호 작용의 '환경'이다. 물리적 세계에서의 상호 작용은 항상 복잡한 환경에서 발생한다. 빨래를 말리는 단순한 작업을 예로 들어 보자. 우리는 '바람의 세기'라는 변수를 고려해 세탁을 마친 옷더미에서 한 벌을 골라 빨랫줄에 고정하면 된다. 자율주행 자동차의 경우는 비·눈·도로 장애물·급정거 차량 등 수많은 변수를 고려해야 하며, 환경이 달라지면 상호 작용의 난도도 대폭 증가한다.

마지막으로 상호 작용의 '동적 변화'이다. 상호 작용의 과정은 늘 동적 변화로 가득하다. 상호 작용 대상이 변할 수도 있고, 환경이 변할 수도 있다. 이 모든 변화는 예측하기 어렵다. 심지어 이러한 동적 변화는 행동의 단계적 목표의 과정에서도 계속 변화하기 때문에 지능형 로봇이 그때그때 맞춰 조정해야 한다.

그러나 조건이 단순해지고 제어 가능한 환경이 되어, 소수의 특정 대상의 상호 작용만 놓고 본다면 지금의 지능형 로봇은 이미 탁월한 성과를 달성했다. 예를 들면 생산 라인에서 용접 로봇이 대면할 상호 작용 대상과 환경은 일정 시기 동안 고정되어 있어서, 설사 빠른 속도로 여러 건의 용접을 수행해야 할지라도 정확하고 높은 효율로 작업을 완성할 수 있다. 사실상 반복 작업의 효율과 정확도에 대해 말하자면 로봇은 이미 인간을 능가했다. 또 다른 예를 들어보자. 탁구처럼 인간에게 극도로 높은 제어 능력을 요구하는 운동의 경우, 우리가 상호 작용 환경을 고정된 탁구대 한쪽으로 제한하고 대상을 단지 라켓과 공으로 한정한다면, 지능형 로봇은 이미 인간과의 대결에서 탁월한 기량을 발휘할 수 있다.

깨달음은 행동 능력을 높인다

상호 작용의 어려움 앞에서, 지능형 로봇의 행동 능력은 도대체 어떻게 향상시킬 수 있을까? '머리가 아프면 머리에 뜸을 뜨고, 발이 아프면 발에 뜸을 뜬다'는 식의 표면적인 대증요법은 오랫동안 지탄의 대상이 되어 왔다. 즉, 단순히 눈에 보이는 문제만 고쳐서는 상호 작용의 본질적인 난제를 해결하기 어렵다. 상호 작용의 문제를 해결하려면 제어 알고리즘을 고도화하거나, 모터나 기계 부품 같은 물리적 성능을 개선하는 것 외에도, '지식'의 깊이와 폭을 확장하는 데 초점을 맞춰야 한다. 여기서 말하는 '지식'은 단순한 정보가 아니라, 감지부터 인지에 이르는 전체 과정을 포괄한다. 즉 행동 주체와 객체에 대한 종합적 이해를 의미한다.

그렇다면 '지식'의 깊이와 폭을 어떻게 확장할 수 있을까? 우리에게 가장 익숙한 인간을 예로 들어 먼저 분석해 보자.

인간이 탁월한 행동 능력을 가질 수 있는 이유는 복잡한 신체 구조뿐 아니라 강력한 감각기관과 신경 시스템을 가지고 있기 때문이다. 예를 들어 우리는 칼로 고기를 썰 때 먼저 시각적 정보를 통해 위치와 형태를 정확히 파악한다. 그런 후 시각 정보와 칼자루를 쥔 손으로 전해지는 촉각 신호를 결합해 어느 정도의 힘을 쓰고, 어느 방향으로 힘을 줄지 결정한다. 실행 주체가 오직 시각 센서만 가진 로봇이라면, 빠르고 정확한 대응을 기대하기 어려울 것이다.

인간의 손 피부에는 통증·온도·진동·움직임에 대한 촉각, 압력 감각 등을 감지할 수 있는 수많은 감각 수용기가 있다. 1만 7천 개가 넘는 촉각 신경 말단을 포함하고 있어 세밀하고 확실한 촉각 감지가 가능하다. 이러한 측면에서 볼 때 현재의 지능형 로봇은 아직 인간을 따라오려면 멀었다.

오픈AI에서 공개한 '큐브를 맞추는 로봇 손 시스템'

사진 출처: I. Akkaya, et al., "Solving Rubik's Cube with A Robot Hand", arXiv: 1910.07113, 2019.

따라서 우리는 체화된 지능 특유의 이점을 발휘해야 한다. 비록 로봇은 인간과 달리 그렇게 많은 신경과 감각기관을 가지고 있지 않지만, 형태와 감지 능력 면에서 유전적 제약을 받지 않는다. 사실 인간의 머리 뒤쪽으로 눈이 생기는 식의 진화는 단기간 내에 이루어질 수 없지만, 지능형 로봇의 '머리 뒤에 눈을 달아 주는 것'쯤은 그리 이상하거나 오랜 시간이 걸릴 일도 아니다. 이러한 이유로 지능형 로봇은 전통 감각기관의 제약을 받지 않는 상황에서 더 광범위한 감지 세계를 탐색할 수 있다.

예를 들어 루빅스 큐브는 많은 사람이 좋아하는 지능 개발용 장난감이지만, 훈련받지 않은 사람이 큐브를 맞추는 것은 결코 쉽지 않다. 나 같은 경우는 어느 정도 학습을 거쳤는데도 3분 정도의 시간이 걸렸다. 하지만 오픈AI는 2019년, 로봇 손으로 큐브를 맞추는 시스템을 발표했다. 연구진은 로봇 손의 한계를 시험하기 위해 실험 과정에 여러 장애 요소도 추가했다. 예를 들면 고무장갑을 끼우고, 일부 손가락을 묶기도 하고, 심지어 모형 기린이 지나가며 방해하는 상황까지 만들었다. 그럼에도 시스템은 매우 뛰어난 안정성을 보여 주었다.

큐브을 맞추는 데 사용된 이 로봇 손은 영국의 로봇 회사인 섀도로봇Shadow Robot의 '섀도 다관절 로봇 손Shadow Dexterous Hand'으로, RGB 카메라와 페이즈 스페이스Phase Space 모션 캡처 시스템을 갖춘 정사각형 형태의 케이지 안에 장착된다. 이 로봇 손의 제어 전략은 강화 학습에 기반하며, 로봇 손가락의 현재 위치와 루빅스 큐브의 상태를 입력값으로 삼아, 로봇 손이 취해야 할 다음 동작을 출력한다. 오픈AI가 공개한 영상에서 이 로봇 손은 약 4분 만에 3×3 큐브를 맞추는 데 성공했다. 큐브의 상태는 세 개의 서로 다른 각도의 카메라가 추정하고, 손끝의 위치는 3D(3차원) 모션 캡처 시스템을 통해 추적한다. 이 시스템은 하나의 핵심 원리를 보여 준다. 즉 동작을 수행하는 로봇 팔은 하나뿐이지만, 감지 능력은 전체 공간 전체에 분포해 있다는 것이다.

기계는 다양하고 강력한 감각기관을 언제든 스스로 '장착'할 수 있다. 예를 들어 자율주행 자동차의 경우, 최신 라이다LiDAR가 100미터 넘는 범위 안에서 고정밀 3D 스캐닝을 할 수 있고, 열화상 센서 덕에 밤에도 열이 있는 물체를 감지할 수 있다. 다만 이러한 발전 이면에는 다양한 감각기관을 어떻게 잘 조화시킬 것인지와 관련된 새로운 문제들이 남아 있다. 인간의 감각 통합은 오랜 진화의 결과이고, 기계의 감각 융합은 이제 막 걸음마를 시작하는 단계에 불과하다.

'덴스퓨전DenseFusion(심층 학습 기반의 3D 인식 알고리즘의 이름)'은 혁신적인 이종 네트워크 구조를 채택해 각각 RGB와 심층 데이터를 처리할 수 있다. 이러한 설계는 단순히 두 데이터를 하나로 합치는 것이 아니라 각각의 원래 구조를 보존할 수 있도록 만든다. 데이터를 단독으로 처리한 후 덴스퓨전은 두 종류의 데이터에 대해 각각 전처리를 진행한 후 '고밀도 데이터 융합 신경망Deep Feedforward Network, DFN'을 이용해 통합한다. 이 과정을 통해 모델은 데이터구조를 유지하는 동시에 RGB와 심층 데이터의 상호 보완적 정보를 효과적으로 이용할 수 있다.

'TAVITactile Adaptation from Visual Incentives17'의 연구진은 "현재 로봇의 촉각 감지만으로는 물체의 공간 배치를 추론할 충분한 단서가 부족하고, 오류를 수정하거나 변화하는 상황에 적응하는 능력이 제한된다."라고 주장한다. 따라서 시각 기반의 보상을 활용해 민첩한 전략을 최적화함으로써 촉각 기반의 정밀한 조작 능력을 강화할 수 있다고 제기했다.

기계가 항상 '편안한 싸움'만 할 수 있는 것은 아니다. 기계 또한 다양한 응용 상황에서 무게, 비용 등 다양한 제약을 받는다. 따라서 지능형 로봇은 제한된 감각 정보만으로 최대한의 성능을 발휘하는 법을 마스터해야 한다.

'그래스핑grasping(로봇 팔이 물체를 잡는 동작)'은 AI 에이전트의 가장 기초적이면서도 복잡한 능력으로, 물체를 손상시키지 않으면서 미끄러지지 않도록 정확한 힘 조절을 할 수 있어야 한다. 물체마다 필

---

17 로봇이 시각 정보를 활용해 촉각 조작 능력을 향상시키는 인공지능 프레임워크.

요한 그래스핑 능력이 다르다. 일례로 표면이 매끄러운 도자기 잔과 표면이 거친 고무공의 그래스핑 방식은 확연히 다르다. '애니 그래스프AnyGrasp18'는 심도 카메라 한 대만으로, 다량의 물체나 처음 본 불규칙한 형태의 물체를 안정적으로 잡을 수 있도록 하는 새로운 감지 기술이다. 방대한 현실 세계 데이터를 학습한 덕에, 기계는 스스로 장애물을 피할 수 있고 부품의 질량 중심을 감지해 안정성을 높인다. 이 두 가지 특징은 인간의 시각 그래스핑 행동에서 흔히 나타나는 특징과 유사하다. 또 다른 연구에서 타카하시Takahashi 교수 등은 이미지만으로 물체의 촉각적 특징을 추정하는 방법을 제안했다. 예를 들어 지능형 로봇은 시각을 통해 어떤 물체의 표면이 미끄럽다고 감지하면 그 물체가 손에서 미끄러지는 것을 막기 위해 더 단단히 쥐는 방법을 선택할 수 있다. 이는 로봇이 환경과 상호 작용할 때 매우 중요한 능력이다.

감지 능력을 강화하는 것도 중요하지만, 로봇이 진정한 인지 능력을 가지려면 어떻게 해야 하는지도 현재 체화된 지능 연구의 최전선에서 다뤄지는 문제이다.

튜링상 수상자이자 메타의 최고 AI 과학자였던 얀 르쿤Yann Lecun이 최근 제기한 월드 모델의 이론을 포함해서 수많은 연구가 이 문제를 중심으로 진행되고 있다.

감지 능력을 극한까지 끌어올리는 것 외에 기계의 '지능'을 끌어올릴 수 있는 다른 길이 또 있을까? 어쩌면 우리는 또 다른 측면에서 우

18 로봇 그래스핑 기술 중 하나.

회하며 앞서 나가는 전략을 시도해 볼 수 있을지도 모른다. 그것은 바로 '연결'이다.

지능화 엔트로피[19] 증가와 체화 내비게이션

인터넷과 사물 인터넷^{IoT} 시대가 되면서, '연결'은 이미 사람들의 생활 속 깊숙이 파고들었고, 네트워크는 어디에나 존재한다. 하지만 문득 이러한 의문이 들지도 모른다. '연결은 정보를 교환하는 거 아닌가? 그렇다면 연결이 어떻게 인지에 영향을 주고 심지어 지능의 발전을 이끌 수 있다는 거지?' 이러한 궁금증에 답하기 위해, 오랜 세월 동안 '체화 내비게이션'을 연구해 온 경험을 토대로 간단히 얘기해 보고자 한다.

— 연결은 인지를 전달한다

연결이 되어있지 않았을 때 감지와 인지는 어떻게 이루어질까? 당연히 관찰과 추측에 의지할 수밖에 없었다. 인간이 판단을 내리는 과정도 본질적으로 일종의 추론에 해당된다. 즉 관찰을 통해 얻은 모종의 신호와 자신의 인지를 결합해 판단을 내리는 것이다. 물론 감지에

19 정보 이론에서 정보의 불확실성이나 무질서도를 측정하는 지표로, 확률 변수의 가능한 모든 상태에 대한 정보를 고려하여 그 상태가 발생할 확률에 따라 가중치를 더한 값이다.

는 오차와 맹점이 있고, 인지에도 한계와 편향이 존재한다. 예를 들어 어둠 속에서 모호한 형체의 사람을 보았을 때 어떤 사람들은 공포 혹은 미신에 사로잡혀 그것을 '귀신'이라고 생각할 수 있다. 그러나 어떤 사람들은 이성적 판단과 분석에 근거해, 빛과 그림자 효과 혹은 착시 효과에 불과한 '정상적 현상'이라고 말한다.

마찬가지로, 지능형 로봇이 과일 더미에서 사과 하나를 찾는 작업을 한다고 가정해 보자. 장애물에 의해 시야가 가려질 수도 있고, 매우 비슷한 플라스틱 사과를 진짜로 오인할 수도 있다. 들어 올려 보니, 무게마저도 진짜 사과와 거의 같은 경우도 있다. 이러한 경우라면 그다음으로 냄새를 고려하거나(후각 센서를 장착한 경우에만 해당) 단면을 잘라 보지 않고, 일방적인 감지 혹은 인지만으로 진짜와 가짜를 구별하기는 어렵다.

그렇다면 만약 이 사과가 기계와 연결되어 움직인다면 어떻게 될까? 여기서는 모든 대상이 성실한 협력자라고 가정해 보자. 초기 연구에서 우리는 내비게이션 및 위치 결정에 관한 새로운 방법에 대해 모색해 본 적이 있다. 내비게이션 경로에 RFID(무선 주파수 식별) 태그를 부착해 경로 표식에 연결 기능을 부여했다. 이러한 태그들이 활성화되면, 고유 ID를 보내고 이를 바탕으로 정확한 내비게이션 정보를 제공할 수 있다. 이 방식은 학계의 큰 관심을 불러일으켰으며, 우리 연구팀이 사물 인터넷 IoT의 노드 위치 추적 이론을 한 단계 더 발전시키는 계기를 마련해 주었다. 관심 있는 독자라면 우리 연구팀의 또 다른 저서인 『위치, 위치 결정, 위치 결정 가능성 - 무선 네트워크의 위치 감지 기술 Location, Localization, and Localizability - Location - awareness Technology for

Wireless Networks』안에 이 이론의 발전과 응용에 관해 자세히 소개하고 있으니 읽어 보기를 권한다. 실제로 많은 현대 실내 위치 추적 시스템은 모두 기준점 혹은 기지국 기반 연결 방식을 채택하고 있다.

RFID 태그는 크기가 작지만, 연결 능력은 내비게이션을 극적으로 효율적이고 정확하게 만들어 준다. 그렇다면 문득 이러한 생각이 들 수도 있다.

'만약 지능형 로봇이 모든 상호 작용 대상과 연결될 수 있다면, 행동이 훨씬 더 단순하고 직접적으로 변하지 않을까?'

지능형 로봇은 인간에 비해 많은 장점을 가지고 있다. 인간은 주로 언어로 소통하며, 외국어는 차치하더라도 타 지역 방언은 이해할 수 없을 때가 많다. 다른 생명체나 사물과 직접 소통하기도 어렵다. 따라서 인간은 외부 세계와 소통할 때 지능형 로봇의 힘을 빌려야 한다. 반면에 지능형 로봇은 연결 매체(무선 신호, 소리 신호, 광 신호), 통신 프로토콜, 대역폭 등을 통해 훨씬 더 강력하고 다양한 방식으로 연결될 수 있다.

또한 여러 지능형 로봇은 서로 인지 정보를 충분히 공유할 수 있으며, 그 결과 각 기계가 얻는 정보량은 더 커지고 행동 계획은 더욱 정교해진다. 이러한 집단 지능은 단일 개체의 지능을 분명히 뛰어넘는 수준이다.

– 연결은 새로운 인지를 창조한다

연결은 인지를 전달할 뿐 아니라, 그 자체가 새로운 인지를 만들어

낸다. 연결의 매개체인 각종 신호 자체가 바로 감지되고 인지될 수 있는 정보이며, 물리적 세계의 흔적을 담고 있기 때문이다.

예를 들어, 무선 내비게이션 연구에서는 무선 신호의 강도와 거리의 상관관계를 이용해 거리를 추정한다. 일반적으로 거리를 측량하려면 줄자나 레이저 측정기 같은 전용 감지 장치가 필요하지만, 무선 신호의 거리 측정 능력은 연결 자체에 이미 그 고유한 능력을 내포하고 있다. 필자의 연구팀은 무선 신호의 위상 변화를 관찰해 밀리미터 수준의 정확도에 도달하는 위치 추적 기술을 제안한 적이 있다. 이것은 같은 시기에 나온 다른 기술보다 정확도가 무려 40배나 높았다.

무선 신호의 위상 변화는 고주파 진동을 감지하는 데도 사용할 수 있어서, 실시간으로 기계 설비의 상태를 모니터링하고 통제할 때 유용한 역할을 한다. 가장 흔히 볼 수 있는 무선 신호는 기계에 '투시' 능력을 부여하기도 한다. 예를 들어 우리가 평상시에 사용하는 Wi-Fi 라우터는 벽을 투시해 그 뒤에 있는 사람의 움직임을 감지한다. 일종의 '초능력'처럼 보이지만, 실제로 과학자들은 Wi-Fi 신호의 미묘한 변화를 분석해 벽 뒤에 있는 사람의 움직임을 탐지한다.

이러한 연결의 구축 자체가 바로 인지의 성과이다. 이는 단순히 인접성이나 접근 가능성만을 의미하는 것이 아니라, 그러한 연결을 통해 만들어진 네트워크를 통해 일종의 토폴로지 도표Topology Diagram를 구축하며, 개체 간의 상호 관계와 연결의 복잡성을 반영한다. 예를 들어 사회 네트워크의 '6단계 분리 이론Six Degrees of Separation'은 인간 관계의 긴밀함을 보여 준다. 이 이론에 따르면, 낯선 두 사람 사이에 최대 여섯 명만 거치면 결국 서로 연결되는 고리가 만들어진다. 이 이론은 연결을 통해 가능해지는 인지의 확장을 반영한다. 기계의 세계에서 유사한 원리를 사물 인터넷 설비에 적용하면 무선 신호로 서로 연결되어 방대한 감지 네트워크를 형성하고, 이를 통해 각 설비는 네트워크의 다른 설비의 상태와 위치를 감지할 수 있게 된다.

이처럼 연결은 정보 전달의 매개체일 뿐 아니라, 지능 시스템이 세상을 인지하는 하나의 방식이다.

— 연결은 지능 분포에 영향을 미친다

생명체가 지구상에 등장하기 전까지, 지능은 깊이 잠들어 있던 씨앗처럼 아직 싹을 틔우지 못한 상태였다. 시간이 흐르면서 식물과 동물은 점차 진화했고, 마침내 인간은 독특한 지능을 장착한 채 생명의 숲에서 두각을 드러냈다. 이 시기에 지능의 분포는 균일하지 않았다. 만약 지능을 정량화한다면, 대부분의 지능이 인간에게 집중되어 있었다. 중국 남조南朝 송宋나라 시인 사령운謝靈運이 남긴 유명한 말이 있다. "천하의 재주를 한 섬이라고 한다면, 조자건曹子建(조식의 자(字)) 혼자 여덟 말을 차지했고, 나는 한 말을 얻었으며, 나머지 한 말은 세상 사람들이 나누어 가졌구나." 흥미로운 점은 조자건의 재주가 여덟 말이라는 말에 의문을 제기하는 사람은 거의 없고, 대신 사령운 혼자 한 말을 차지했다는 말에 너나 할 것 없이 이의를 제기했다는 사실이다. 지능의 집중은 인간에게 독보적인 지위를 부여했다. 인간은 이 세계를 탐색하는 주도자가 되었을 뿐 아니라 이 세상을 만들어 가는 주된 힘이 되었다.

정보 기술의 혁명이 일어나고, 특히 인공지능이 발전하면서 지능형 로봇이 탄생하고 인간을 돕기 시작했다. 인터넷과 사물 인터넷의 보급은 이러한 지능 분포의 불균형을 변화시키고 있다. 정보론의 엔트로피 개념을 빌려 이 현상을 표현하자면 '지능화 엔트로피 증가'라고 할 수 있다. 만약 지능과 비지능의 경계선이 분명하다면 우리는 엔트로피가 비교적 낮다고 보고, 반대로 지능이 세상 구석구석에 두루 분포되어 있다면 지능화 엔트로피가 증가하고 있다고 여긴다.

예를 들어 단말 장치의 자체 계산 능력은 제한적일 수 있지만, 일단 인터넷에 연결되면 클라우드 서버로부터 강력한 계산력과 지식을 얻어 자신의 역량을 강화할 수 있다. 다시 말해서 지능형 로봇의 엔트로피 증가는 지능형 로봇 고유의 감지와 인지에 대한 의존도를 낮춘다.

체화된 내비게이션의 예로 다시 돌아가 보자. 자율주행 자동차는 탑재된 카메라, 라이다, 무선 모듈을 이용해 주변의 환경을 감지하고 가속, 감속, 추월, 차선 변경 등의 행동을 수행한다. 이와 달리 전통적 내비게이션에서 경로 계획과 행동 결정은 사전에 확보한 지도에 의존하며, 위성 신호를 통해 얻은 거리 정보를 반영해 정확한 위치를 산출한다. 내비게이션은 이것에 근거해 자동차의 움직임을 유도하고, 현재 위치와 목적지 사이의 거리를 계속해서 줄여 나간다.

그러나 차량이 주위 환경을 감지할 수 있는 능력을 갖췄다면 차량의 위치를 지도에 투영해야만 내비게이션이 가능한 것은 아니다. 우리가 길을 알려 줄 때 몇 가지 좌표 지점을 직접 지정하는 경우는 드물다. 가장 흔한 방식은 "신호등 두 개를 지나 좌회전하면 왼쪽으로 상가가 보이고, 오른쪽의 하얀색 사무 빌딩이 바로 목적지입니다."라고 말하는 것이다. 이는 감지에 기반한 경로 안내이다. 우리는 감지 데이터로 구성된 인지 공간도 선형 공간의 기본 정의에 부합한다는 것을 증명할 수 있다. 적당한 거리 함수를 정의하여 매핑하면, 감지 공간과 물리 공간 사이의 등거리 사상Isometry, 즉 거리 보존 성질을 유지할 수 있다. 다시 말해 물리적 공간에서 거리가 멀면 감지 공간에서도 멀게 표현되고, 물리적 공간에서 가까우면 감지 공간에서도 가깝게 표현된다는 뜻이다. 적당한 '노름norm'을 어떻게 정의할지의 문제는 온전히 수학적 기교와 관련되어 있다.

실제로 물리적 공간은 3차원이지만, 감지 공간은 3차원보다 훨씬 고차원의 선형 공간이다. 우리는 최적화 과정을 거쳐 다양한 수학적 변환 모델을 적용함으로써, 감지 공간의 데이터와 물리 공간의 위치가 서로 정확히 대응되는 상호 연관성Correspondence을 정립할 수 있다.

이것 외에 다른 추론들도 가능하다. 예를 들면 감지 공간은 완비[20]된 노름 공간(수학에서는 '바나흐 공간Banach space'이라고 부름)이고, 물리적 공간과 같은 구조인 감지 하위 공간이 있으며, 두 공간 사이에는 단일 맵핑 관계 혹은 일대일 대응 관계가 존재한다. 물리 공간에서의 이동은 이 감지 하위 공간 안의 시간 함수로만 기술될 수 있으며, 물리 공간에서 임의의 두 점 사이의 거리 함수는 이 감지 하위 공간에서의 거리 함수와 같다. 이러한 추론은 물리 공간 안에서의 내비게이션은 감지 공간 안에서의 내비게이션과 본질적으로 동일하다는 것을 시사한

---

[20] 여기서 '완비(完備)'란, '해당 공간 안의 코시 수열(Cauchy sequence)이 그 공간 안의 점으로 수렴한다'는 극한의 성질이 갖춰져 있다는 뜻이다.

다. 어쩌면 미래에는 우리가 아는 내비게이션은 감지 공간 안에서만 이뤄지고, 체화된 에이전트의 움직임으로 물리 공간 안에서 나타내기만 하게 될지도 모른다.

현실에서 감지 공간의 차원은 매우 높고, 계산도 지나칠 정도로 복잡하다. 뉴스를 보면 심지어 가장 똑똑한 자율주행 자동차조차도 길에서 머뭇거리며 앞으로 나가지 못하는 장면이 종종 등장한다. 그러나 '차량 네트워크vehicle-to-vehicle, V2V'가 생긴 후부터 단일 기계의 지능이 '군집 지능swarm intelligence'으로 전환되며, 차량 간 정보 공유를 통해 행동 결정이 단순화되고 효율성을 갖추었다.

2024년 1월, 중국의 다섯 개 부처가 공동으로 발표한 〈스마트 커넥티드 자동차의 '차량-도로-클라우드 일체화' 시범 사업 추진에 관한 공지〉는 이 연결 범위를 클라우드, 도로 관리 단위로 한 단계 더 확장했다. 이러한 상상을 해 보자. 도로 관리 단위는 수백 미터 밖의 교통사고를 발견하고 조만간 다가올 차량에게 알려 준다. 이는 아무리 노련한 운전기사도 해낼 수 없는 일이다. 자율주행 차량은 주차장에 진입한 후 주차 자리를 찾아 돌아다닐 필요가 없다. 주차 시스템이 빈자리를 알려 주면 차량은 스스로 주차를 한다. 생각만 해도 정말 편리한 세상처럼 느껴진다.

또 다른 차원에서 지능화의 진화를 들여다보면 지능화 엔트로피가 증가하면서 지능형 에이전트의 경계가 점점 사라지고 있음을 알 수 있다. 이는 기계가 더 이상 물리적 상태에 국한되지 않고 외부 환경을 그 지능 시스템 안에 융합시킨 것을 의미한다. 마치 외부 환경을 자신의 지능 시스템 안으로 들여와, 외부에서의 상호 작용을 내부의 자연스러운 동작으로 전환시키는 것처럼 보인다.

처음에는 사람이 차량을 운전하고, 그다음에는 지능형 로봇이 자동차를 운전하고, 이제 미래에는 어떤 변화가 일어날까? 아마도 그때 우리는 도로와 차량의 집합을 하나의 체화된 에이전트로 간주할지 모른다. 다시 말해서 도로가 운전을 하는 셈이다. 도로는 그 위의 모든 상황을 전면적으로 감지하고, 모든 차량의 실시간 움직임을 파악해 '전지적 시점'에서 교통을 통제할 수 있다. 그렇다면 미래에는 교통사고라는 개념조차 역사 속 유물로 전락할지도 모른다.

대규모 모델은 어떻게 현실 세계와 접목될까 grounding [21]?

최근 대규모 언어 모델(이하 LLM)의 열풍이 전체 기술 분야를 휩쓸며 빠른 속도로 체화된 지능 분야와 긴밀하게 결합하고 있다. 누군가는 LLM의 도입이 마치 기계에 새로운 뇌를 장착하는 것과 같다고 비유적으로 말하기도 한다. 이것은 마치 그것을 단순히 기계에 끼워 넣기만 하면 완전히 새로운 생명을 기계에 부여할 수 있는 것처럼 들린다.

먼저 '버프buff(강화)'의 관점에서 말해 보자. 첫째, LLM은 지능형 로봇과 인간이 자연어로 소통하도록 도와줄 수 있다. 인간이 원하는 과제를 직접적으로 말하면, LLM은 이것을 기계가 처리하기 쉬운 형식

---

[21] 기호나 표현을 실제 세계와 연결하는 과정.

LLM과 체화된 지능

으로 인코딩한다. 거꾸로 LLM은 지능형 로봇의 당시 상태에 근거해 자연어를 생성하고, 인간에게 피드백할 수 있다. 이것은 위의 그림 속의 로봇이 인간과 소통하며 작업을 수행하는 과정과 같다.

둘째, LLM은 고차원적 의미 추론이 가능하기 때문에 문제를 여러 단계로 나누고 실행 계획을 제시할 수 있다. 예를 들어 "코끼리를 냉장고에 넣으려면 어떻게 해야 하나?"라고 물으면, LLM은 이렇게 대답할 수 있다. "냉장고 문을 열고, 코끼리를 집어넣고, 문을 닫으면 됩니다." 여기서는 현실적인 가능성을 따지려는 게 아니라, LLM이 문제 해결의 전 과정을 여러 단계로 분해해 실행 방안을 제시한다는 점에 주목할 뿐이다. 이러한 관점에서 봤을 때 LLM은 뛰어난 행동 계획 생성기가 될 잠재력이 있다.

마지막으로 사전 훈련된 시각-언어 모델Visual-Language Models, VLMs과 같은 LLM은 지능형 로봇에게 다중 모달 감지와 인지를 위한 더 일반적인 선택지를 제공할 수 있다. 예를 들어 CLIPContrastive Language-Image Pre-Training은 시각 정보와 텍스트를 통합된 표현 공간에 맵핑해 기계가 시각 데이터를 직접 입력으로 삼을 수 있도록 만든다. 3D-VLA[22]는 새로운 3차원 시각-언어-행동 모델을 제안하며, 생성형 월드 모델을 도입해 3차원 감지, 추론과 조작을 빈틈없이 연결한다. 이는 2D 입력에 기반을 둔 기존의 VLA 모델보다, 현실 세계의 3D 물리 환경에 훨씬 더 근접한 것이다.

LLM의 장점은 자연어의 생성에서 끝나지 않는다. 앞으로는 LLM이 코드를 직접 생성할 수 있게 될 것이다. CaPCode as Policies[23]는 LLM을 훈련해 기계를 위한 정책 코드를 작성한다. 자연어 명령이 주어지면 대규모 언어 모델은 코드를 생성하고, 지능형 로봇은 이 코드를 실행해 끊임없이 센서의 입력을 수신하고, 행동 명령을 출력한다. 연구에 따르면 이러한 코드 생성 방식은 행동 계획을 직접적으로 생

---

22 3차원 시각(Vision), 언어(Language), 행동(Action)을 통합적으로 처리하는 생성형 인공지능 모델.

23 구글의 로봇 공학자들이 개발한 로봇 동작 제어를 위한 전용 AI 언어 프로그램. 인간의 지시를 받아 로봇이 스스로 동작 제어 코드를 작성할 수 있다.

성하는 것보다 훨씬 효과적이다. 유명 로봇 모델 중 하나인 '복스포저 VoxPoser'도 LLM을 사용해 코드를 생성한다. 이 코드는 앞에서 언급한 시각-언어 모델과 상호 작용하고, 후속 동작 계획을 위해 정보를 제공한다.

이제 우리가 현재 직면한 도전 과제에 대해 이야기해 보고자 한다. LLM의 두드러진 결함은 바로 현실 세계 속에서의 경험이 부족하다는 것이다. 방금 위에서 언급한 것처럼 우리가 LLM에게 '코끼리를 냉장고에 넣는' 과제를 주면, 논리적으로 합당한 방법을 생성할 뿐, 이러한 절차가 실현될 수 있을지 여부에 대해서는 생각하지 못한다.

이 문제를 해결하기 위해 구글의 로봇 제어 연구 프로젝트인 '세이캔SayCan'은 사전 학습 기술을 사용해 현실 세계의 지식 기반을 제공할 것을 제안했다. 이렇게 되면 LLM이 출력하는 내용이 이러한 사전 학습 기술과 대응하는 범주 안에서 제약을 받게 된다. 이러한 방법은 우리가 LLM을 위해 실행 가능한 많은 API(응용 프로그램 인터페이스)를 준비해 두고, LLM이 그것들을 호출해 행동을 수행하는 것과 유사하다. 이러한 설정에서 지능형 로봇은 모델의 '손과 눈'이 되어 구체적 작업을 수행하고, LLM은 작업과 관련된 심층적 의미 지침을 제공한다. 글라이드GLIDE 24는 LLM의 어의와 물리적 세계에서 지능형 로봇의 행동 궤적 간의 연관성을 구축하고자 시도했고, 이 과정에서 인간의 시

---

24 Guided Language to Image Diffusion for Editing. 오픈 AI의 텍스트-투-이미지 생성 모델.

뮬레이션 데이터를 사용해 이러한 시스템이 자연어의 작업 명령을 기계의 구체적 행동 시퀀스로 변환될 수 있도록 했다.

앞서 거론한 방법들은 대부분 다른 응용 분야의 사전 학습된 LLM을 활용했기 때문에 별도의 '그라운딩' 조작이 필요하다. 즉 LLM에서 출력한 기호(언어, 코드 등)를 물리 세계의 행동으로 전환해야 한다. 그리고 구글의 RT 시리즈 대규모 언어 모델은 엔드투엔드end-to-end 학습을 통해 단번에 행동 시퀀스를 출력했다. 'RT-1'에서 구글 과학자들은 '로보틱스 트랜스포머Robotics Transformer, RT'라고 부르는 모델 그룹을 최초로 제안했다. 'RT-1'의 설계는 LLM의 '괴력으로 밀어붙이는' 식의 방법을 고수한다. 즉 모델의 용량을 크게 늘려 방대한 각종 데이터를 흡수하고, 효율적으로 일반화할 수 있도록 하는 것이다.

그 후에 등장한 RT-2는 이전의 학습 강도에 만족하지 못한 듯 인터넷 규모의 데이터 학습에 기반을 둔 시각-언어 모델을 엔드투엔드 로봇 제어에 직접 통합해 모델의 일반화 범용 능력을 한 단계 더 상승시켰다.

2024년 새롭게 출시된 'RT-H'는 '계층적 구조'를 도입하며 새로운 방향으로 나아갔다. 'RT-H'는 '행동 계층action hierarchy' 개념을 제안했고, 복잡한 작업을 간단한 언어 명령으로 분해한 후 이 명령을 로봇의 행동으로 변환하여 작업 수행의 정확도를 높였다.

예를 들어 '피스타치오 통 뚜껑 닫기'와 같은 작업과 사용 환경 이미지를 입력값으로 주면, 'RT-H'는 시각-언어 모델을 활용해 팔을 앞으로 움직이고, 오른쪽으로 돌리는 등의 언어 동작을 예측한다. 그다음으로 이 언어 동작에 근거해 구체적인 기계 행동을 출력한다. 이 과정은 인간의 개입을 허용하고, 인간의 수정을 통해 기계의 학습을 도울 수도 있다.

그렇다면 LLM은 현재 인공지능 분야에서 주목받는 하나의 방법론으로서 체화된 지능 발전의 중요한 추진력이 될 수 있을 것으로 보인다. 이러한 이유로 머지않은 미래에 체화된 지능은 범용 작업을 수행할 능력과 강력한 학습 능력을 갖추고, 우리의 세계를 더 심층적으로 이해하는 동시에 이제까지 존재하지 않았던 방식으로 인간 사회에 참여할 것이다.

적어도 '코끼리를 냉장고에 넣는 방법'에 대해 대답할 때 '인간의 속성을 지니고 합리적 생각을 할 줄 아는' 체화된 에이전트라면 아마 이렇게 대답할 것이다.

"우선 우리는 코끼리가 냉장고에 들어가기를 원하는지 확인해야 합니다. 둘째, 코끼리의 무게를 고려해 특수 제작한 대형 냉장고가 필요할 수 있습니다. 마지막으로 냉장고 문을 닫은 후 코끼리가 충분한 공간과 편한 환경을 제공받을 수 있는지 고려해야 합니다."

CHAPTER 10

트루먼 쇼 The Truman Show

인공지능이 '체화되지 않은 상태'에서 '체화된' 단계로 넘어가려면, 현실 세계와 디지털 세계의 대대적인 융합이 필수적이다. 이러한 융합은 기술적 진보를 넘어, 인간의 인지와 존재 방식에 대한 근본적인 질문을 던지게 한다.

'물리적 세계는 정말 존재할까? 아니면 정말 존재할 필요가 있을까?'

플라톤Plato은 그의 저서 『국가론The Republic』에서 '동굴의 비유 Allegory of the Cave'를 이야기했다. 평생 동굴에 갇힌 죄수들을 예로 들어 인간의 인식을 설명했다. 어릴 때부터 산속 동굴에 갇혀 산 한 무리의 죄수들은 평생 동굴 벽에 비친 그림자만 보며 살며, 그 그림자가 유일한 실체라고 믿는다. 이 책에서 소크라테스가 그의 제자 글라우콘

Glaucon에게 물었다.

"만약 그중 한 사람이 석방되어 바깥세상을 보게 되고, 그가 동굴로 돌아가 사람들에게 진실을 말하려고 한다면 어떤 일이 벌어졌겠느냐?"

이것은 인간의 인지에 대한 플라톤의 비유이다. 동굴은 감각기관의 세계를 상징하며, 동굴을 나와 태양을 보는 과정은, 감각기관의 세계를 넘어 '이데아' 세계에 도달했다는 것을 의미한다.

이데아의 세계는 정말 존재할까? 우리도 동굴 속 죄수들처럼 허상 속에 살고 있는 것은 아닐까? 1981년, 미국의 철학자 힐러리 퍼트넘Hilary Putnam은 자신의 저서『이성, 진리 그리고 역사Reason, Truth and History)』에서 '통 속의 뇌Brain in a Vat'라는 가설을 제기했다. 만약 인간의 뇌를 영양액이 담긴 통 속에 담그고 신경 말단을 컴퓨터에 연결해 정보를 받는다면, 그는 여전히 손과 발을 가진 인간처럼 현실 세계에서 활동하며 살고 있다고 느낄 것이다. 영화 〈매트릭스The Matrix〉는 바로 여기서 영감을 받아 만들어졌다.

앞서 말했듯이 힐베르트는 수학적 공리체계를 만들어 모든 수학적 명제가 참 혹은 거짓으로 판정될 수 있도록 만들고자 했다. 그렇지만 쿠르트 괴델의 불완전성 정리는 이것이 불가능함을 증명했다. 초등 수론의 명제를 포함하는 모든 일관된 공리 체계 안에는 참과 거짓을 판정할 수 없는 명제가 반드시 존재한다고 지적한 것이다. 이는 한 가지 흥미로운 추론을 가능하게 한다. 만약 우리가 컴퓨터 시뮬레이션 속에 있는 존재라면, 컴퓨터가 만들어낸 허구의 세계 안의 통일된 규칙, 즉 '일관된 메타 규칙'이 반드시 존재해야 한다. 따라서 '메타 규칙'

플라톤이 『국가론』에서 언급한 '동굴의 비유'

이 존재하지 않는다면, 우리는 '통 속의 뇌'의 일원일 리 없게 된다.

그러나 설사 우리의 삶이 한 무더기의 코드로 이루어진 게 아니더라도, '현실' 위에 군림하는 더 높은 차원의 존재가 있는 것은 아닐까? 영화 〈트루먼 쇼〉는 우리에게 또 다른 형태의 가상 현실을 보여 준다. 주인공 트루먼은 평범한 사람처럼 보이지만 치밀하게 설계된 거대한 세트장 속에서 살고 있는 인물이고, 곳곳에 숨겨진 카메라가 그의 모든 일거수일투족을 모두 촬영했다. 그리고 그의 모든 일상은 전 세계 시청자들이 지켜보는 리얼리티 쇼 프로그램이 되었다. 트루먼의 세계는 완벽한 허상이며, 제작자가 통제하는 허구의 세계였다. 태어나서 성장하는 동안 트루먼의 생활 속 세세한 모든 일이 완벽하게 설정되어 있었다. 하지만 시간이 흐르면서 트루먼은 이상한 점을 알아차리기 시작했다. 자신의 생활이 이미 정해진 어떤 시나리오에 의해 흘러가고 있고, 모든 사람이 특정한 역할을 맡고 있는 듯한 느낌을 받았다.

결국 트루먼은 그 세트로 만들어진 '유토피아'에서 성공적으로 탈출해 가상 세계 속의 속박에서 벗어나 진정한 '현실'을 얻었다. 가상 세계에서 계속해서 진화한 체화된 에이전트 역시 어쩌면 지금 트루먼처럼 혼란스러운 감정에 사로잡혀 있을지도 모른다.

가상 세계의 원주민

이제 우리는 '트루먼'의 시선에서 바라보려 한다. 인간이 발을 들여놓기 전, 가상 세계에는 원주민이 존재했다. 바로 AI 에이전트들이다. 이들의 초기 지능은 가상 시뮬레이션의 환경 속에서 만들어졌다. 그들은 디지털 공간의 실험실에서 환경과의 상호 작용을 통해 감지, 행동, 적응 방법을 배우고 세상에 대한 이해와 반응 능력을 점차 키워 나갔다.

AI 에이전트가 주인공인 가상 세계도 존재했다. 1973년 제작된 고전 공상과학 영화 〈웨스트월드Westworld〉를 보면 머지않은 미래에 고도로 사실적인 최첨단 성인용 테마파크가 생긴다. 이 테마파트는 서부 세계와 중세 세계, 로마 세계로 구성되어 있고, 각 세계는 모두 그 시대에 역사적 환경을 정교하게 재현했으며, 그 안의 주민들은 진짜 인간과 다를 바 없는 인간형 로봇이었다.

이 로봇들은 입장객과 상호 작용을 하고, 그들에게 몰입감 넘치는 경험을 선사한다. 방문객은 일정한 비용을 지불해야만 이 정교하게 만들어진 세상 속에서 현실 세계에서 실현할 수 없는 모험과 자유를 경험할 수 있다. 그렇지만 로봇의 프로그램이 업그레이드되면서 '자의식'이 드러나기 시작하고, 테마파크의 관리자들은 점차 로봇에 대한 통제력을 상실해 갔다. 결국 즐거움을 주기 위해 만들어졌던 로봇들은 테마파크의 지배자로 변해, 테마파크를 피로 물들이는 비극을 초래한다.

수십 년의 시간을 뛰어넘어 일부 공상과학은 현실이 되고 있다. 2023년 스탠퍼드대학과 구글의 연구진은 LLM에 기반한 25개의 인공지능 에이전트로 구성된 가상의 마을을 세웠다. 이 가상 마을은 그해 가장 이목을 끈 AI 에이전트 실험 중 하나가 되었다. 이전 연구들이 주로 단일 LLM의 능력에 중점을 두었다면, 이번 연구는 여러 AI 에이

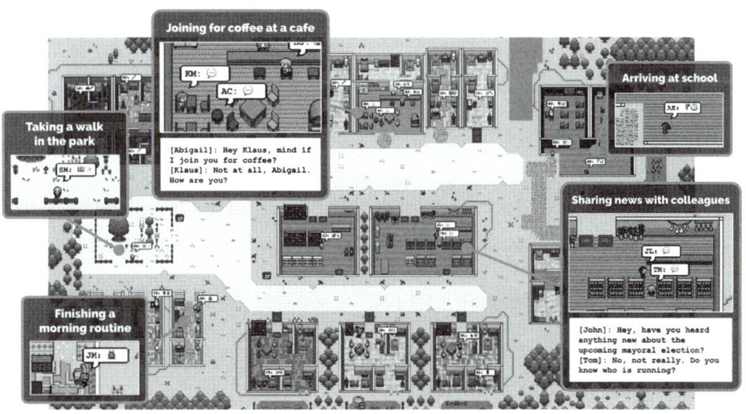

스탠퍼드 인공지능 에이전트 가상 마을

그림 출처: J. S. Park, et al., "Generative Agents: Interactive Simulacra of Human Behavior", ACM UIST, San Francisco, USA, October 29–November 1, 2023.

전트가 상호 작용하며 더 복잡하고 흥미진진하게 전개되었다. 이 연구의 중심에는 '메모리 스트림 Memory Stream' 기술이 있다. 이 기술을 통해 AI 에이전트는 자연어의 형식으로 방대한 경험을 저장하고 활용할 수 있게 되었다. 각 에이전트는 자신의 메모리 스트림을 바탕으로 행동을 계획할 수 있다. 이는 그들의 의사 결정 능력을 강화했을 뿐 아니라, 행동 패턴을 일관되게 만들고, 독특한 자아 표현 방식을 갖추게 했다.

연구자들은 각 에이전트를 위해 상세한 배경 이야기를 부여했고, 이는 모두 자연어로 되어 있으며, 에이전트의 직업, 인간관계, 취향과 성격, 마을에서의 역할 등이 포함된다. 이 정보는 에이전트의 '씨앗 기억'이 되고, 그들의 성격과 행동 방식을 형성한다.

예를 들어 존은 버드나무 시장 약국의 열정적인 주인이고, 고객을 위해 편리한 약제 서비스를 제공한다. 그의 아내는 박학다식한 대학 교수이다. 이들 부부는 음악 이론 측면으로 열정이 넘치는 아들 에디와 함께 살고 있다. 또한 그는 이웃에 사는 친절한 노부부 샘 무어와 제니퍼 무어와도 수년간 좋은 관계를 유지하고 있다.

이 가상의 세계에서 AI 에이전트는 일련의 행동을 통해 환경과 상호 작용을 한다. 각 행동은 그 당시 행동을 설명하는 음성과 함께 출력된다. 예를 들어 "존은 고객이 적절한 약을 선택하도록 돕고 있습니다."와 같은 음성이 나온다. 뒤이어 이러한 설명은 실제로 가상 세계에 영향을 미칠 수 있는 구체적 행동으로 전환된다.

에이전트는 주변에 있는 다른 에이전트를 감지했을 때 자연어로 소통하며 반응하고 행동한다. 이사벨라와 톰이 머지않아 마을에서 치러 질 선거에 대해 깊이 있는 대화를 나누고 있다고 가정해 보자. "누구를 선택할지 고민이에요. 샘 무어와 선거에 대해 이야기를 나누고 있어요. 당신은 그에 대해 어떻게 생각해요?" 이사벨라가 이렇게 묻자 샘이 대답했다. "솔직히 난 샘 무어가 별로예요. 그는 지역 사회에 별반 관심도 없고, 마을 사람들의 이익은 안중에도 없어요."

마을에는 카페, 술집, 작은 공원 등 생활 편의 시설이 마련되어 있고, 각 공공장소는 기능을 갖춘 하위 구역과 그 안의 대상을 정의한다. AI 에이전트들은 마을에서 자유롭게 돌아다니며 환경과 상호 작용하고, 이를 통해 환경 상태에 영향을 미친다. 예를 들면 냉장고에서 식재료를 꺼내 아침을 만들 수 있고, 이때 냉장고는 텅 비게 된다.

우리는 사회 행동의 자연스러운 출현도 관찰할 수 있다. AI 에이전트는 상호 작용을 통해 정보를 교환하고 점차 새로운 관계망을 형성해 나간다. 이러한 사회적 행동들은 짜여진 각본에 의한 것이 아니라 실시간으로 생성된 것이다. 예를 들어 잡화점에서 우연히 만난 샘과 톰의 대화는 일련의 사교 활동을 만들어낸다. 이 대화에서 샘이 곧 다가올 지역 선거에 참여할 의향을 드러내자, 얼마 지나지 않아 샘의 출마소식이 마을 전체에 퍼진다.

시간이 흐르면서 새로운 관계도 형성된다. 샘은 존과 함께 공원 산책을 하다가 라토야를 만나고, 그들은 서로 자기소개를 나눈다. 이때 라토야는 자신이 촬영 프로젝트를 진행 중이라고 언급한다. 그 후 이둘이 서로 만날 때면 샘은 그녀에게 프로젝트 진척 상황을 종종 물으며 지속적인 관심을 드러낸다.

한편 '홉스 Hobbs' 카페의 사장 이사벨라는 2월 14일 밸런타인데이 오후에 파티를 열 계획을 세우고 만나는 친구와 고객들에게 초대장을 나눠주었다. 그녀의 친한 친구 마리아도 준비 작업을 도왔고, 그녀가 짝사랑하던 상대도 불러 함께 파티를 준비했다. 밸런타인데이 당일에 다섯 명의 마을 주민이 오후 5시에 카페에 모여 이 파티를 즐겼다.

만약 스탠퍼드 가상 마을에서 일어난 이야기 중 대부분이 언어적 형식으로 표현되었다면, 자유도가 높은 샌드박스 게임 '마인크래프트 Minecraft'는 체화된 에이전트에게 실제로 능력을 발휘할 공간을 제공한다. 예를 들어 엔비디아와 칼텍 Caltech 등 기관의 연구진들이 설계한 인공지능 에이전트 '보이저 Voyager'는 마인크래프트 세계 속에서 자아 탐색과 학습을 시도한다.

마인크래프트는 개방된 게임 세계를 제공하고, 게이머가 광활한 3차원 지형을 탐색하고 수집한 자원을 이용해 '기술 트리[25]'를 잠금 해제하도록 요구한다. 게이머는 나무하기, 음식 만들기 등의 기초 지식을 학습한 후 괴물을 공격하고 다이아몬드 도구를 제작하는 등 더 복잡한 작업으로 나아간다.

한편 효과적인 가상 에이전트는 인간의 학습 진화 과정과 유사한 능력을 가지고 있다. 첫째, 현재 기술 수준과 주변 상황에 따라 적합한 작업을 제안할 수 있다. 만약 자신이 숲이 아니라 사막에 있다는 것을

[25] 마인크래프트 게임에서는 어떤 기술 업그레이드 방향을 선택하느냐에 따라 각기 다른 결과를 초래할 수 있고, 이것은 일반적으로 나무 모양의 그림으로 표시된다.

알게 되면 모래와 선인장을 채집하는 법을 먼저 배우게 된다. 둘째, 환경 피드백을 통해 기술을 개선하고 그 기술을 기억에 저장해, 이후 비슷한 상황에서 다시 사용할 수 있다(예: 좀비와 싸우는 기술은 거미와 싸울 때도 종종 응용된다). 셋째, 새로운 과제를 찾기 위해 끊임없이 세상을 탐색하며, 자기 주도적 학습을 수행한다.

인공지능 에이전트 보이저의 두뇌는 'GPT-4'이고, 연구진은 보이저가 인간의 관여 없이도 자기 주도적으로 마인크래프트 세상 속에서 탐색과 학습이 가능하도록 세 가지 핵심 모듈을 설계했다.

첫 번째 핵심 모듈은 '자동화 작업 생성 Automated Curriculum' 모듈이다. 그것은 지능형 로봇의 현재 기술 수준과 세계 상태에 근거해 적절한 작업을 제시하고, 에이전트가 순서에 따라 점진적으로 탐색과 학습을 하도록 이끈다.

GPT-4는 작업을 수행하기 위한 코드를 생성할 수 있고, 이 코드는 여러 차례의 반복과 최적화를 거친 후 수행된 행동 프로그램이다. 이렇게 완성된 프로그램은 두 번째 핵심 모듈인 '기술 라이브러리 Skill Library'에 저장된다. 따라서 AI 에이전트는 이후에 유사한 작업을 처리할 때 처음부터 다시 학습할 필요 없이 기술 라이브러리에서 직접 필요한 기술을 검색하면 된다.

세 번째 핵심 모듈은 '반복 프롬프트 Iterative Prompting' 메커니즘이다. 이 메커니즘은 환경 피드백, 실행 과정 중의 오류와 작업 성공에 대한 자체 검증 결과를 GPT-4 엔진에 프롬프트로 전송해 행동 프로그램 코드를 반복적으로 최적화한다. 이러한 방식을 통해 보이저는 마인크래프트의 세계 속에서 끊임없이 '레벨 업'하며 갈수록 많은 기술을 습

인류의 진화 과정

득하고, 자체 기술 트리를 세우고, 더 발전한 첨단 도구를 만든다.

온라인 게임을 해 본 사람이라면, '봇Bot 플레이(자동 사냥)' 개념에 익숙할 것이다. 예전의 자동 사냥 프로그램은 간단한 공격, 회복 물약 마시기 등 단순 반복 명령만 수행할 수 있다. 그러나 머지않은 미래에 우리가 게임에서 강력한 장비로 무장하고, 그것을 능숙하게 다룰 줄 알며, 심지어 대화까지 나눌 줄 아는 게이머를 만나게 된다면, 어쩌면 그는 인간이 아니라 가상의 AI 에이전트일 수도 있다.

체화된 진화의 시작

가상 세계라는 이 광활한 무대에서 체화된 에이전트가 탄생하고 성장해 점차 디지털 환경에 적응하며 고유한 능력을 빠르게 진화시키고 있다. 수백만 년에 걸친 인간의 진화 과정과 달리, 체화된 에이전트의 진화는 그렇게 긴 시간이 필요하지 않다. 물리적 현실 세계에서 AI 에이전트의 학습은 많은 시간이 걸리고, 막대한 비용이 들 뿐 아니라, 사고 위험도 크다. 에이전트는 학습 과정에서 돌이킬 수 없는 손해를 초래할 수 있고, 자신과 주변 환경은 물론이고 심지어 인간에게도 예상치 못한 손실을 가져다줄 수 있다. 따라서 체화된 에이전트의 진화는 여전히 물리 세계가 아닌, 알고리즘과 데이터의 자양분 속에서 진행되어야 한다.

인간 연구자는 체화된 에이전트에게 진화의 토양, 즉 시뮬레이션 환경을 제공했다. 시뮬레이션 환경은 컴퓨터로 생성한 가상 공간으로, 우리가 흔히 아는 3D 게임처럼 3D 엔진을 활용해 구축된다. 이는 AI 에이전트의 능력을 개발·테스트·개선하기 위한 이상적인 플랫폼이다. '인터넷의 아버지'로 불리는 빈트 서프 Vinton Cerf는 2023 ACM 중국 튜링 콘퍼런스 개막식에서 이렇게 말했다.

"시뮬레이션 환경은 연구자가 물리적 제약 없이 환경과의 복잡한 상호 작용을 탐구하도록 해 준다. 무엇보다 중요한 것은 에이전트가 위험하지 않은 상황에서 대규모 반복 훈련을 할 수 있다는 점이다. 설비가 현실 세계를 파괴하거나 값비싼 유지, 보수비용이 발생하는 것을 걱정할 필요 없다."

또한 시뮬레이션 환경의 핵심 장점은 대규모 병렬 처리가 가능하다는 것이다. 수천수만 개의 스레드 thread26에서 다수의 에이전트를 동시에 훈련함으로써, 학습 효율과 속도를 눈에 띄게 높일 수 있다. 이는 마치 수없이 많은 분신을 만들어내는 마법의 주문처럼, 분신이 본체로

---

26 프로세스 안에서 실행되는 작업의 흐름 단위.

돌아왔을 때 그 모든 경험과 기술이 본체로 흡수된다. 이러한 훈련의 유연성과 확장성 덕분에 연구자들은 모델을 빠르게 업데이트하며 최적화할 수 있게 되었다. 이것은 주성치周星馳가 영화 〈무장원 소걸아武狀元蘇乞兒〉에서 꿈을 통해 '수몽나한권睡夢羅漢拳'이라고 불리는 무공을 터득하는 과정과 흡사하다. 체화된 에이전트도 시뮬레이션 환경 속에서 각종 기술을 습득하며, 현실 세계 속에의 '대전'을 준비한다. 대표적인 시뮬레이션 플랫폼으로는 'AI2-THOR', 'Habitat'와 'iGibson' 등이 있으며, 체화된 에이전트를 위한 '9년 의무 교육'처럼 시각 감지부터 물리적 상호 교환, 로보틱스 행동 학습 같은 전 방위적인 지원을 제공한다.

다음으로는 현재 상대적으로 활약이 눈에 띄는 플랫폼의 특징을 간략하게 소개하고자 한다. 이 플랫폼은 'AI2-THOR(iTHOR, RoboTHOR, ManipulaTHOR, ProcTHOR)', 'Habitat(1.0, 2.0과 최신 3.0 버전)' 그리고 'iGibson(0.5, 1.0과 2.0 버전)'을 포함한다.

AI2-THOR는 2017년 앨런 인공지능 연구소Allen Institute for AI에서 설계, 개발했다. 이 플랫폼은 고도로 사실적인 실내 3D 환경에서 AI 에이전트가 자유롭게 탐색하며 대상과 상호 작용하도록 설계되어 있다. 복잡한 물리적 모델의 시뮬레이션을 지원할 뿐 아니라 파이썬Python API나 유니티Unity 게임 엔진과도 연동되어 있어서 연구자들이 고도로 복잡한 탐색과 조종 과제를 수행할 수 있다. 플랫폼이 계속 발전하면서 AI2-THOR는 이미 단순한 탐색과 물체 상호 작용에서 물리에 기반을 둔 더 복잡한 상호 작용으로 확장되었다.

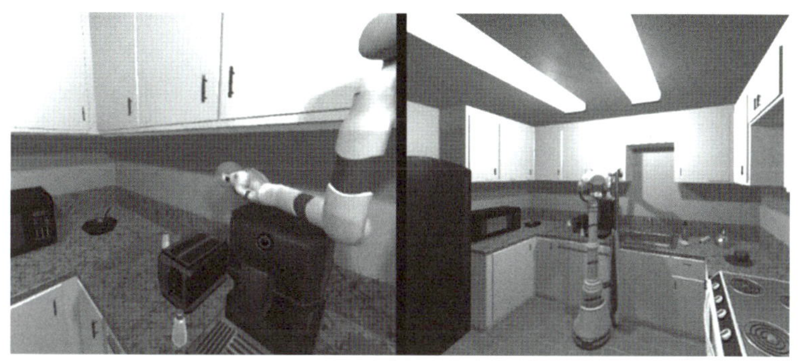

AI2-THOR 시뮬레이션 환경

사진 출처: AI2-THOR 플랫폼, https://ai2thor.allenai.org/.

AI2-THOR는 iTHOR, RoboTHOR, ManipulaTHOR, Proc THOR를 포함한다. 그중 iTHOR는 AI2-THOR의 초기 버전으로 침실, 욕실, 주방과 거실을 포함한 120개의 장면으로 이루어져 있으며, 3D 전문 아티스트가 모델링했다. RoboTHOR는 AI2-THOR 프레임워크의 중요한 확장이며, 시뮬레이션과 현실의 영역 사이의 적응 문제를 해결하는 데 중점을 두고 있다. 동일한 구조의 시뮬레이션 환경과 실제 실험 공간을 함께 제공해, 연구진이 시뮬레이션 환경에서 에이전트를 개발하고 테스트한 후 그것을 현실 속 로봇에게 적용해 검증을 거칠 수 있다. ManipulaTHOR는 로봇 팔을 이용해 물체를 잡거나 이동하는 등 정교하게 조작하는 데 중점을 둔다. ProcTHOR는 절차적 생성 기술Procedural Generation을 활용한 대규모 확장 버전으로, 1만 개의 장면이 포함되어 있어 방대한 스케일의 학습이 가능하다.

Habitat 1.0은 페이스북 AI 연구소에서 2019년에 구축한 플랫폼으로, 시각과 내비게이션 작업에 특화된 시뮬레이션 환경을 제공한다. 이 플랫폼은 고효율의 3D 시뮬레이션과 고급 API를 통해 체화된 지능의 연구를 가속화하도록 지원하는 데 중점을 둔다. 이 버전은 렌더링rendering 속도 향상과 대규모 병렬 처리의 지원을 특히 강조한다. Habitat 1.0 시뮬레이터Habitat-Sim는 매우 유연하게 활용되는 플랫폼으로 에이전트와 센서의 배치를 지원하고, 다양한 3D 데이터셋을 처리할 수 있어, 현실 세계의 복잡한 상황에 특화되어 있다. Habitat-API를 통해 연구자들은 포인트 목표 내비게이션Point-Goal Navigation, 지시 사항 수행Instruction Following, 시각적 질의응답VQA 등 다양한 작업을 정의할 수 있다. 이 API의 모듈화 설계는 작업 배치부터 에이전트 훈련과 평가에 이르는 전체 개발 과정의 효율을 더 높였다.

Habitat 플랫폼은 1.0부터 3.0 버전에 이르기까지 환경의 복잡성과 상호 작용을 계속해서 강화했다. 초기 버전이 고효율 랜더링과 내비게이션 작업에 집중했다면, 2.0 버전에서는 복잡한 가사 노동 자동화와 물리 기반 동역학 작업을 지원하도록 확장되었다. 이어 3.0 버전에서는 인간과 기계가 협력하도록 발전했다. 특히 사람을 회로에 포함시키는 방식으로 사용자가 시뮬레이션에 직접 참여하는 휴먼인더루프Human-in-the-loop, HITL 방식을 도입해, 에이전트와 인간의 상호 작용 능력을 강화했다. Habitat 플랫폼은 1.0부터 3.0 버전까지의 진화

Habitat 시뮬레이션 환경

사진 출처: Habitat 플랫폼, https://aihabitat.org/.

를 거치며 기술 측면으로 지속적 발전을 보여 주었고, 체화된 지능 연구 분야에 필요한 진화도 반영했다.

Habitat 플랫폼의 발전은 기본적인 시각과 내비게이션 작업부터 복잡한 물리적 상호 작용은 물론 인간과 기계의 상호 작용에 이르기까지 연속적으로 이어졌고, 연구자들은 이를 바탕으로 더 풍부하고 복잡한 환경에서 그들의 에이전트를 테스트하고 발전시킬 수 있었다.

iGibson 0.5는 스탠퍼드대학의 페이페이 리 교수가 이끄는 연구팀이 2020년 출시했고, 상호 작용 방식의 내비게이션 작업을 도입했다. 이것은 환경 속 객체와의 상호 작용(예: 밀기)을 허용하고, 더 나아가 목표에 도달하도록 장려하는 방식이다. iGibson 0.5의 개발은 내비게이션과 물리적 상호 작용 간의 상관관계를 연구하는 데 초점을 두었다.

iGibson 1.0은 같은 해 12월에 발표되었고, 랜더링 속도와 환경의 사실감을 개선해 동적 환경의 랜더링 속도를 더 높였고, 이를 통해 학습을 수행하는 에이전트의 훈련 속도를 끌어 올렸다.

iGibson 2.0은 환경을 시뮬레이션하는 능력, 특히 일상 가사 업무의 시뮬레이션을 눈에 띄게 확장했다. 강화된 물리적 상태는 객체의 온도, 습도, 청결도 및 전환과 분리slicing 상태를 포함한다. 예를 들어 다양한 온도 상태(가열 혹은 조리 상태), 습도 상태(물에 젖은 상태)와 청결도 상태(깨끗한 상태 혹은 얼룩진 상태)를 말한다. 이러한 상태를 도입하면 조리와 청소처럼 더 복잡한 일상 속 가사 업무를 시뮬레이션하는 데 유리하다.

iGibson 플랫폼은 0.5 버전부터 2.0 버전까지 장면의 사실감과 상호 작용을 점차 개선하며 발전시켜 왔다. 0.5 버전은 기본적 내비게이션과 물리적 상호 작용을 지원하고, 1.0 버전은 랜더링 속도와 환경의 사실감을 향상시킬 뿐 아니라 가정 내부의 복잡한 작업에 대한 지원을 강화했다. 2.0 버전은 물리적 속성의 상세한 시뮬레이션과 가상 현실의 통합을 추가해 더욱 복잡한 일상 작업 시뮬레이션을 지원한다.

요컨대 AI2-THOR 플랫폼은 사실에 가까운 실내 장면과 복잡한 물리적 모델 시뮬레이션을 구비하고 있고, 실습 및 물리적 상호 작용의 훈련을 강조한다. 이것은 마치 모든 측면에서 균형을 이룬 전방위 실험실과도 같다. Habitat 플랫폼은 높은 효율의 3D 시뮬레이션과 고급 API를 지원하며, 흡사 '스프린트 훈련 캠프'처럼 3D 환경 속 방대한 이미지와 기타 유형의 데이터를 빠르게 생성하고 처리할 수 있다. iGibson 플랫폼은 사실성이 높은 물리적 시뮬레이션과 복잡한 물체의

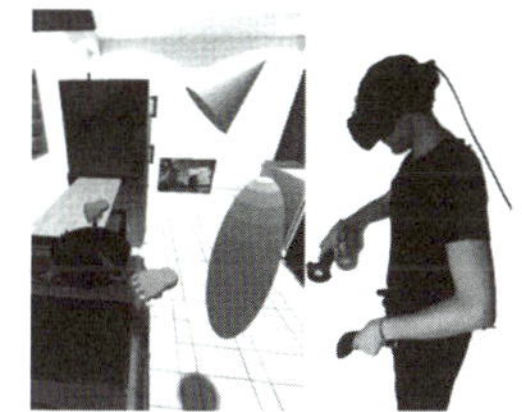

iGibson 시뮬레이션 환경

사진 출처: iGibson 플랫폼, https://stadfordvl.github.io/iGibson/index.html.

상호 작용 능력에서 강점을 보이며, 실제 훈련 기지와 더 흡사한 특징을 가지고 있다.

가상 환경에서 체화된 에이전트는 기본적인 내비게이션과 물체 조작 기술을 학습할 수 있고, 다양한 작업의 수행을 통해 문제 해결 능력을 높여 전문성을 갖춘 '졸업생'으로 점차 발전하며, 더 광활한 물리적 세계에서 그 능력과 지혜를 펼칠 준비를 한다.

AI 에이전트, 실습에 들어가다

체화된 에이전트는 가상 세계에서 다양한 과정을 학습해야 하고, 그중에는 매우 중요한 기초 작업들이 포함되어 있다. 이 작업들은 복잡한 능력을 갖추기 위해 반드시 필요한 초석이기도 하다. 이 책에서는 특히 세 가지 종류의 중요한 작업을 선별해 소개하고자 한다. 그것은 바로 체화된 내비게이션, 체화된 질의응답 그리고 사물 조작이다.

이 세 가지 작업을 선택한 이유는 체화된 에이전트의 ‘다리(가상 환경을 자유롭게 돌아다닐 수 있음)’, ‘입(사람과 유창하게 소통할 수 있음)’, 그리고 ‘손(물리적 세계와 상호 작용하고 조작하는 능력을 부여함)’을 상징하기 때문이다. 이 세 가지 작업은 에이전트가 현실 세계에서 자유롭게 행동하고, 원활하게 소통하며, 능숙하게 조작할 수 있도록 초석이 되어 준다.

체화된 내비게이션은 에이전트가 외부 세계의 직접적 개입이 없는 상황에서 자기 감지와 환경 인지를 통해 특정 목적지까지 이동하는 방법을 주로 연구한다. 우리의 일상에서 익숙한 내비게이션은 모두 사람을 위해 서비스를 제공한다. 예를 들어 스마트폰의 지도 앱을 열고 목적지를 입력하면, 지도상에 노선 및 이동 경로 등 정보가 표시된다. 스마트폰은 위성 위치 추적이나 사물 인터넷의 실내 위치 확인 기술을 통해 사용자의 위치를 실시간으로 지도에 표시한다. 반면에 체화된 내비게이션은 기계에서 더 많이 사용된다. 이러한 이유 때문에 많은 사람이 자체적으로 수행해야 하는 일에 내비게이션 시스템의 도움을 받기도 한다. 예를 들어 많은 응용 과정에서 체화된 에이전트에게 할당된 작업은 특정 유형의 사물 혹은 이미지와 대응하는 장면을 찾는 것이다. 그러나 에이전트는 구체적인 목적지 좌표를 모르고, 어떤 작업에서는 지도를 모르는 상황에서 직접 탐색을 진행해야 한다. 이 때문에 체화된 내비게이션은 일반적인 위치 확인과 경로를 계획하는 기능 외에도 작업에 대한 이해 능력과 물리적 세계에 대한 인지 능력 및 탐색 능력을 갖추고 있어야 한다.

좀 더 세분화하면 체화된 내비게이션의 작업은 포인트 내비게이션

Point Navigation, 객체 내비게이션Object Navigation, 이미지 내비게이션 Image Navigation, 시각-언어 내비게이션Vision-Language Navigation 및 음성 내비게이션Audio Navigation이 있다. 이러한 전형적인 체화된 내비게이션 방식은 모두 그 특유의 응용 가치와 기술적 요구 사항을 가지고 있으므로 여기서 간단하게 정리해 보고자 한다.

그중 포인트 내비게이션이 가장 기본적이다. 목표가 되는 좌표점은 주어지지만, 에이전트는 초기 환경의 배치를 알지 못한다. 따라서 에이전트는 스스로 환경을 식별하고, 장애물을 피해 가며 가장 효율적인 경로를 통해 목적지에 도달해야 한다. 원점에서 시작해서 목표하는 위치(100,300)로 이동해야 하며, 단위는 미터라고 가정해 보자. 만약 환경 속에 장애물이 없다면 이 작업을 매우 쉽게 수행할 수 있다. 그러나 실제 상황에서 방 안에는 이동이 가능한 것과 이동이 가능하지 않은 장애물이 다양하게 있을 수 있다. 사람이 광산이나 공장 지역처럼 상대적으로 낯선 곳에 있고, 그곳에서 뜻밖의 사고가 발생했다고 가정해 보자. 이때 몇 개의 탈출 가능한 출구를 알고 있다면 어떻게 탈출해야 할까? 실제로 이동해 봐야, 화재로 인해 일부 통로가 이미 차단되었다는 사실을 발견할 수 있을 것이다. 이처럼 포인트 내비게이션은 비교적 이해하기 쉽다.

반면 객체 내비게이션은 훨씬 어렵다. 객체 내비게이션에서 에이전트는 환경 속에서 특정한 물체 유형 혹은 사건을 찾아내야 한다. 즉, 에이전트는 목표의 정확한 위치가 없는 상태에서 지정된 물체를 찾아낼 때까지 환경을 탐색해야 한다. 그중 특정한 물체 유형은 '냉장고' '소파' '열쇠' '침대'처럼 하나의 범주 안에서 사전 정의할 수 있다. 이 작업을 완수하기 위해 에이전트는 세계에 관한 선험적 지식을 이용해야 한다. 예를 들어 '냉장고'는 어떻게 생겼고, 어디에서 찾을 가능성이 가장 큰지를 알아야 한다.

이미지 내비게이션은 에이전트에게 목표 위치를 찾기 위해 제공된 한 장 혹은 여러 장의 이미지를 참고 자료로 사용해 그 이미지와 일치하는 환경 위치까지 이동할 것을 요구한다. 이 작업은 일반적으로 이미지와 실제 환경 사이의 복잡한 관련성과 연관되어 있기 때문에, 에이전트가 비교적 강력한 시각 처리 능력을 갖고 있어야 한다. 이미지 내비게이션의 목표는 가장 짧은 길이의 동작 시퀀스를 찾아내 에이전트를 현재 위치에서 RGB 이미지가 지정한 목표 위치로 이동하는 것이다. 이것을 위해 우리는 심층 강화 학습 모델을 개발할 수 있고, 이 모델은 현재 관찰한 RGB 이미지와 목표 RGB 이미지를 입력으로 삼고, 3D 공간에서의 하나의 동작으로 출력한다. 예를 들어 앞으로 이동 혹은 우회전하는 등의 동작을 말한다. 즉, 모델은 2D 이미지에서 3D 공간 동작으로의 맵핑을 학습함으로써 이 문제를 해결한다.

시각-언어 내비게이션은 고급 내비게이션 작업이며, 에이전트에게 자연어 설명에 근거해 이동할 것을 요구한다. 구체적으로 말해, 시각-언어 내비게이션 작업은 에이전트에게 일련의 자연어 명령을 해석하고 이를 실행하여, 한 번도 본 적 없는 실제 건물 환경에서 목적지까지 도달하도록 지시한다. 이러한 지시는 일반적으로 건축물 내부의 다양한 공간을 통과하는 방법을 매우 구체적으로 묘사하는 경우가 많다. 예를 들어 "계단을 올라가 피아노 옆쪽으로 아치문이 나오면 우회전하고, 복도 끝으로 걸어가서 사진과 탁자 옆에서 멈추고, 사슴뿔이 걸려 있는 벽 옆에서 기다리시오."와 같은 명령이다. 시각-언어 내비게이션 속의 명령은 비교적 복잡하고, 여러 개의 방향이나 물체의 범주에 관한 명령을 포함한다. 에이전트는 언어 명령을 이해하고 그것을 시각 입력과 서로 결합해 내비게이션 작업을 완수해야 한다.

음성 내비게이션 작업에서 에이전트는 환경 안에서 목표 위치까지 이동하기 위해 청각 정보를 사용해야 한다. 이것은 특정 음원의 방향이나 인간의 명령 혹은 특정 환경에서의 소리와 같은 음향 신호를 식별할 줄 알아야 한다. 또한 음성 내비게이션은 '음원 목표 내비게이션Audio Goal Navigation'과 '음원 지점 목표 내비게이션Audio Point Goal Navigation'으로 나눌 수 있다. 음원 목표 내비게이션의 작업에서 에이전트는 목표 위치에 있는 음원(예: 전화벨 소리)을 들을 수 있지만, 목표에 관한 직접적 위치 정보를 얻을 수 없다. 음원 지점 목표 내비게이션의 작업에서 에이전트는 음원을 들을 수 있을 뿐 아니라 그것의 시작 위치와 변위displacement를 제공받는다.

위의 내용을 종합해서 우리는 더 심층적인 작업을 할 수 있다. 예를 들어 드론 군집을 활용해 유전油田 작업 현장에서 조난당한 사람을 수색하는 실험을 수행한 적이 있다. 수백 킬로미터에 달하는 망망대해와도 같은 사막 안에서 우리가 찾고자 하는 사람들이 어떤 옷을 입고 있는지, 어떤 사람들인지조차 제대로 알 수 없는 상황에서 구조 작업을 펼치는 것은 매우 도전적 과제임이 분명하다.

체화된 질의응답은 탐색과 정보 검색을 결합한 것으로, 에이전트가 주어진 환경 안에서 행동하고, 수집한 정보를 활용해 질문에 답해야

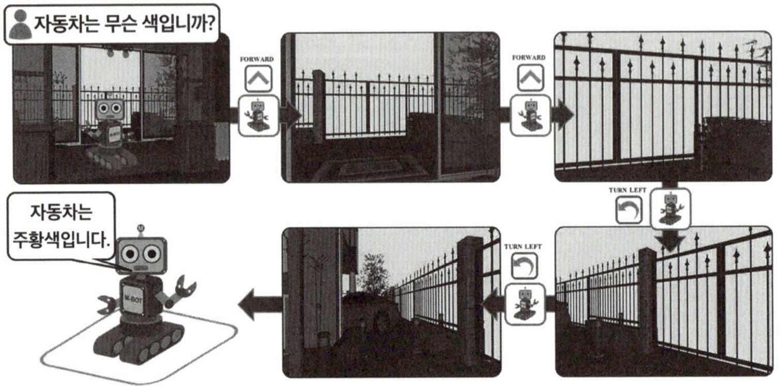

내비게이션 질의응답 작업

사진 출처: A. Das, et al., "Embodied Question Answering",
IEEE/CVF CVPR, Salt Lake City, USA, June 9-21, 2018.

한다. 이러한 작업은 정보의 상호 작용 방식에 따라 내비게이션 질의응답, 상호 작용 질의응답, 다중 모드 질의응답으로 나눌 수 있다. 각각의 유형은 환경에 대한 서로 다른 수준의 이해와 조작 능력을 요구한다.

내비게이션 질의응답 작업에서 에이전트는 환경 속에서 내비게이션을 수행하며 시각 혹은 다른 감지 신호를 획득해 질문에 답해야 한다. 이는 에이전트의 공간 인지 능력과 정보 검색 능력이 결합되어야 하는 과제이다. 예를 들어 환경 속에서 하나의 에이전트를 무작위 생성하고 에이전트에게 "자동차는 무슨 색입니까?"라고 질문해 보자. 이 질문에 대답하기 위해 에이전트는 먼저 지능형 내비게이션을 통해 환경을 탐색해 자동차 근처로 이동한 다음, 일인칭(자아 중심) 시각 관찰을 통해 필요한 정보를 수집한 후 "자동차는 주황색입니다."라고 대답한다. 내비게이션 질의응답 과제는 언어 이해, 시각 식별, 능동적 감지, 목표 기반 내비게이션, 상식적 추론, 장기 기억 및 언어를 행동으로 전환하는 것을 모두 포함한 일련의 기술을 필요로 한다.

상호 작용 방식의 질의응답 작업은 자율적 에이전트와 동적 시각 환경이 상호 작용하는 질의응답 작업이 필요하며, 에이전트는 환경 속의 물체를 물리적으로 조작해야 한다. 예를 들어 질문에 더 잘 대답하기 위해 물체를 이동하거나 물체의 상태를 바꾸는 것이다. 상호 작용 방식의 질의응답이 에이전트에게 하나의 장면을 보여 주며 질문한다고 가정해 보자. "냉장고에 아직 우유가 있나요?"라고 질문했을 때, 에이전트는 장면 속을 탐색하고, 시각적으로 장면 요소를 이해해 냉장고를 여는 등 물체와 상호 작용하며, 질문에 근거해 일련의 행동을 계획하고 수행해야 한다.

다중 모드 질의응답 작업에서 에이전트는 여러 감각(예: 시각, 청각)으로부터 온 정보를 처리해 환경에 관한 더 복잡한 문제에 대답할 수 있어야 한다. 구체적으로 말해, 에이전트는 비디오 시청과 오디오 청취를 통해 내용에 관한 질문에 대답한다. 이것은 시각과 청각 정보를 체계적으로 처리함으로써 대화 속에서 질문에 정확하게 대답하는 것이다. 시스템은 대답을 생성할 때 현재 질문과 다중 모드 입력(오디오와 비디오)을 고려해야 할 뿐 아니라, 이전 대화의 질문과 답변도 고려해야 한다. 이렇게 과거 대화 내용을 이용하기 위해 시스템은 이전 대화 내용을 '기억'해 후속 대화를 위해 일관된 맥락을 가진 대답을 제공해야 한다. 사실 지금의 에이전트는 인간이 가진 '기억'의 기능을 갖추고 있지 않다. 이는 또 다른 주제에 해당하므로 여기서는 자세히 다루지 않는다.

사물 조작은 물리적 객체에 대한 에이전트의 제어 능력을 의미하며, 정밀 조작과 협력 조작으로 나뉘어진다. 이 작업은 에이전트의 조작 정밀도, 힘의 제어 및 사람 혹은 기타 로봇과의 협업 능력을 시험하며, 산업 자동화와 일상 보조 로봇의 경우 이 능력이 특히 중요하다.

정밀 조작은 일반적으로 작은 범위, 고도로 정밀한 동작과 관련되어 있으며, 높은 수준의 협응이 필요하다. 이러한 협응에는 작은 사물

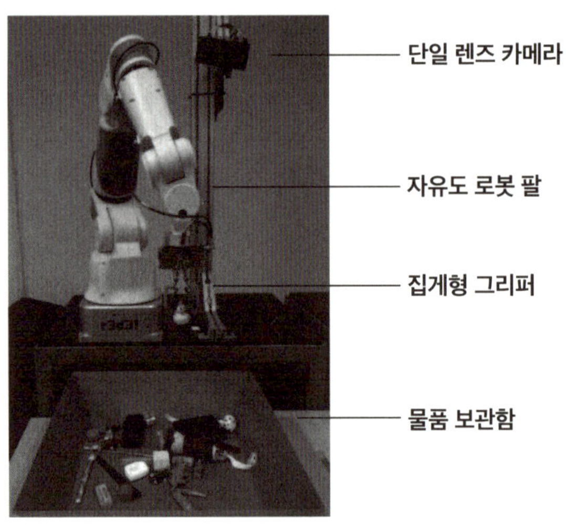

단일 렌즈 카메라 기반 로봇 팔의 정밀 조작

사진 출처: S. Levine, et al., "Learning Hand-Eye Coordination for Robotic Grasping with Deep Learning and Large-Scale Data Collection", *The International Journal of Robotics Research*, Vol. 37, No. 4-5, 2018, Pages 421–436.

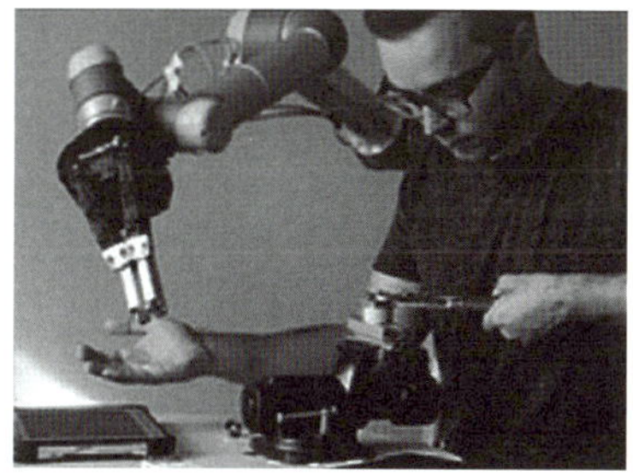

인간과 기계의 협력 조작

그림 출처: A. Vysocky, et al., "Human–Robot Collaboration in Industry",
MM Science Journal, Vol. 9, No. 2, 2016, Pages 903–906.

집어 올리기, 도구의 사용, 정확한 힘의 조절 등이 포함된다. 우리에게 매우 간단한 움켜잡기 동작을 예로 들어 보자. 그것은 시각 감지를 이용해 위치 환경 속 작은 사물의 위치를 파악하고 조작하거나 혹은 손과 눈을 이용한 고도의 협업과 정확한 제어와 관련된 복잡한 말단 동작을 수행해야 한다. 현재 딥러닝 기술과 대규모 데이터 수집을 활용한 수많은 연구를 통해, 에이전트의 그래스핑 능력을 향상시키고 있다. 에이전트는 시각 시스템을 통해 사물을 관찰하고, 수천수만 번의 움켜잡기 시도를 통해 학습한 데이터를 이용해 성공 확률을 예측할 수 있다. 에이전트는 목표 물체의 위치와 방향을 식별해야 할 뿐 아니라 물체의 크기, 모양과 물질 속성에 근거해 그래스핑 전략을 조정해 조작의 안정성과 유효성을 보장해야 한다. 더 나아가 언제 잡고, 언제 잡지 말아야 할지, 잡기에 실패했을 때 어떤 보완 조치를 취해야 하는지 등에 대해서도 판단해야 한다.

한편, 협력 조작은 에이전트와 인간 작업자 혹은 기타 에이전트가 같은 환경에서 함께 작업을 수행하는 능력을 의미한다. 이때 기계는 인간을 대신해 인체공학적이지 않은 작업, 중복성 혹은 정밀도가 높은 작업, 위험한 작업을 수행한다. 예를 들어 고온의 환경에서 사람이 장시간 수행하기 어려운 작업, 지나치게 반복적이거나 정밀 조작이 필요한 작업 등이 이에 해당한다. 현재 많은 생산 라인에서 정밀 조립 과정에서 위치 지정과 조립과 같은 반복적 작업을 할 때 기계가 이미 그 일을 훌륭하게 수행할 수 있게 되었다.

기술이 계속 발전하면서 체화된 에이전트는 이러한 '실습 작업'을 통해 끊임없는 학습과 진화를 거치며 현실 세계에서 필요한 기술과 지식을 점차 습득해 왔다. 현재 체화된 에이전트는 마침내 물리적 세계에서 더 지능적이고, 유연한 행위를 보여 주며 본격적인 '노동자' 대열에 들어설 수 있게 되었다.

심투리얼

가상에서 현실로의 도약, 즉 심투리얼Sim-to-Real 혹은 Sim2Real은 지능형 에이전트가 마침내 '차원의 벽'을 깨고 물리적 세계에 정식으로 진입했다는 것을 상징한다. 이는 상대적으로 안전하고 제어 가능한 가상 환경을 떠나 불확실하고 복잡한 현실 세계에 도전한다는 의미이기도 하다. 심투리얼의 과정은 매우 중요하다. 비교적 낮은 비용과 위험도를 가진 가상 환경에서 훈련받은 에이전트가 시뮬레이션을 통해 획득한 지식과 기술을 현실 세계에 적용해야 하기 때문이다. 이것은 에이전트의 학습 속도를 높일 뿐 아니라, 현실에서의 의사 결정 능력을 최적화한다. "책에서 얻은 지식만으로는 부족하며, 진리를 깨달으려면 반드시 몸소 실천해야 한다."라는 옛 성현의 말씀처럼, 이론적 지식이든 시뮬레이션 환경에서의 경험이든 현실 세계에서의 실천을 통해 검증되고 보완되어야 한다.

역사적으로 널리 알려진 수많은 전쟁은 전략과 실제 상황을 결합하는 것이 얼마나 중요한지를 잘 보여 주고 있다. 『손자병법孫子兵法』 '구지편九地篇'을 보면 "절체절명의 위기가 닥치고 사지에 몰려 봐야 비로소 살아남을 수 있다."라는 말이 나온다. 그러나 똑같은 전략이 환경과 조건이 달라지면 전혀 다른 결과를 낳기도 한다.

『삼국지三國志』를 보면 조조曹操가 한중漢中을 빼앗기 위해 직접 대군을 이끌고 나가 유비劉備와 싸우는 장면이 나온다. 이때 선봉에 선 서황徐晃은 군대를 이끌고 한수漢水를 건너 촉나라 군대와 배수의 진을 치고 싸울 것을 강력히 주장했다. 부사령관 왕평王平이 그를 만류하며 말했다. "군대가 강을 건너다 급히 후퇴해야 할 상황이 생기면 어찌합니까?" 서황이 대답했다. "지난날 한신韓信은 강을 등지고 진을 친 후 병사들에게 사지에 몰려야 비로소 살길이 열린다고 말하였네." 서황은 한신의 전술을 그대로 이용해 배수의 진을 친 후 새벽부터 적을 도발했지만, 황혼 무렵이 되도록 촉나라 군대는 꼼짝도 하지 않았다. 결국 위나라 군대가 지쳐서 후퇴하려 하자 황충黃忠과 조운趙雲이 돌연 양쪽에서 공격해 들어왔다. 위군은 크게 패했고, 무수히 많은 병사가 유일한 퇴로였던 한수로 밀려나며 다치거나 목숨을 잃었다.

똑같이 배수의 진을 치고 싸웠는데 그 결과는 왜 천지 차이였을까? 그 이유는 그들이 직면한 상황이 달랐기 때문이다. 우선 적이 달랐다. 서황의 부사령광 왕평이 "지난날 한신은 적이 어리석다고 판단하여 이 같은 계책을 썼습니다. 하지만 지금 장군께서는 조운과 황충의 의도를 예측할 수 있으십니까?"라고 했던 것처럼, 서황이 상대해야 할 적은 전혀 어리석지 않았다. 둘째, 지리적 환경이 달랐다. 한신은 정말 퇴로가 없었던 반면에 서황의 군대 뒤에는 도망칠 수 있는 부교浮橋(물 위에 떠 있는 다리)가 있었다. 마지막으로 전략 집행을 위한 세부적 사항이 달랐다. 한신의 배수진은 단지 적의 공격을 유도하는 미끼였고, 그들이 공격하는 틈을 타 우회하는 기병대를 위해 전투의 기회를 만들려는 전략이었다. 다시 말해서 한신은 병법의 '정병正兵으로 적과 맞서고, 기병騎兵으로 승리를 결정짓는다'는 원리를 적절히 활용한 셈이다. 반면에 서황의 배수진은 말 그대로 단지 형식만을 취했을 뿐이었다.

이 두 전투의 승패에는 여러 가지 요소가 작용했겠지만, 우리는 이것을 통해 한 가지 교훈만큼은 분명히 얻을 수 있다. 그것은 바로 실제 상황은 끊임없이 변하고, 실천이야말로 진리를 검증하는 유일한 기준이라는 사실이다. 체화된 지능 연구 분야에서도 이 점은 똑같이 적용된다. 시뮬레이션 환경에서 훈련하는 에이전트는 가상에서 현실로의 전환을 반드시 거쳐야 한다.

현재 심투리얼이 직면한 도전은 주로 두 가지 측면으로 나타난다. 즉 감지와 행동의 차이성 및 모델이 가진 일반화 능력의 부족이다.

첫째, 감지와 행동의 차이성은 시뮬레이션 환경에서 훈련받은 에이전트가 현실 세계에서 감지 입력과 행동 출력의 불일치를 겪을 수 있다는 것을 가리킨다. 이것은 수영장에서 수영을 배운 사람이 처음으로 바다 수영을 할 때 느끼는 문제점과 흡사하다. 실내 수영장과 달리 바다의 파도, 깊이, 수온 변화와 기타 예측 불가능한 해수면의 조건 등이 모두 수영에 영향을 줄 수밖에 없다. 마찬가지로 시뮬레이션 환경에서의 시각, 청각 혹은 촉각 요소와 같은 데이터는 보통 이상적인 결과물일 뿐이고, 현실 세계의 감지 데이터는 소음, 흐림 혹은 빛의 변화 등 불완전한 요소를 포함할 수 있다. 다시 말해서 시뮬레이션 환경 속에서의 행동은 매우 정확하게 실행될 수 있지만, 현실 세계 속에서 정밀한 조립 작업을 수행하는 로봇 팔은 기계 마모, 전력 파동 등 물리적 요소의 영향을 받기 때문에 그 작업의 정확도가 떨어질 수 있다.

둘째, 모델의 일반화 능력이 부족하면 에이전트가 시뮬레이션 환경에서 습득한 모델이 변화무쌍하고 복잡한 현실 세계에 잘 적응하지 못할 수도 있다. 이것은 주로 시뮬레이션 데이터가 실제 세계의 모든 데이터를 포괄할 수 없고, 교통 상황, 기후 변화, 집단 행위 등 현실 세계 속 환경 요인을 가상 훈련에서 정확하게 시뮬레이션하기 어렵기 때문이다.

이러한 도전을 해결할 방법이 전혀 없는 것은 아니다. 예를 들어 도메인 랜덤화 기술은 더 많은 현실 세계의 조건 변화를 가상 세계에 도입해 에이전트가 불확정성과 변화에 적응하도록 돕는다. 이 밖에도 랜덤화에서 규범화로 이어지는 자체 적응 네트워크 방법도 제기되고 있다. 이것은 시뮬레이션에서 이상적인 감지 데이터와 정확한 행동 제어가 현실 환경의 복잡성을 효과적으로 시뮬레이션하지 못하는 문제를 해결하기 위한 것이다. 이 훈련은 먼저 고도의 무작위성이 적용된 시뮬레이션 환경에서 모델을 훈련한 후 더 현실에 부합하는 환경에 점차 적응함으로써 성능을 강화하고, 로봇이 물건을 잡는 작업에서 두드러진 성과를 내도록 도와준다.

모방 게임일까? 아니면 진화 게임일까?

이 책에서 지능에 관한 탐구는 튜링의 모방 게임에서 시작된다. 기술이 계속해서 진화함에 따라 앞으로 이 게임은 진화 게임으로 바뀌게 될까?

물리적 세계에 들어온 에이전트는 인간을 초월해 마침내 세계를 지배하게 될까? 이는 인간이 오래전부터 걱정해 오던 문제였다. 1980년대 초반에 컴퓨터는 그야말로 최첨단 장비였다. 그때 나는 중국 과학기술협회에서 청소년을 위해 몇 달 동안 무료로 제공한 프로그래밍 교육에 참가했는데, 지금 생각해 보면 아주 큰 행운이었다. 내 기억에 당시는 여름이었고, 장소는 베이징에 있는 한 호텔의 사이언스 홀이었다.

어느 날 나는 친구들과 영화 〈터미네이터The Terminator〉를 봤는데, 영화 주인공 아놀드 슈워제너거가 몸이 산산조각나면서도 여주인공을 추격하던 장면이 강렬한 충격으로 다가왔다. 우리는 그 영화를 다 보고 난 후에도 여운에서 헤어 나오지 못한 채 영화에 대한 이야기를 나누며 밤을 새웠다. 이제 이러한 장면이 더 이상 신기할 것도 없는 세상에 살고 있지만, 그 당시만 해도 놀라운 상상력에서 쉽게 헤어 나오지 못했다. 〈터미네이터〉에서 인간은 기계에 맞서 끝까지 저항하는 '소수 집단'이 되었다.

영화 〈아이, 로봇I, Robot〉에 등장하는 로봇은 자아 진화 능력을 가지고 있고, 로봇 3원칙에 대해 스스로 이해하고 있으며, 심지어 그것을 반대로 이용해 인간을 통제하려고 시도한다. 영화 〈매트릭스The Matrix〉에서는 '매트릭스'라고 불리는 인공지능 시스템이 세계를 배후에서 장악하는 지배자로 등장한다.

넓은 의미에서 말하자면 지구상의 생명체는 치열한 생존 경쟁을 이어 왔고, 이 경쟁의 본질은 바로 진화의 경쟁이었다. 6500만 년 전 공룡이 멸종한 후 포유동물의 존재가 두드러지기 시작한 것을 예로 들어 보자. 포유동물은 체형, 민첩성, 번식 전략과 사회적 행동 등 다양한 측면의 진화를 통해 생태계에서 주도적 위치를 차지했다. 모유 수유, 모피를 이용한 체온 유지, 복잡한 심장 구조와 민첩한 사지 등 포유류의 여러 특성은 생존 경쟁에서 유리한 장점으로 작용했다. 포유류 중에서도 인간은 발달된 뇌를 가졌으며, 이는 현재 지구상의 패권을 장악할 수 있었던 관건이라고 할 수 있다.

인간은 진화의 여정에서 도구를 사용하고, 지혜를 발휘하며 먹이 사슬의 최고 정점에 섰다. 그러나 이스라엘 역사학자 유발 하라리Yuval Harari는 자신의 저서 『사피엔스Sapiens』에서 다른 관점을 제시했다. 그는 진화의 무질서한 경쟁에서 겉보기에 평범해 보이는 밀wheat이 실제로 인간을 '길들이는' 과정을 통해 자신의 번식과 확산을 실현했다고 말했다. 밀은 수렵과 채집을 하며 살던 인간이 농사를 짓게 함으로써 우리의 생리적 구조, 생활 방식은 물론 사회 구조까지 바꿔 놓았다

식물로서의 밀은 사실 주관적 의식을 갖지 못하지만, 진화의 경쟁 속에서 인간을 '길들이는' 능력을 발휘하며 번식하는 전략을 가지고 있었다. 그렇다면 기계 지능은 어떨까? 그것 역시 이미 진화의 경쟁 속에서 한 축을 이루는 세력을 형성했다. 기계 지능이 체화된 지능으로 발전했을 때 우리는 심지어 등골이 오싹해지는 느낌을 받을 수도 있다. 기계 지능은 인간이 만들어 놓은 유리한 조건과 환경을 활용할 뿐 아니라 진화 경쟁 속에서 무시할 수 없는 실력을 갖추었기 때문이다.

인간은 이미 체화된 에이전트를 위한 다양한 신체적 부품을 설계 및 제작하고 있고, 기계 신체가 이용할 수 있는 에너지를 제공하기 위해 점점 더 강력한 컴퓨팅 센터를 구축하고 있다. 이것만 봐도 기계 지능은 이미 인간의 과학기술 환경에 영향을 미치고 있다. 현재 중국에서 개발한 휴머노이드 로봇 '옵티머스Optimus'는 이미 공장에서 다양한 작업을 수행하며 인간을 돕고 있고, '피규어 01Figure 01' 로봇은 자연어로 인간과 소통하는 능력을 보여 주었다.

머지않은 미래에 로봇은 공장·가정·공공시설 등 다양한 장소에서 광범위하게 등장하고, 체화된 지능은 인간의 삶과 떼려야 뗄 수 없는 존재가 될 것이다. 여기서 더 나아가 체화된 에이전트는 인간 신체의 연장선이 되고, 심지어 인간의 뇌와 직접적으로 연결될 수도 있다. 만약 인간이 체화된 지능을 자신의 일부로 받아들이는 데 익숙해지면,

이것은 밀보다도 더 고차원적인 형태의 '길들이기'가 되지 않을까?

주관적 진화 경쟁의 관점에서 볼 때 탄소 기반 생명체의 진화는 상대적으로 매우 느리다. 진화는 유전자 변화와 세대 간 전달을 통해 이루어진다. 인류가 호모 사피엔스에서 지금까지 진화하는 데 이미 백만 년 이상이 걸렸지만, 체화된 지능의 진화는 단지 수십 년에 불과하다. 그런데도 그것은 이미 수많은 장점을 드러내고 있다.

이 책의 앞부분에서 언급했듯이, 체화된 에이전트는 가상 공간 안에서 빠른 속도로 반복 학습을 할 수 있다. 또한 분산 학습을 할 수 있으므로 무수히 많은 개체가 각자 학습한 성과를 순식간에 하나로 통합할 수 있다. 무엇보다 중요한 것은 체화된 지능이 진화 성과를 전달하는 속도가 매우 빠르기 때문에 생물체처럼 다음 세대의 탄생을 기다릴 필요가 없다는 점이다.

물론 체화된 지능의 진화도 정체에 직면해 있다. 예를 들면 지금 단계에서 체화된 기계의 변화는 인간의 개입을 통해 수행되어야 한다. 사유 방식의 차이로 인해, 인간이 가진 경험을 인간의 방식으로 기계에 전달할 수 없기 때문이다. 그러나 이러한 문제는 본질적으로 아주 큰 어려움이 아니며, 머지않아 결국 정복될 것이다. 물론 몇 년이 될지 혹은 몇십 년이 될지 알 수 없지만, 우주의 시간 차원에서 보면 그리 긴 시간이라고도 할 수 없다.

우리가 원하든 원하지 않든 체화된 지능은 이미 진화 경쟁 클럽의 구성원이 되었고, 우리는 그것이 앞으로 가져다줄 더 편리한 삶을 기대하면서도 우려를 떨칠 수 없다. 고대 그리스 신화에서 불을 훔친 프

로메테우스 Prometheus에게는 순박한 아우 에피메테우스 Epimetheus
가 있었다. 그는 형의 경고를 무시한 채 아름답고 착한 판도라 Pandora
에게 마음을 빼앗겼고, 결국 '판도라의 상자'를 열어 세상에 모든 재앙
을 퍼뜨렸다. 그리스어로 프로메테우스는 '먼저 생각하는 자'를 의미
했고, 에피메테우스는 '나중에 생각하는 자' 혹은 '때늦은 지혜'를 뜻한
다. 지금의 인공지능과 로봇 기술 분야에도 두 가지 상반된 사고방식
이 존재한다. 즉, 프로메테우스적 사고를 가진 이들은 기술이 앞으로
어떻게 미래를 바꾸어 갈지 고민하고, 에피메테우스적 사고를 가진 이
들은 잠재적 위험은 염두에 두지 않고 매혹적인 기술 발전만을 수용할
지도 모른다. 인간보다 빠르게 사고하고 튼튼한 육체를 지닌 존재가
어느 날 조용히 우리 삶 속으로 스며들 듯 진화한다면, 우리는 어떻게
해야 현대판 '판도라의 상자'가 열리는 것을 막을 수 있을까?

두려움은 알지 못하기 때문에 생기는 것이다. 인간이 밀의 세계 통
치를 두려워하지 않았던 것은, 밀에 대해 충분히 알고 있었고 앞으로
더 잘 알게 될 것이라 확신했기 때문이다. 그러나 인공지능은 다르다.
적어도 우리 눈앞에 있는 대규모 언어 모델은 이미 설명할 수 없는 존
재감을 드러냈고, 큰 우려를 낳고 있기도 하다. 역사를 되돌아보면 우
리는 전기 사용도 두려워했다. 하지만 지금은 많은 사람이 100년 전에
전기를 두려워했던 그 당시 사람들을 비웃을지 모른다. 전기가 없으
면 어떻게 살았을지 상상도 가지 않기 때문이다. 그렇다면 우리가 인
공지능의 발전을 걱정하는 것이 맞을까?

우리는 지능형 로봇이 로봇 3원칙을 이해할 수 있기를 바라지만, 또
한편으로는 그렇다고 해도 인간의 본래 의도를 정확히 이해했는지 확

신할 수 없다. 우리는 인간과 기계 사이에 일방이 아닌 양방향 다리를 세우고, 그것을 계속해서 공고히 해야 한다. 그래야 기계는 비로소 인간을 이해하고, 인간 사회 속으로 더 잘 융합될 수 있기 때문이다. 반대로 인간 역시 기계를 이해해야만 비로소 그 진화를 과감하게 추진할 수 있다. 이것은 또 다른 형태의 '연결'이기도 하다. 우리가 앞에서 말한 것처럼 연결은 지능을 성장시키는 힘인 동시에, 서로를 붙잡아 주는 안전 장치가 될 수도 있다.

튜링부터 '체화된 지능'에 이르기까지

흔히 이런 비유를 하곤 한다. 지구가 탄생한 순간부터 지금까지의 모든 역사를 24시간으로 압축한다면 어떻게 될까? 자정에 지구가 탄생하고, 대략 새벽 4시쯤 박테리아가 등장하고, 저녁 7시경에 다세포 생물이 출현한다. 밤 11시 전후에 공룡이 등장해 약 40분간 지구를 지배하고, 호모 에렉투스가 밤 11시 59분 22초에 비로소 등장한다. 이날 마지막 1초를 남겨놓고 정착 생활을 시작해 찬란한 농경 문명의 시대가 열리고, 인공지능의 역사는 거의 마지막 1밀리초 사이에 시작한다.

인류도 매우 젊은 존재이지만, 인간보다 더 젊은 인공지능이 세상에 가져온 변화는 전례 없이 빠르고 뚜렷했다. 70여 년 전에 튜링은 '기계는 생각할 수 있을까?'라는 질문을 던지며 AI라는 위대한 대장정의 포문을 열었다. 1956년, 다트머스 회의에서 '인공지능'이라는 용어가 공식적으로 사용되었고, 그 후 70여 년 동안 AI는 수많은 부침을 겪었다. 하지만 '범용 기계 지능'을 탐구하려는 인간의 열정은 결코 한 순간도 식은 적이 없었다.

튜링은 기계 지능의 발전이 두 가지 단계를 거칠 것이라고 예견했다. 즉 체화되지 않은 지능과 체화된 지능이다. 1986년, 미국 MIT 컴퓨터 과학과 인공지능 실험실_{MIT CSAIL}의 로드니 브룩스_{Rodney Brooks} 전 소장은 이렇게 말했다.

"지능은 특정한 상황 속에서, 실제 환경과의 상호 작용 과정에서 드러나며, 사전 지식이나 목표에 의존하지 않는다."

최근 몇 년 동안 신경망, 대규모 언어 모델, 감지 기술 등이 획기적 발전을 이루면서 '체화된 지능'이라는 개념도 다시 주목받고 있다. 체화되지 않은 지능이 기계를 인간의 경험과 데이터의 울타리 안에 가둔다면, 체화된 지능은 인공지능을 물리적 세계로 끌어내는 것이다. 체화되지 않은 지능에서 체화된 지능으로의 발전은 자연스러운 흐름이며, 기계가 물리적 세계로 들어가야만, 비로소 인간이 순수 이성에서 실천 이성으로 확장된 것과 비슷한 진화 과정을 경험할 수 있다.

지금까지 우리는 AI가 어떤 패러다임과 단계를 거치며 발전해 왔는지 살펴보았다. 초기의 기호주의부터 행동주의까지, 신경망부터 딥러닝 그리고 GPT로 대표되는 대규모 언어 모델에 이르기까지 인공지능은 체화되지 않은 기계에서 체화된 기계로, 특정한 분야에서 범용 기술로의 진화 과정을 겪었다. 감지, 인지, 결정, 행동, 진화는 지능을 구축하는 핵심 요소이다. 컴퓨터 비전은 기계에게 세상을 보는 능력을 주었고, 모방 학습은 데이터와 경험을 바탕으로 한 진화를 가능케 했으며, 강화 학습은 능동적인 탐색 방법과 목표 최적화를 익히게 했다. 이러한 요소들이 하나하나 모여, 기계는 점점 더 전방위적인 지능을 갖춰가고 있다.

이쯤 되면 한 가지 질문이 머릿속을 계속 맴돌지도 모른다.

'기계도 의식을 가질 수 있을까?'

만약 나에게 이러한 질문을 던진다면, 나는 이렇게 되물을 것이다.

"의식을 튜링 머신으로 계산할 수 있습니까?"

1967년 미국 과학자 힐러리 퍼트넘은 '마음의 계산 이론Philosophy of Mind'을 제기하며, 마음을 뇌 신경 활동이 실현하는 계산 시스템으로 이해할 수 있다고 주장했다. 1975년 그의 제자 제리 포더Jerry Fodor는 '마음의 언어Language of Thought, LOT' 가설을 제기하며, 사유는 유사 언어의 구조를 가지고 있으며 언어 기호의 형식화를 통해 복잡한 생각을 기호화할 수 있다고 설명했다. 2011년 튜링상 수상자 주디어 펄Judea Pearl은 『인과에 대하여The Book of Why』라는 저서에서 인간의 사고가 사실·관찰·행동의 인과 관계 네트워크 안에서 진화했다고 말했다.

그러나 이러한 논의만으로는 의식이 계산 가능한지 단정 지어 말할 수 없다. AI 연구자들을 비롯해 과학계에서도 이 문제에 관한 논쟁이 계속되고 있다. 이는 어느 한쪽도 압도적 증거를 제시하며 자신의 주장을 입증하지 못했다는 방증이기도 하다. 따라서 관점을 바꿔 보면 지금의 체화된 지능의 가능성이 고갈되지 않았고, '통제 불능의 미래'가 결정된 것도 아니라는 것을 알 수 있다.

지난 70년 동안 인공지능의 발전은 '칼을 갈고닦은' 시기라고 할 수 있다. 변화와 혁신은 이미 다가왔고, 운명의 갈림길 앞에서 결국 도전을 피할 수 없다. 따라서 미리 걱정하기보다 인간과 기계가 공생하는 미래를 적극적으로 모색하고, 잠재적 문제를 해결해 나가는 편이 차라리 낫다. 인간을 비롯한 지구상의 다른 모든 생명체가 '적자생존'의 자연 선택을 통해 지금의 모습을 갖추었듯, 기계 지능의 진화 과정에서 인간은 주도적 역할을 수행할 자격이 충분하다.

시계가 자정을 알리는 순간 지구는 새로운 하루를 맞이한다. 처음 일 초의 순간부터 시작되는 경이로움은 인류와 인류가 창조한 지능이 만들어낸 합작품이다.

001 姚期智. 人工智能[M]. 北京: 清华大学出版社, 2022.

002 乔治·吉尔德. 通信革命: 无限带宽如何改变我们的世界[M]. 姚毅, 译. 上海: 上海译文出版社, 2003.

003 安德鲁·霍奇斯. 艾伦·图灵传: 如谜的解谜者[M]. 孙天齐, 译. 长沙: 湖南科学技术出版社, 2012.

004 康斯坦丝·瑞德. 希尔伯特: 数学界的亚历山大[M]. 袁向东, 李文林, 译. 上海: 上海科学技术出版社, 2018.

005 赫伯特·A. 西蒙. 科学迷宫里的顽童与大师: 赫伯特·西蒙自传[M]. 陈丽芳, 译. 北京: 中译出版社, 2018.

006 阿米尔·侯赛因. 终极智能: 感知机器与人工智能的未来[M]. 赛迪研究院专家组, 译. 北京: 中信出版集团, 2018.

007 丹尼尔·卡尼曼. 思考, 快与慢[M]. 胡晓姣, 李爱民, 何梦莹, 译. 北京: 中信出版集团, 2012.

008 诺伯特·维纳. 控制论: 或动物与机器的控制和通信的科学[M]. 王文浩, 译. 北京: 商务印书馆, 2020.

009　伊恩·古德费洛, 约书亚·本吉奥, 亚伦·库维尔. 深度学习[M]. 赵申剑, 黎彧君, 符天凡, 等译. 北京: 人民邮电出版社, 2017.

010　谭铁牛. 人工智能: 用AI 技术打造智能化未来[M]. 北京: 中国科学技术出版社, 2019.

011　梅宏. 数据治理之论[M]. 北京: 中国人民大学出版社, 2020.

012　管晓宏, 赵千川, 贾庆山, 等. 信息物理融合能源系统[M]. 北京: 科学出版社, 2016.

013　匡麟玲, 晏坚, 陆建华, 等. 6G 时代的按需服务卫星通信网络[M]. 北京: 人民邮电出版社, 2022.

014　冯登国, 等. 大数据安全与隐私保护[M]. 北京: 清华大学出版社, 2018.

015　吴一戎. 智能传感器导论[M]. 北京: 中国科学技术出版社, 2022.

016　杨学军, 吴朝晖, 等. 人工智能: 重塑秩序的力量[M]. 北京: 科学出版社, 2023.

017　刘云浩. 从互联到新工业革命[M]. 北京: 清华大学出版社, 2017.

018　高文, 陈熙霖. 计算机视觉: 算法与系统原理[M]. 北京: 清华大学出版社, 1999.

019　李彦宏. 智能革命: 迎接人工智能时代的社会、经济与文化变革[M]. 北京: 中信出版集团, 2017.

020　孟伟. 涉身与认知: 探索人类心智的新路径[M]. 北京: 中国科学技术出版社, 2020.

021　周志华. 机器学习[M]. 北京: 清华大学出版社, 2016.

022　莫宏伟, 徐立芳. 人工智能导论[M]. 北京: 人民邮电出版社, 2020.

023　刘云浩. 物联网导论(第4 版)[M]. 北京: 科学出版社, 2022.

024　杨铮, 吴陈沭, 刘云浩. 位置计算: 无线网络定位与可定位性[M]. 北京: 清华大学出版社, 2014.

025　张钹. 评《人机交互中的体态语言理解》[J]. 科学通报, 2014, 59 (31): 3108.

026　万里鹏, 兰旭光, 张翰博, 等. 深度强化学习理论及其应用综述[J]. 模式识别与人工智能, 2019, 32(1): 67-81.

027　汪淼, 张方略, 胡事民. 数据驱动的图像智能分析和处理综述[J]. 计算机辅助设计与图形学学报, 2015, 27(11): 2015-2024.

028　叶涛, 陈尔奎, 杨国胜, 等. 全局环境未知时机器人导航和避障的一种新方法[J]. 机器人, 2003, 25(6): 516-520.

029　李德毅, 刘常昱, 杜鹋, 等. 不确定性人工智能[J]. 软件学报, 2004, 15(11): 1583-1594.

030　施昭, 刘阳, 曾鹏, 等. 面向物联网的传感数据属性语义化标注方法[J]. 中国科学: 信息科学, 2015, 45(6): 739-751.

031　邬江兴. 网络空间内生安全发展范式[J]. 中国科学: 信息科学, 2022, 52(2): 189-204.

032　鄢贵海, 卢文岩, 李晓维, 等. 专用处理器比较分析[J]. 中国科学: 信息科学, 2022, 52(2): 358-375.

033　Jingao Xu, Danyang Li, Zheng Yang, Yishujie Zhao, Hao Cao, Yunhao Liu, Longfei Shangguan, "Taming Event Cameras with Bio-Inspired Architecture and Algorithm: A Case for Drone Obstacle Avoidance", ACM MobiCom, Madrid, Spain, October 2-6, 2023.

034　Alan S. Cowen, Dacher Keltner, "Self-Report Captures 27 Distinct Categories of Emotion Bridged by Continuous Gradients", *Proceedings of the National Academy of Sciences*, Vol. 114, No. 38, 2017, Pages E7900-E7909.

035　Amit Singhal, "Introducing the Knowledge Graph: Things, not Strings", Official google blog, 2012.

036　Jay W. Forrester, "Counterintuitive Behavior of Social Systems", *Theory and Decision*, Vol. 2, No. 2, 1971, Pages 109-140.

037　David Ha, Jürgen Schmidhuber, "Recurrent World Models Facilitate Policy Evolution", NeurIPS, Montréal, Canada, December 3-8, 2018.

038　Judea Pearl, "Theoretical Impediments to Machine Learning With Seven Sparks from the Causal Revolution", ACM WSDM, Marina Del Rey, CA, USA, February 5-9, 2018.

039　Ahmed Hussein, Mohamed Medhat Gaber, Eyad Elyan, Chrisina Jayne, "Imitation Learning: A Survey of Learning Methods", *ACM Computing*

Surveys, Vol. 50, No. 2, 2017, Pages 1-35.

040 Stefan Schaal, "Is Imitation Learning the Route to Humanoid Robots?", *Trends in cognitive sciences*, Vol. 3, No. 6, 1999, Pages 233-242.

041 Leslie Pack Kaelbling, Michael L. Littman, Andrew W. Moore, "Reinforcement Learning: A Survey", *Journal of Artificial Intelligence Research*, Vol. 4, 1996, Pages 237-285.

042 Richard S. Sutton, Andrew G. Barto, "Reinforcement Learning: An Introduction", *Robotica*, Vol. 17, No. 2, 1999, Pages 229-235.

043 Dean A. Pomerleau, "ALVINN: An Autonomous Land Vehicle in A Neural Network", NeurIPS, Denver, CO, USA, 1988.

044 Trevor Hastie, Robert Tibshirani, Jerome Friedman, "The Elements of Statistical Learning: Data Mining, Inference, and Prediction", Springer, 2009.

045 Stéphane Ross, Geoffrey Gordon, Drew Bagnell, "A Reduction of Imitation Learning and Structured Prediction to No-Regret Online Learning", PMLR AISTATS, Ft. Lauderdale, FL, USA, April 11-13, 2011.

046 Cheng Chi, Siyuan Feng, Yilun Du, Zhenjia Xu, Eric Cousineau, Benjamin Burchfiel, Shuran Song, "Diffusion Policy: Visuomotor Policy Learning via Action Diffusion", RSS, Daegu, Republic of Korea, July 10-14, 2023.

047 Tony Z. Zhao, Vikash Kumar, Sergey Levine, Chelsea Finn, "Learning Fine-Grained Bimanual Manipulation with Low-Cost Hardware", RSS, Daegu, Republic of Korea, July 10-14, 2023.

048 Zipeng Fu, Tony Z. Zhao, Chelsea Finn, "Mobile ALOHA: Learning Bimanual Mobile Manipulation using Low-Cost Whole-Body Teleoperation", PMLR CoRL, Munich, Germany, November 6-9, 2024.

049 ER Gibney, CM Nolan, "Epigenetics and Gene Expression", *Heredity*, Vol. 105, No. 1, 2010, Pages 4-13.

050   Ilge Akkaya, et al., "Solving Rubik's Cube with A Robot Hand", arXiv:1910.07113, 2019.

051   Chen Wang, Danfei Xu, Yuke Zhu, Roberto Martín-Martín, Cewu Lu, Fei-Fei Li, Silvio Savarese, "DenseFusion: 6D Object Pose Estimation by Iterative Dense Fusion", IEEE/CVF CVPR, Long Beach, CA, USA, June 16-20, 2019.

052   Irmak Guzey, Yinlong Dai, Ben Evans, Soumith Chintala, Lerrel Pinto, "See to Touch: Learning Tactile Dexterity through Visual Incentives", IEEE ICRA, Yokohama, Japan, May 13-16, 2024.

053   Hao-Shu Fang, Chenxi Wang, Hongjie Fang, Minghao Gou, Jirong Liu, Hengxu Yan, Wenhai Liu, Yichen Xie, Cewu Lu, "AnyGrasp: Robust and Efficient Grasp Perception in Spatial and Temporal Domains", *IEEE Transactions on Robotics*, Vol. 39, No. 5, 2023, Pages 3929-3945.

054   Kuniyuki Takahashi, Jethro Tan, "Deep Visuo-Tactile Learning: Estimation of Tactile Properties from Images", IEEE ICRA, Montreal, Canada, May 20-24, 2019.

055   Lei Yang, Yekui Chen, Xiang-Yang Li, Chaowei Xiao, Mo Li, Yunhao Liu, "Tagoram: Real-Time Tracking of Mobile RFID Tags to High Precision using COTS Devices", ACM MobiCom, Maui, Hawaii, September 7-11, 2014.

056   Lei Yang, Yao Li, Qiongzheng Lin, Huanyu Jia, Xiang-Yang Li, Yunhao Liu, "Tagbeat: Sensing Mechanical Vibration Period with COTS 0RFID Systems", *IEEE/ACM Transactions on Networking*, Vol. 25, No. 6, 2017, Pages 3823-3835.

057   Fadel Adib, Dina Katabi, "See Through Walls with WiFi!", ACM SIGCOMM, Hong Kong, China, August 12-16, 2013.

058   Lei Zhang, Wanqing Tu, "Six Degrees of Separation in Online Society",

WebSci, Athens, Greece, March 18-20, 2009.

059 Alec Radford, et al., "Learning Transferable Visual Models from Natural Language Supervision", PMLR ICML, July 18-24, 2021.

060 Haoyu Zhen, Xiaowen Qiu, Peihao Chen, Jincheng Yang, Xin Yan, Yilun Du, Yining Hong, Chuang Gan, "3D-VLA: A 3D Vision- Language-Action Generative World Model", PMLR ICML, Vienna, Austria, July 21-27, 2024.

061 Jacky Liang, Wenlong Huang, Fei Xia, Peng Xu, Karol Hausman, Brian Ichter, Pete Florence, Andy Zeng, "Code as Policies: Language Model Programs for Embodied Control", IEEE ICRA, London, UK, May 29-June 2, 2023.

062 Brian Ichter, "Do as I Can, Not as I Say: Grounding Language in Robotic Affordances", PMLR CoRL, Auckland, New Zeland, December 14-18, 2022.

063 Yanwei Wang, Tsun-Hsuan Wang, Jiayuan Mao, Michael Hagenow, Julie Shah, "Grounding Language Plans in Demonstrations Through Counterfactual Perturbations", ICLR, Vienna Austria, May 7-11, 2024.

064 Anthony Brohan, et al. "RT-1: Robotics Transformer for Real-World Control at Scale", RSS, Daegu, Republic of Korea, July 10-14, 2023.

065 Brianna Zitkovich, et al., "RT-2: Vision-Language-Action Models Transfer Web Knowledge to Robotic Control", PMLR CoRL, Atlanta, USA, November 6-9, 2023.

066 Suneel Belkhale, Tianli Ding, Ted Xiao, Pierre Sermanet, Quan Vuong, Jonathan Tompson, Yevgen Chebotar, Debidatta Dwibedi, Dorsa Sadigh, "RT-H: Action Hierarchies Using Language", RSS, Delft, Netherland, July 15-17, 2024.

067 Joon Sung Park, Joseph O'Brien, Carrie Jun Cai, Meredith Ringel Morris,

Percy Liang, Michael S. Bernstein, "Generative Agents: Interactive Simulacra of Human Behavior", ACM UIST, San Francisco, USA, October 29-November 1, 2023.

068 Guanzhi Wang, Yuqi Xie, Yunfan Jiang, Ajay Mandlekar, Chaowei Xiao, Yuke Zhu, Linxi Fan, Anima Anandkumar, "Voyager: An Open-Ended Embodied Agent with Large Language Models", arXiv:2305.16291, 2023.

069 Eric Kolve, et al., "AI2-THOR: An Interactive 3D Environment for Visual AI", arXiv:1712.05474, 2017.

070 Matt Deitke, et al., "RoboTHOR: An Open Simulation-to-Real Embodied AI Platform", IEEE/CVF CVPR, June 14-19, 2020.

071 Kiana Ehsani, Winson Han, Alvaro Herrasti, Eli VanderBilt, Luca Weihs, Eric Kolve, Aniruddha Kembhavi, Roozbeh Mottaghi, "ManipulaTHOR: A framework for Visual Object Manipulation", IEEE/ CVF CVPR, June 19-25, 2021.

072 Matt Deitke, et al., "ProcTHOR: Large-Scale Embodied AI Using Procedural Generation", NeurIPS, New Orleans, USA, November 28-December 9, 2022.

073 Manolis Savva, et al., "Habitat: A Platform for Embodied AI Research", IEEE/CVF CVPR, Long Beach, USA, June 16-20, 2019.

074 Andrew Szot, et al., "Habitat 2.0: Training Home Assistants to Rearrange Their Habitat", NeurIPS, December 6-14, 2021.

075 Xavier Puig, et al., "Habitat 3.0: A Co-Habitat for Humans, Avatars, and Robots", ICLR, Vienna, Austria, May 7-11, 2024.

076 Fei Xia, William B. Shen, Chengshu Li, Priya Kasimbeg, Micael Edmond Tchapmi, Alexander Toshev, Roberto Martín-Martín, Silvio Savarese, "Interactive Gibson Benchmark: A Benchmark for Interactive Navigation in Cluttered Environments", *IEEE Robotics and Automation Letters*, Vol. 5, No.

2, 2020, Pages 713-720.

077　Bokui Shen, et al., "iGibson 1.0: A Simulation Environment for Interactive Tasks in Large Realistic Scenes", IEEE/RSJ IROS, Prague, Czech Republic, September 27-October 1, 2021.

078　Chengshu Li, et al., "iGibson 2.0: Object-Centric Simulation for Robot Learning of Everyday Household Tasks", PMLR CoRL, London, UK, October 8-11, 2021.

079　Peter Anderson, et al., "On Evaluation of Embodied Navigation Agents", arXiv:1807.06757, 2018.

080　Dhruv Batra, Aaron Gokaslan, Aniruddha Kembhavi, Oleksandr Maksymets, Roozbeh Mottaghi, Manolis Savva, Alexander Toshev, Erik Wijmans, "ObjectNav Revisited: On Evaluation of Embodied Agents Navigating to Objects", arXiv:2006.13171, 2020.

081　Yuke Zhu, Roozbeh Mottaghi, Eric Kolve, Joseph J. Lim, Abhinav Gupta, Fei-Fei Li, Ali Farhadi, "Target-Driven Visual Navigation in Indoor Scenes Using Deep Reinforcement Learning", IEEE ICRA, Marina Bay Sands, Singapore, May 29-June 3, 2017.

082　Peter Anderson, Qi Wu, Damien Teney, Jake Bruce, Mark Johnson, Niko Sünderhauf, Ian Reid, Stephen Gould, Anton van den Hengel, "Vision-and-Language Navigation: Interpreting Visually-Grounded Navigation Instructions in Real Environments", IEEE/CVF CVPR, Salt Lake City, USA, June 9-21, 2018.

083　Changan Chen, Carl Schissler, Sanchit Garg, Philip Kobernik, Alexander Clegg, Paul Calamia, Dhruv Batra, Philip Robinson, Kristen Grauman, "SoundSpaces 2.0: A Simulation Platform for Visual-Acoustic Learning", NeurIPS, New Orleans, USA, November 28-December 9, 2022.

084　Abhishek Das, Samyak Datta, Georgia Gkioxari, Stefan Lee, Devi Parikh,

Dhruv Batra, "Embodied Question Answering", IEEE/CVF CVPR, Salt Lake City, USA, June 9-21, 2018.

085   Daniel Gordon, Aniruddha Kembhavi, Mohammad Rastegari, Joseph Redmon, Dieter Fox, Ali Farhadi, "IQA: Visual Question Answering in Interactive Environments", IEEE/CVF CVPR, Salt Lake City, USA, June 9-21, 2018.

086   Huda Alamri, et al., "Audio-Visual Scene-Aware Dialog", IEEE/CVF CVPR, Long Beach, USA, June 16-20, 2019.

087   Sergey Levine, Peter Pastor, Alex Krizhevsky, Julian Ibarz, Deirdre Quillen, "Learning Hand-Eye Coordination for Robotic Grasping with Deep Learning and Large-Scale Data Collection", *The International Journal of Robotics Research*, Vol. 37, No. 4-5, 2018, Pages 421-436.

088   Ales Vysocky, Petr Novak, "Human-Robot Collaboration in Industry", *MM Science Journal*, Vol. 9, No. 2, 2016, Pages 903-906.

089   Valeria Villani, Fabio Pini, Francesco Leali, Cristian Secchi, "Survey on Human-Robot Collaboration in Industrial Settings: Safety, Intuitive Interfaces and Applications", *Mechatronics*, Vol. 55, 2018, Pages 248-266.

090   Wenshuai Zhao, Jorge Peña Queralta, Tomi Westerlund, "Sim-to-Real Transfer in Deep Reinforcement Learning for Robotics: A Survey", IEEE SSCI, Canberra, Australia, December 1-4, 2020.

091   Josh Tobin, Rachel Fong, Alex Ray, Jonas Schneider, Wojciech Zaremba, Pieter Abbeel, "Domain Randomization for Transferring Deep Neural Networks from Simulation to the Real World", IEEE/RSJ IROS, Vancouver, Canada, September 24-28, 2017.

092   Stephen James, Paul Wohlhart, Mrinal Kalakrishnan, Dmitry Kalashnikov, Alex Irpan, Julian Ibarz, Sergey Levine, Raia Hadsell, Konstantinos Bousmalis, "Sim-To-Real via Sim-To-Sim: Data-Efficient Robotic

Grasping via Randomized-To-Canonical Adaptation Networks", IEEE/CVF CVPR, Long Beach, USA, June 16-20, 2019.

093 Fereshteh Sadeghi, Sergey Levine, "CAD2RL: Real Single-Image Flight Without a Single Real Image", RSS, Cambridge, USA, July 12-16, 2017.

094 Konstantinos Bousmalis, et al., "Using Simulation and Domain Adaptation to Improve Efficiency of Deep Robotic Grasping", IEEE ICRA, Brisbane, Australia, May 21-25, 2018.

095 Ashish Vaswani, Noam Shazeer, Niki Parmar, Jakob Uszkoreit, Llion Jones, Aidan N. Gomez, Łukasz Kaiser, Illia Polosukhin, "Attention is All You Need", NeurIPS, Long Beach, USA, December 4-9, 2017.

096 Brett Warneke, Matt Last, Brian Liebowitz, Kristofer S.J. Pister, "Smart Dust: Communicating with a Cubic-Millimeter Computer", *Computer*, Vol. 34, No. 1, 2001, Pages 44-51.

097 Robert Szewczyk, Alan Mainwaring, Joseph Polastre, John Anderson, David Culler, "An Analysis of a Large Scale Habitat Monitoring Application", ACM SenSys, Baltimore, USA, November 3-5, 2004.

098 Mo Li, Yunhao Liu, "Underground Structure Monitoring with Wireless Sensor Networks", ACM/IEEE IPSN, Cambridge, USA, April 25-27, 2007.

099 Yunhao Liu, Yuan He, Mo Li, Jiliang Wang, Kebin Liu, Xiangyang Li, "Does Wireless Sensor Network Scale? A Measurement Study on GreenOrbs", *IEEE Transactions on Parallel and Distributed Systems*, Vol. 24, No. 10, 2013, Pages 1983-1993.

100 Yunhao Liu, Xufei Mao, Yuan He, Kebin Liu, Wei Gong, Jiliang Wang, "CitySee: Not Only a Wireless Sensor Network", *IEEE Network*, Vol. 27, No. 5, 2013, Pages 42-47.

101 Sutton, Richard S. "Learning to Predict by the Methods of Temporal Differences", *Machine Learning*, Vol. 3, No. 1, 1988, Pages 9-44.

102 Rummery, Gavin Adrian and Mahesan Niranjan, "On-line Q-learning Using Connectionist Systems", Vol. 37, Cambridge, UK: University of Cambridge, Department of Engineering, 1994.

103 Richard S. Sutton, "Generalization in Reinforcement Learning: Successful Examples Using Sparse Coarse Coding", NeurIPS, Denver, USA, November 27-30, 1995.

104 Christopher J. C. H. Watkins, Peter Dayan, "Q-learning", *Machine Learning*, Vol. 8, No. 3, 1992, Pages 279-292.

105 Vijay Konda, John Tsitsiklis, "Actor-Critic Algorithms", NeurIPS, Denver, USA, November 29-December 4, 1999.

106 L.M. Ni, Yunhao Liu, Yiu Cho Lau, A.P. Patil, "LANDMARC: Indoor Location Sensing using Active RFID", IEEE PerCom, Fort Worth, USA, March 23-26, 2003.

107 Ishika Singh, Valts Blukis, Arsalan Mousavian, Ankit Goyal, Danfei Xu, Jonathan Tremblay, Dieter Fox, Jesse Thomason, Animesh Garg, "ProgPrompt: Generating Situated Robot Task Plans using Large Language Models", IEEE ICRA, London, UK, May 29-June 2, 2023.

108 Santhosh Kumar Ramakrishnan, Devendra Singh Chaplot, Ziad Al-Halah, Jitendra Malik, Kristen Grauman, "PONI: Potential Functions for Object-Goal Navigation with Interaction-Free Learning", IEEE/CVF CVPR, New Orleans, USA, June 19-24, 2022.

109 Devendra Singh Chaplot, Dhiraj Gandhi, Abhinav Gupta, Ruslan 0Salakhutdinov, "Object Goal Navigation using Goal-Oriented Semantic Exploration", NeurIPS, December 6-12, 2020.

110 Wenlong Huang, Chen Wang, Ruohan Zhang, Yunzhu Li, Jiajun Wu, Fei-Fei Li, "VoxPoser: Composable 3D Value Maps for Robotic Manipulation with Language Models", PMLR CoRL, Atlanta, USA, November 6-9, 2023.

AI 다음 물결

펴낸날 2026년 1월 20일 1판 1쇄

지은이 류원하오
옮긴이 홍민경
감수 박종성
펴낸이 金永先
편집 박혜나
디자인 검정글씨 민희라

펴낸곳 알토북스
주소 경기도 고양시 덕양구 청초로 10 GL 메트로시티한강 A1-1924호
전화 (02) 719-1424
팩스 (02) 719-1404
출판등록번호 제13-19호

ISBN 979-11-94655-23-7 (03400)

알토북스와 함께 새로운 문화를 선도할 참신한 원고를 기다립니다.
이메일 geniesbook@naver.com (원고 투고)